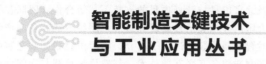

智能制造关键技术
与工业应用丛书

智能装备
与产线开发及应用

Development and Application of Intelligent Equipment
and Production Line

程 强　张彩霞　初红艳　编著

U0235248

化学工业出版社

·北京·

内 容 简 介

本书在国家科技重大专项项目及北京市科技计划项目的支持下，结合作者团队在智能制造相关领域多年来的研究成果，融合国内外相关的最新研究进展，围绕智能装备与产线开发技术进行介绍。全书共 9 章，首先对智能制造装备进行了简介；然后围绕智能制造装备组线成线技术进行了重点阐述，包括智能制造装备互联互通技术、制造质量检测与智能预测及反向追溯技术、机器人自动上下料及智慧物流技术、产线系统智能感知与动态监控技术、产线智能管控系统开发技术；最后介绍了智能装备与产线开发分别在模锻制造、塑料模具制造以及切削加工等行业中的应用。

本书适合作为智能制造工程专业的核心课程教材，机械设计制造及自动化、机械电子工程等机械类专业的专业课程教材，也可作为研究生的专业课程教材或相关工程技术人员的进修资料及培训用书。

图书在版编目（CIP）数据

智能装备与产线开发及应用/程强，张彩霞，初红艳编著 . —北京：化学工业出版社，2023.7
（智能制造关键技术与工业应用丛书）
ISBN 978-7-122-43155-4

Ⅰ.①智… Ⅱ.①程…②张…③初… Ⅲ.①智能制造系统 Ⅳ.①TH166

中国国家版本馆 CIP 数据核字（2023）第 049888 号

责任编辑：金林茹　　　　　　　　　　装帧设计：王晓宇
责任校对：刘曦阳

出版发行：化学工业出版社（北京市东城区青年湖南街 13 号　邮政编码 100011）
印　　装：北京科印技术咨询服务有限公司数码印刷分部
710mm×1000mm　1/16　印张 17　字数 320 千字　2023 年 10 月北京第 1 版第 1 次印刷

购书咨询：010-64518888　　　　　　售后服务：010-64518899
网　　址：http：//www.cip.com.cn
凡购买本书，如有缺损质量问题，本社销售中心负责调换。

定　　价：99.00 元

前言

  制造业是整个国民经济体系的命脉，是国家核心竞争力的根本体现，也是实现强国梦的基础。 随着新一代信息技术与制造技术的不断融合发展，以智能制造为代表的新兴工业革命正在兴起。智能制造是"中国制造 2025"的主攻方向，对于加快我国发展方式转变，促进工业向中高端迈进，建设制造强国，助力产业转型升级意义重大。

  智能制造装备及产线是智能制造发展的基石。《智能制造装备产业"十二五"发展规划》中将智能制造装备定义为具有感知、决策、执行功能的各类制造装备，是先进制造技术、信息技术和智能技术的集成和深度融合。智能制造装备融入测量控制系统、机器人等技术，可以构成自动化、智能化的成套生产线，利用自感知、自决策、自执行、自适应、自学习的特征，有效推动制造过程智能化和绿色化发展的实现。

  本书是笔者在多年围绕智能制造研究的基础上，参考了大量国内外相关文献，对智能装备及产线开发的相关知识进行的系统梳理，旨在介绍智能装备的基本知识，引导读者能够兼顾工程、环境等因素进行产线综合设计与开发，培养读者的跨学科智能制造系统思维、可持续发展观。

  本书由北京工业大学程强教授整体规划与统稿，并负责第 2、6、7 章的编写，张彩霞负责第 3、4、9 章的编写；初红艳负责第 1、5、8 章的编写。

  由于编著者水平有限，书中难免存在不足之处，恳请广大读者批评指正。

编著者

目录

第 3 章
制造质量检测、智能预测与反向追溯技术　　　　055

第 4 章
机器人自动上下料与智慧物流技术　　　074

第 5 章
产线系统智能感知与动态监控技术　　　118

第 6 章
制造产线智能管控系统开发技术　　　　　　　　　139

第 9 章
智能切削加工产线开发及应用   222

第1章

智能制造装备

制造业在国民经济中占据着重要地位，但随着企业对产品质量、设备管控要求的提高，传统的制造装备渐渐不能满足现代制造需求，现在制造企业更加需要智能化程度高的智能制造装备。我国依托物联网、大数据等新技术提出了"中国制造 2025"战略，目前正逐步推进，其中研制高水平制造装备对贯彻"中国制造 2025"战略、增强企业综合竞争力具有重要的意义。

1.1 概述

1.1.1 智能制造装备的基本概念

智能制造装备是具有感知、分析、推理、决策、执行功能的制造装备的统称，是高端制造装备发展的必经之路。对传统制造业进行升级改造，将先进制造技术、信息技术和人工智能技术进行集成和深度融合，实现制造业生产过程智能化、数字化、精密化和网络化发展。

智能制造装备具有对装备运行状态和环境实时感知、处理和分析的能力。包括：根据装备运行状态变化自主规划、控制和决策的能力，对故障的自诊断自修复能力，对自身性能劣化的主动分析和维护能力，参与网络集成和网络协同的能力。智能制造装备是全面发展社会生产力的重要基础，是推动我国制造业转型升级的核心力量，因此，加快智能制造装备的发展，能够满足关键领域向高端制造转型的需求，提高国家制造业核心竞争力，带动产业升级和其他新兴产业领域的发展，推动"中国制造"向"中国智造"转变。

1.1.2 智能制造装备的特征

智能制造装备是先进制造技术、信息技术、人工智能技术集成和深度融合的产物，与传统的制造装备相比，智能制造装备的特征主要包括以下几个方面。

（1）自感知

智能装备的自感知能力是指设备自身通过相应的传感器采集设备在运行过程中产生的数据，并随工作环境及自身工作状态的改变，更新所产生的数据。在智能装备中，设备的数据是其实现自动识别与通信传输的基础。智能设备生产运行过程中会产生海量的数据，种类繁多且复杂，工作环境不同，对设备数据的采集难易程度也不同。所以，对于数据的获取，研发新型高性能传感器十分重要，也是后续设备实现智能化的关键。目前，常见的传感器有位置传感器、温度传感器、视觉传感器、压力传感器等。

（2）自适应与优化

自适应与优化能力是智能装备在不同工况、不同环境下，通过传感装置感知得到自身信息并及时对自身运行模式及参数适当调整，以使装备自身或生产线（简称产线）整体达到最优或者较优的能力。智能制造装备在设备运行过程中产生大量的数据，采集相关运行信息，了解设备的运行状态与设备自身所处的加工环境、加工产品对象的状态，当运行过程中出现动态变动时，所产生的变动数据将传达到系统中，系统根据优化调动机制产生相应的调控指令，及时对设备运行状态及相关参数进行调整，以确保设备始终运行在最优或者较优的状态。

（3）自诊断与维护

自诊断和维护能力是设备在运行过程中对自身状态进行检查，及时发现设备自身可能出现的故障或问题，并根据故障响应机制，及时做出调整优化，以保证设备系统正常运行。智能设备是复杂的机电一体化设备，外部环境或自身状态的改变可能会引起系统的故障，严重时可能会导致系统失效，因此自诊断与维护能力对智能设备十分重要。通过自诊断与维护技术，建立起准确的智能设备故障与失效数据库，随着数据库的更新，设备的自诊断与维护也将越来越高效、准确。

（4）自主规划与决策

自主规划与决策能力是指智能制造装备在无人干预的条件下，基于传感器采集的信息，进行自主规划计算，形成正确的操作指令，并控制相应机构完成规定动作，实现自主规划加工工艺操作的能力。自主规划与决策以人工智能技术为基础，结合数据传输、大数据、云计算等多种先进技术，通过对现有资源的优化配置及对工艺过程、工艺路线的智能决策，使智能制造装备适应现实生产，最大化地提升生产效率。

1.1.3　智能制造装备的主要分类

现阶段，典型的智能制造装备主要包括智能机床、智能数控系统、智能机器人、智能传感器等。

（1）智能机床

智能机床相较于传统机床来讲，具备"自感知""自适应""自诊断"与"自决策"的特征，可以更好地满足制造发展的要求。智能机床是新一代信息技术、先进制造技术与新一代人工智能技术深度融合的机床，它利用传感装置自主感知获取机床加工工况、环境有关的信息，通过自主学习与建模形成知识库，并利用知识库实现自主优化与决策，最终实现设备的自主控制与执行，以达到高效、安全、低能耗的目标。智能机床通过自学习、自决策，可以最大程度降低人员参与度。

智能机床的主要技术特征包括：感知自身工作状态与环境的变化，并能根据变化及时作出反应；根据机床自身物理属性与切削状态特性，结合加工工件的状态、所处的加工环境，进行参数的自适应调整；利用历史数据与实时数据，实现对关键零件及设备故障的预测。智能机床在生产服役过程中通过自动生成知识形成初级知识库，积累知识丰富完善知识库，最后运用知识实现优质、高效、低耗的目标。狭义的智能机床定义强调单机所具有的智能功能和对加工过程多目标优化的支持性，而广义的智能机床定义强调在以人为中心、人机协调的宗旨下，机床以及以一定方式组合的加工设备或产线所具有的智能功能和对制造系统多目标优化运行的支持性。图 1.1 所示为 i5M8 系列平台型智能机床。

图 1.1　i5M8 系列平台型智能机床

（2）智能数控系统

智能数控系统是柔性制造自动化最重要的基础技术，适应制造业柔性化、敏捷化、智能化、集成化、网络化和全球化的发展趋势。与传统数控系统相比，智能数控系统具备以下特征：首先，智能数控系统具有开放式系统架构。数控系统的智能化发展需要大量的用户数据，因此，只有建立开放式的系统架构，才能凝聚大量用户深度参与系统升级、维护和应用。其次，智能数控系统具备对加工过程状态识别和监控的能力。根据加工状态优化加工参数及各种误差补偿，提高生产效率和加工质量，同时还要对机床系统的运行及环境进行在线监控，并通过人工智能方法对大量数据进行分析，提升自适应加工能力。最后，智能数控系统还具备互联互通功能。基于通信接口、现场总线等通信形式，实时与操作人员或其他数控设备交换数据和信息，完成数控系统与其他设计、生产、管理系统间的信息集成与共享。图1.2所示为华中9型——新一代智能数控系统。

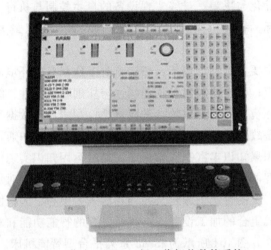

图1.2 华中9型——新一代智能数控系统

图1.3 全自动管板焊接机器人

（3）智能机器人

机器人技术是综合了传感器、仿生、自动控制和人工智能等技术的高科技技术。与传统的工业机器人相比，智能机器人具有自主感知和规划、智能运动和操作的能力，可以将感知与行动联系起来，是一个在感知—思维—效应方面全面模拟人的机器系统。随着智能机器人的发展，真正的人工智能逐步进入人们的生活，各行各业都能利用机器人得到更好的发展。图1.3所示为全自动管板焊接机器人。

（4）智能传感器

智能传感器是指能将待感知、待控制的参数进行量化并集成应用于工业网络的高性能、高可靠性与多功能的新型传感器。智能传感器有许多的传感单元，从而组成一个信息网络，智能单元对输入信息进行分析处理之后，得到特定的输出结果。智能传感器应用在各个领域，逐渐改变人们的生活，在未来的发展中将替代许多传统的科技产品，为科技发展搭建更广阔的平台。图 1.4 所示为智能视觉传感器。

1.1.4 智能制造装备与系统的发展

智能制造装备是机电系统与人工智能的深度融合，是智能制造系统的核心组成，智能制造装备的水平在全球经济和科技发展的影响下持续提高，但是不同国家在智能制造装备方面的研究水平还有差异，美国、日本等国家的研究体系比较完善，而中国还处于起步阶段。下面介绍美国、日本、德国、中国等国家在智能制造装备方面的发展现状和未来发展趋势，以及智能制造系统的发展。

图 1.4 智能视觉传感器

（1）智能制造装备的发展现状

1）美国智能制造装备的发展

美国是智能制造思想的主要发源地，对智能制造的发展非常重视。智能制造设备研究经验的积累，在很大程度上推动了智能制造装备的良好发展。早在 20 世纪后期，美国就对智能制造研究领域投入了大量的资金，项目研究包含了智能决策、智能并行设计等众多内容。一系列研究项目的落实使美国收获了智能制造装备技术发展的相关经验。美国于 2011 年发布了实现 21 世纪智能制造报告，展望了智能制造装备行业的发展前景。

2）日本智能制造装备的发展

日本具有极强的科学研究意识以及良好的研究体系，在智能制造装备研究方面取得了巨大的成效。在智能制造装备的研究过程中，强调自动化与智能化技术应用，不断推进精益生产与智能技术的融合，填补在智能制造装备行业发展中的空白，极大地提高了智能制造装备的应用水平。

3）中国智能制造装备的发展

我国对于智能制造装备的研究与发展是从 2009 年开始的。2009 年制定和出台了《装备制造业调整和振兴规划》，大力支持和推进智能制造装备的研究项目。2012 年发布了《高端装备制造业"十二五"发展规划》，明确了未来我国智能制造业的发展目标，使得我国智能制造业朝着正确的目标迈进，智能制造装备的研究也更加深入。

（2）智能制造装备的未来发展趋势

智能化是未来发展的趋势，人工智能技术的发展将会攻克许多难关，打破关键领域的瓶颈，最终形成完整的、体系化的智能生产装备行业。在未来，集信息技术、电子技术、物理技术等于一体的智能制造装备产业将会迅速发展，并引导传统制造业朝节能和高效的方向发展，提高劳动生产率和经济收益。

1）美国工业互联网装备

美国智能制造装备的发展促进了工业互联网装备制造系统的研究和建立。2013年，美国发布了关于智能制造装备开发的文件，对工业互联网的概念进行了阐述。工业互联网将智能机器、高级分析和相应的工业人员三个关键因素进行了融合，将制造装备与相应的计算、分析系统和感知技术进行了有效的连接，促进绿色、节能、高效的工业生产。

2）德国"工业4.0"计划

目前，德国正在推行"工业4.0"计划，主要是利用信息物理系统对德国的智能制造装备行业进行测试，由集中式生产模式转变为分散式生产模式，最终建立一个数字化和智能化制造模型，以进一步推动制造行业向着智能化更快更好地发展。信息物理系统基于计算机技术、网络技术等，并融合3C技术，能够实现实时感知和动态化控制，是集计算机、通信及物理系统的一体化设计系统。通过有效运用信息物理系统，使制造系统运行更加安全可靠。总之，确定"工业4.0"计划的发展路线，对促进德国智能制造业的发展起到了积极的推动作用。

3）中国智能制造

目前，中国对智能制造行业发展的重要性具有高度的认知，不断加大对智能制造行业的支持力度和资金投入。就智能制造的发展思路，中国汲取了德国和美国等发达国家的发展经验，充分考虑基本国情和自身可持续发展的战略目标，合理地制定智能制造装备的发展目标，即集成化、定制化、信息化、数字化以及绿色化。

（3）智能制造系统的发展

智能制造系统是虚拟现实的智能化制造网络，其体系架构是智能制造系统研究、发展和应用的基础，是实现智能制造的骨架和灵魂。根据制造技术的一般发展规律，在智能制造系统的发展过程中，通常是在智能装备层面上的单个技术点首先实现智能化突破，随后出现面向智能装备的组线技术，并逐渐形成高度自动化与柔性化的智能生产线。在此基础上，当面向多条生产线的车间中央管控、智能调度等技术成熟之后，可形成智能车间。由此可见，智能制造系统的发展是由低层级向高层级逐步演进的，而在不同的发展阶段，制造系统的智能化水平均表现出独有的特征。

早在20世纪80年代，美国人就提出了智能制造系统的概念。美国许多大学多年来积极从事这项研究，并取得了一定成果。欧洲各国的起步不比美国晚，并且欧盟为此制定了跨国的高技术研究计划，其主要内容就是智能制造。20世纪80年代末期，由日本东京大学倡导建立了由日本、美国和西欧一些国家共同参加的智能制造系统研究中心，其主要的研究内容包括 IMS（IP multimedia subsystem，IP 多媒体系统）结构系统化和标准化的原理与方法、IMS 信息的通信网络、用于 IMS 的最佳生产和控制设备、IMS 对社会环境以及人文的影响、新型材料的研究与开发 5 个方面。正是这种联合性的研究开发机制推动了世界性生产组织形式的变革，虚拟公司就是在这种理念下诞生的一种组织模式，从此宣告"院落式"工厂成为过去。

1.2　智能数控机床

1.2.1　高精度加工中心

随着科技的发展和工业水平的提高，机床向着高速、高精、高效方向发展。特别是汽车、船舶、军工等行业的迅猛发展，对机床的精度和生产率要求越来越高。图 1.5 所示为在分析国内外立式加工中心主流产品规格参数的基础上，结合我国市场需求研制出来的全新结构和高性能的立式加工中心 $\mu 1000$ 系列基型产品，充分体现了数控机床的高速、高精、高品质、高稳定性技术发展方向，具有高阶性价比。

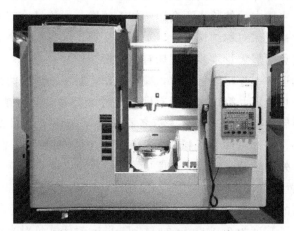

图 1.5　$\mu 1000$ 系列立式加工中心外观

(1) 加工中心优化结构设计

优化结构设计主要是通过计算、分析、选择各结构件和承载件合理的参数，保证机床的精度稳定、运动平稳和使用寿命长。

1）保证机床精度稳定

为保证机床的精度稳定，床身、立柱、滑座、主轴箱等都进行有限元分析，用高阻尼性能的优质铸铁制造，并进行合理的截面设计和筋格布置，尽量避免行程中出现不合理的悬臂状态。导轨采用高刚性滚珠导轨，安装基面精密刮研。

2）提高高速运动的平稳性

线性轴驱动采用伺服电动机带动高速滚珠丝杠副，采用预紧式单螺母形式，结构紧凑。丝杠两端采用轴向固定支撑并预拉伸，以提高传动系统刚度，吸收丝杠发热引起的热伸长造成的误差。丝杠与电动机间的联轴器选用波纹管形式，传动效率高、刚性好、传递扭矩大、扭转刚度高，且自身转动惯量小，适应高速性。

3）关键部件的长寿命设计

为减少冲击，提高定位精度，控制系统设定钟形加减速功能和 HRV（high respons vector，高响应矢量）功能，调整影响动态性能的位置和速度增益。同时，设计中对一些影响精度和工作性能的关键部件采取相应措施，如对主轴轴承用油气润滑采取措施，防止部分油气进入到电动机定子与转子之间，造成电动机污染而影响使用性能和寿命。

（2）数控加工中心智能化技术

1）热变形与振动控制技术

为保证高精度，采用多种措施来减小机床的热变形和振动。如主轴套筒和前后轴承座恒温循环冷却；油气润滑减少轴承发热；后轴承使用圆柱滚子轴承，一旦发生热变形，主轴向后伸长，不会影响加工精度；大流量冷却刀具和工件，减少切削热的产生；机床对称结构设计，平衡热变形；床身上两个螺旋排屑器及时将切屑排出，避免切屑大量堆积引起床身热变形。

为了使主轴运转平稳，降低噪声，减少振动，对主轴进行两次动平衡，第一次是主轴与转子热装后，第二次是所有回转零件装配好且几何精度检验完毕后。另外，在主轴前后位置设计平衡环，以备在线动平衡用。刀库放在机床的左侧面，用单独地基，这样刀库和机械手换刀时产生的振动和不平衡不会传到主机上，消除一部分外加载荷，使机床精度更稳定。

2）空间位置精度补偿技术

为了在较高的运动速度下提高机床的定位精度和加工精度，特别是定位精度，机床上安装了精度为 0.003mm 的 Heidenhain 封闭式绝对光栅尺，进行全闭环控制。但机床的定位精度只能评价机床在特定位置时的精度，当远离测量面进行加工时，加工的位置度会有较大的误差。为了尽可能消除加工区域内的位置度误差，提高机床的加工精度，增加空间误差补偿功能。通过大量的试验采集数据，计算出机床在各空间点的几何误差，并通过数控系统给予实时补偿。

3）Z 轴热补偿技术

主轴在运转过程中，电动机、轴承及其他运动部件会因摩擦、损耗等产生热量。如果热量不及时散发和排出，会严重影响机床精度。因此，对主轴电动机外套和轴承座外套通过恒温油的方式进行循环冷却，使主轴运转过程中绝大部分的热量随循环油带出机体，以减少热变形。为了进一步解决主轴这部分热变形对精度的影响，对主轴 Z 向热变形用软件补偿的办法进行补偿，图 1.6 和图 1.7 所示为补偿前后平面位置误差，补偿数据通过试验获得。

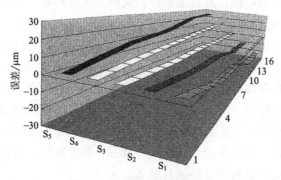

图 1.6　补偿前平面位置误差

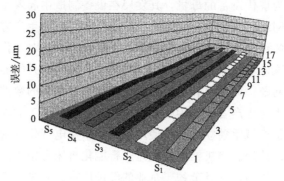

图 1.7　补偿后平面位置误差

该产品在整体结构上采用三点支撑高刚性结构设计和基于可靠性增长分析的部件及元器件设计，确保机床高速、高精度和高可靠性，在热变形误差补偿和平面位置误差补偿方面具有独特的技术优势，充分说明从常用功能设计进一步发展机床结构的刚度设计、精度设计、高速化设计、补偿技术、寿命设计和可靠性设计等现代机床先进设计技术的作用和必要性。

1.2.2　数控机床智能化

随着科技的发展，机床的智能化帮助各大企业创造了更大的利益，取代了以往以手工为主的传统加工模式，在保障产品质量的同时，减少了人力和物力。为了实现智能数控机床的进一步发展，应加强研发新技术，充分发挥想象力，借鉴国内外先进的技术理念，促进数控机床智能化的延伸。以下对数控机床智能化进行探讨。

(1) 数控机床智能化的简介

1) 数控机床智能化的概念

日本山崎马扎克公司对数控机床智能化的定义为：智能化的数控机床能够完成对自身运行情况的监控，并且能够分析周围的工作环境，综合考虑与自身运行相关的其他机床的运行情况，从而对自身运行进行调整，保证自身在最佳的运行状态中。美国智能加工平台对数控机床智能化的定义为：智能化的数控机床能够清楚自身的运行状况，并做出及时调整，能够与工作人员实现良好的人机互动，对自我运行的质量有良好的监控作用，拥有良好的学习能力，能够不断学习新的东西，提升自身的能力，与其他机器之间能够使用机器通用语言进行交流。以上为数控机床智能化的两大主流概念，可以看出，智能化的数控机床能够实现对自身状况的良好监控，并且保护自身的运行状态，能够根据运行情况以及周围环境不断调整自我，从而达到最佳的运行状态。

2) 数控机床智能化的主要特点

数控机床作为现代设备的母机，其发展在设备制造中起着重要作用，智能化数控机床融合了网络制造、敏捷制造、虚拟制造等先进的生产方式，具有多方面的特征。智能化的数控机床操作起来简单、方便，因此，对工作人员的实际操作要求不是很高，这样不仅减轻了工作人员的工作负担，而且能够有效地解决我国部分人就业难的问题。另外，和传统的机床相比，智能化的数控机床需要消耗的资金较少，可使工业生产者快速得到经济收益，加快我国工业现代化进程。数控机床智能化保证了机械手独立操作的使用模式，采用电气化控制的手段，操作过程中不影响机床的使用。当机器内缺料时，智能化机床会报警，很大程度上减轻了工作人员的工作压力，并且节约了企业的经济成本。总之，工业过程中智能化数控机床的使用是促进我国工业发展以及提升我国工业水平的重要手段。

3) 数控机床的智能化发展

数控机床的智能化发展不是某个单项技术促成的，而是多项技术综合集成运用的结果。智能化是先进制造技术、信息技术和传感技术等集成和融合发展的必然趋势，一般体现在信息感知、控制能力、精准加工和人机接口4个方面。

其中，信息感知的智能化体现在对机床各部件特征信号的识别与提取，为故障预警与诊断、智能化维护提供大数据支持方面，是智能制造产业链的一个重要基础环节，最终目的是完善机床功能，提高机床精度和可靠性，提高工件加工质量和加工效率。该功能的实现涉及对数控机床主要传动部件故障机理分析、传感器选型及布局研究，通过选取特征信号以及传感器合理布局，实现对机床各部件特征信号的识别与提取。智能机床信号感知、故障诊断的一般过程如图1.8所示。

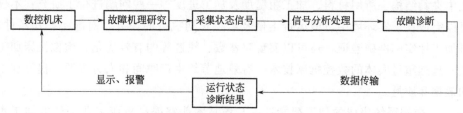

图1.8 智能机床信号感知、故障诊断的一般过程

4) 数控机床智能化的研究意义

数控机床智能化技术为工业实现完全自动化的生产创造了条件，提高了制造业发展的速度。其意义主要体现在以下几个方面。

① 数控机床智能化通过发展自动抑制振动、自动调节润滑油量、减少噪声、热变形消除等智能化功能，使加工精度和效率得到了提高。

② 数控机床智能化是集成制造系统发展的第一步，要发展制造业的整体自动化水平，就必须首先发展单个机床的自动化水平，从而逐步实现机床管理去人员化，真正实现自动化工业的发展，使制造业向着真正的智能化方向发展。

③ 数控机床智能化提高了机床分析、储存、处理、判断各种信息的能力，使信息在储存的过程中能够更好地被机床分析计算，从而实现对工作过程更好的控制。

数控机床智能化是机床发展的方向，是未来制造业智能化发展的第一步。

(2) 数控机床智能化的关键技术特征

智能机床是对制造过程能够做出判断和决定的机床，是先进制造技术、信息技术和智能技术集成与深度融合的产物。随着现代工业技术的发展，数控机床智能化发展的技术逐渐成熟，在制造生产中得到广泛应用，为现代数控机床生产效率和速度的提升奠定了良好的基础。数控机床智能化主要体现在加工过程、操作与管理、维护等方面。

1) 加工过程的智能化

加工智能化是指在整个加工过程中，数控机床追求的加工效率和加工质量方面的智能化。在整个加工过程中，数控机床可以自动完成某些步骤，代替人的操作，或者自动地保证加工过程的顺利进行和最优化。采用智能化技术不但能提高加工质量和稳定性，而且能够提高能效，降低制造成本。典型的技术和功能有：虚拟机床加工技术、数控系统集成的加工智能技术、自动装卸料技术、3D防碰撞、切削参数在线优化技术。

① 虚拟机床加工技术 该技术是指通过和真实机械设备基本相似的虚拟设备对加工进行模拟。该技术不仅考量了专业机床及数控系统的动态特征，还对加

工中夹具结构、所用材料、加工粗糙度及加工进度等一些问题进行了研究；不仅可以完成在现实环境中机械运行不便及需要长期执行的任务，对准备操作条件、可加工性实施准确验证，还可以实现对参数、轨迹等的有效优化。虚拟机床加工技术远远超过实体的数控机床技术，有效地节约生产时间和人力资源，提升加工的效率和质量。

② 数控系统集成的加工智能技术　该技术能够提高机床工业部件的加工水平，提高工业生产效率。运用优化"预判"功能的精细曲面控制技术，优化工艺流程，确保加工的精准程度。

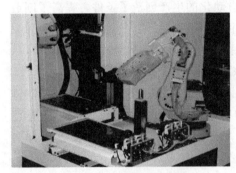

图 1.9　自动装卸料装置

③ 自动装卸料技术　该技术不仅能够降低人工成本，还能确保加工工作的顺利开展及加工的精准程度。图 1.9 所示为自动装卸料装置。根据与自动装卸操作相匹配的设备、技术水平的等级，将数控设备与自动装卸技术的结合情况分为三个层次：数控机床采用自动物料装卸结构，代替机床操作员实现自动抓取、装载、卸载、转动、转序等功能，以确保自动处理正常运行；一台数控机床配有自动装卸系统、工件或原材料储存和自动传送装置，与自动控制相结合，形成一个灵活的、敏捷的制造单元，即柔性制造单元（flexible manufacturing cell，FMC）；多台数控机床都配有自动装卸系统、存储材料装置、传动系统，该系统与生产计划相结合，构成柔性制造系统，排除调度系统和工件的单向流动，形成一条柔性生产线。

④ 3D 防碰撞技术　很多比较复杂的加工，其相应的机床机构和加工技术都比较复杂和繁琐，结合安全性的加工考虑，使用 3D 防碰撞技术是发展的必然趋势。就现阶段的状况而言，最主要的 3D 防碰撞技术就是日本某公司防撞卫士碰撞保护系统，其工作原理为：机床操作员直接输入机床部件、工具、夹具等参数到数控系统中，建立一个准确的 3D 模型，数控系统使用 3D 模型和刀具轨迹检查、判断撞击风险，如果计算出最后一个极坐标轨迹与 3D 模型相交，则不执行程序说明，机床停止工作。

⑤ 切削参数在线优化技术　切削参数的调节一般都是通过自适应控制工艺来完成的，最常见的是以色列 OMAT 有限公司的 ACM 自适应控制技术。该工艺是一种将自适应工艺、专家系统结合在一起的金属加工系统，利用感应器即时读出机械载荷数值，并即时测算出其进给速度（每 12ms 计算一次），确保能够将进给速度调整到最适合的范围内，并在过载的情况下手动使机床工作停止，这

样就能够提高机械加工制造效率，避免工具、工件等损坏。

2）操作与管理的智能化

智能机床不仅是一台加工设备，同时也是智能制造系统中的一个信息节点，现阶段从傻瓜型的精简便捷的操作开始，人机界面简洁高效。人机界面的自适应，能够自动适应操作者的水平和习惯，增加智能功能及安全保护功能。

数控机床的管理智能化指数控机床在生产过程中，工、夹具管理等方面的智能化。基于云平台的机床制造资源自主决策技术、大数据驱动的机床制造知识发现与知识库构建技术、基于数字孪生的机床虚拟调试及优化仿真技术、智能工厂中机床信息交互与管理技术，使机床成为支撑智能制造生态系统的关键设备。典型的技术包括：

① 数控机床的联网技术　该技术是指机床使用数控系统实现与其他外部控制系统或计算机间的网络连接和控制，不仅解决了数控程序的标准化和集中管理问题，而且使数控程序远程双向更加高效高速。

② 刀具管理技术　数控机床有刀具交换系统，通过加工时间或使用寿命情况，检查刀具的安全使用范围。机床的数控系统应该具有有效的管理作用，应该知道刀具的具体数量、尺寸大小以及相应的存放位置，并且能够对刀具相应的使用时间和磨损程度进行有效的管理和监督，实现有效的刀具更换和调用。

3）数控机床的维护智能化

数控机床的加工设备维护主要是数控机床对影响自身生产状态的设备情况进行智能化管理，使生产设备和状态能够有效地受到控制，为机床的生产提供更加健康正常的工作环境。

① 智能化误差补偿技术　智能化误差补偿是指机床可以根据误差测试数据，自动进行补偿操作，例如自动建模和分析，模型自动下载等。典型的技术和功能有：智能化热误差补偿技术和智能化几何误差补偿技术。解决数控机床热误差最有效的方法是实行热误差补偿控制，典型的是日本 Okuma 公司的"热亲和"热误差补偿技术，该技术主要是三种技术的综合运用：简化热变形的机床结构设计技术、均匀化的温度分布设计技术、高精度的热位移补偿技术。

② 高精度的热位移补偿技术　对于中小型数控机床，几何误差补偿主要集中在丝杠反向间隙补偿和丝杠螺距误差补偿方面，采用软件补偿法。对于大型、多轴、高速数控机床，则采用空间位置误差补偿系统来补偿几何误差。

③ 智能化维护、监控技术　首先，在实际的数控机床生产过程中，对使用的相关刀具、主轴振动以及故障诊断进行有效的监督和控制，从而保障机床整体的运行效率和质量。其次，与主轴振动相关的控制技术。机床在运行过程中出现的振动是造成生产质量、效率无法保障的基本原因，也是目前自动控制过程中的难题。因此，对可能出现振动的主轴设备要进行全面监控，收集对应的数据信

息，及时进行调节。

④ 智能化故障诊断技术　目前，数控机床故障诊断技术的研究重点主要是自动化诊断和远程监测两个方面。如通用技术集团沈阳机床有限责任公司（后面简称沈阳机床）开发的机床诊断系统，可对机床进行全面可视化的诊断处理，使用者可以在诊断系统主页面清楚地看到故障的具体位置，根据故障区域选择对应的子菜单。

1.2.3　智能数控系统

(1) 智能数控技术

数控技术是一种计算机数值计算与加工技术，可以通过高性能驱动单元控制加工过程中的各种信息。数控系统具有高性能、高精度和高可靠性，但这些不能满足现代人的需求，因此智能功能将成为数控系统的未来发展趋势，如运动规划、推理、决策能力和环境感知、智能数据库、智能监控等。智能数控系统又被称为仿人智能，可以使整个生产过程更加人性化。在数控系统中，包括智能行为程序的模拟、扩展，如自学习、自识别、自规划、自修复、自复制等。智能数控系统能够通过内部状态和外部环境对物体的加工精度和效率以及物理量变化进行跟踪，很快地作出智能决策，设计出能够实现项目的最佳方案，并在生产和后续的加工中应用。如对进给速度、切削深度、坐标运动、主轴转速等参数的实时控制，使机床能够更好地实现加工过程。

(2) 微服务架构智能数控系统结构设计

在传统的基于类、组件的模块化架构下，组件间是静态绑定、紧密耦合的，一旦应用需求发生变化，整个系统需要重新进行部署，且往往依赖于早期的一些技术或平台。而利用微服务架构可实现微服务的独立部署，应用需求发生变化后，可对微服务进行替换更新，实现系统结构的动态重构，便于系统的维护与升级。

为保证智能数控系统充分发挥低耦合、易维护的优势，利用子领域分解的方法，采用子领域和限界上下文的概念，建立层次化功能领域模型，根据不同的粒度大小和层次结构进行数控系统微服务单元的划分，服务间通过 API 和消息通信实现信息交互。首先根据数控系统的具体功能进行子领域划分，不同子领域具有不同的微服务。子领域主要包括以下 3 个方面。

① 核心域　核心域需实现 NC 程序的信息转化、运动控制、逻辑控制以及人机界面相关的功能，因此核心域主要包括数控核心（numerical control kernel，NCK）微服务、实时以太网（realtime ethernet，RTE）微服务、G 代码（G code）微服务、人机界面（human machine interface，HMI）微服务。其中，NCK 微服务是微服务架构数控系统的核心，需要实现包括 NC 程序信息转化、

运动控制、逻辑控制以及人机界面相关的诸多功能，具有实时的特点；RTE 微服务可根据需要进行替换，实现不同实时以太网协议的支持，如 Powerlink、EtherCAT 等，可将实时以太网的主站封装为一个单独的微服务，根据需要进行替换，通过可重构配置实现支持多种实时以太网；G 代码微服务主要负责生成刀具轨迹，可根据需要替换成 STEP-NC 微服务，而不涉及其他微服务；HMI 微服务可以通过 Web 服务的方式提供远程人机界面的访问。

②　支撑子域　支撑子域主要实现系统除核心功能以外的功能，智能化功能也是在支撑子域中实现的，如故障诊断、工艺参数优化、刀具磨损检测及寿命估计、机床健康状态监测、碰撞预测、加工颤振识别及抑制、机床热误差/变形误差补偿等。这些功能往往通过特定的算法（如深度学习、信号处理等）进行分析，并提供优化参数和决策控制指令。

③　通用子域　通用子域主要包括帮助系统、日志系统、网络通信、实时数据库等。微服务间通信都属于进程间通信（inter process communication，IPC），而数控系统微服务往往具有实时性需求，因此微服务间采用异步消息通信，而不是远程过程调用（remote procedure call，RPC），并采用消息代理作为消息服务中间件，不同的微服务也可以通过消息代理通信，进一步提高微服务架构的灵活性：一方面可以实现微服务间的松耦合，有利于数控系统微服务架构的动态扩展和重构；另一方面通过消息代理在消息被处理之前将消息缓存在序列中，防止信息覆盖或遗漏。基于微服务架构的智能数控系统结构如图 1.10 所示。

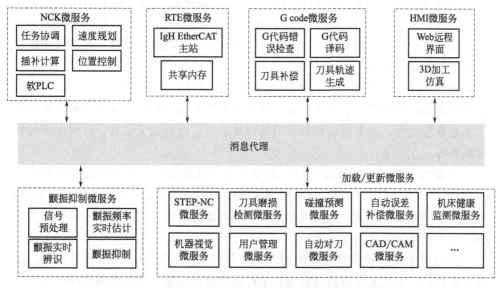

图 1.10　基于微服务架构的智能数控系统结构示意图

(3) 华中智能数控系统

图 1.11 所示为华中数控系统，在华中 8 型数控系统的基础上，智能数控系统提供了机床指令领域大数据汇聚访问接口、机床全生命周期"数字孪生"的数据管理接口和大数据智能（可视化、大数据分析和深度学习）的算法库，为打造智能机床共创、共享、共用的研发模式和商业模式的生态圈提供开放式的技术平台，为机床厂家、行业用户及科研机构创新研制智能机床产品和开展智能化技术研究提供技术支撑。在此基础上，智能数控系统已初步实现了质量提升、工艺优化、健康保障和生产运行一批智能化功能，使数控加工"更精、更快、更智能"。

图 1.11　华中数控系统

① 质量提升：提高加工精度和表面质量　质量提升基于以下功能：基于温度传感器的热误差补偿、基于能耗大数据的热误差补偿、数控机床空间误差补偿、基于数控加工"心电图"智能断刀检测、基于能耗大数据的刀具寿命智能管理和主轴振动主动避让等。

② 工艺优化：提高加工效率　加工优化包括以下几个方面：加工 G 代码的光顺性评估和平滑拟合、基于主轴负载的加工工艺参数评估、基于主轴负载的加工工艺参数优化、加工振动和视觉的指令域显示、虚拟加工仿真、自动上下料智能控制等。

③ 健康保障：保障设备完好、安全　安全措施包括：机床运行"行车记录仪"、机床"铁人三顶"健康自检和健康评估、主轴动平衡分析和智能健康管理、基于二维码的设备调试档案管理和维修案例管理与搜索、数控机床机电联调工具集、加工过程视觉智能监控等。

④ 生产管理：提高管理和使用效率　包括操作者身份识别和权限管理，远程状态监控、工艺文件浏览与管理、生产效率统计分析、作业计划管理。

（4）亟待研发的智能化数控系统的关键技术

① 数控系统的开放化及网络化技术的研究　开发基于总线形式的开放式数控系统、基于工业 PC 的开放式数控系统以及全软形式的数控系统等。

② 高性能智能伺服系统的研究　研究具有智能自适应、自学习功能的伺服控制算法，以提高伺服系统的精度，增强系统的特性，以及采用智能技术进行运动误差补偿等。

③ 多传感器信息融合理论及技术的研究　通过多个传感器对机床加工过程的状态进行监测，对特征信息进行提取，运用多传感器信息融合技术，对多种信息进行融合，实现对系统工况的实时监视和对系统故障的快速诊断，提高系统的可靠性；同时可以使用多传感器信息实现加工过程的智能控制，以达到提高加工效率和加工精度等目的。

④ CAD/CAM/CNC 集成一体化技术的研究。

⑤ 绿色制造技术在智能数控系统中的应用研究　如节能技术、绿色切削等。

1.2.4　典型智能数控机床

i5 数控系统是沈阳机床自主研发的世界首台具有网络智能功能的数控系统，是工业化、信息化、网络化、集成化、智能化的有效集成。搭载 i5 数控系统的智能机床不仅控制精度高、效率高、能耗低，而且具备智能管理，能够实现"指尖上的工厂"，实时传递和交换机床加工信息。

图 1.12 是沈阳机床 i5M4.5 数控智能加工中心，该机床采用机电一体化结构，应用三维设计软件（Pro/E）和有限元分析软件（Ansys）进行设计与分析，使机床结构设计更加合理。通过引进先进的设计理念以及采用科学的设计手段，解决了传统设计无法回避的问题。该机床主要用于加工板类件、盘类件、壳类件、模具等精度高、工序多、形状复杂的零件，可在一次装夹中连续完成铣、钻、扩、铰、镗、攻丝及二维和三维曲面、斜面的加工，加工实现程序化，缩短了生产周期，表 1.1 是其主要参数。

i5M4.5 是沈阳机床依托 i5 智能数控系统推出的具有智能、互联功能的产品，具有智能补偿、智能诊断、智能控制、智能管理等特点，能够实现高精度、高效率、低能耗加工。该

图 1.12　沈阳机床 i5M4.5
数控智能加工中心

机床不仅能够满足加工任务要求,还能实现传输数据。同时,i5智能机床特有的互联网功能,使其成为智能终端,实现分布式、分级式、分享式制造,真正改变生产方式。

表 1.1   沈阳机床 i5M4.5 数控智能加工中心主要参数表

名称		i5M4.5-1000	单位
工作台	工作台尺寸	1300×610	mm
	允许最大荷载	600	kg
加工范围	工作台最大行程(X轴)	1000	mm
	滑座最大行程(Y轴)	610	mm
	主轴最大行程(Z轴)	650	mm
进给	快速移动 X轴	32	m/min
	快速移动 Y轴	32	
	快速移动 Z轴	30	
	三轴拖动电机功率(X/Y/Z)	2.9/2.9/4.4	kW
刀库	刀库形式	圆盘机械手式	

图 1.13 是德国五轴立式加工中心 DMU 50,主要用于自行车的挡泥板模具、汽车覆盖件模具、汽车照明灯模具等的铣削加工。

图 1.13   德国五轴立式加工中心 DMU 50

DMU 50 是车间加工全新时代的机型,该机床的全部轴采用数字驱动技术,因此动态性能好。除标配刚性工作台外,还可选配手动工作台、液压夹紧的电动回转摆动工作台和联动工作台,最新配加强筋铸铁立柱的横向滑座,为该机提供了高精度和高刚性的基础。采用最新数控技术 DMGERGOline®控制面板、19 英寸(1 英寸=2.54 厘米)显示器和 3D 软件,为高工作速度、精度和可靠性提供保证。

DMU 50 适应多种工作台选配,从固定工作台到五轴联动加工所需的回转摆动工作台,工件承重大,加工精度高,机床自身的回转摆动工作台的两个旋转轴全部配大直径轴承,占地面积小,加工区接近性能好,具备大坡度落屑板,排屑效果良好;刀库具有 16/30 或 60 刀位;配备大功率电主轴,最高转速可达 18000r/min,扭矩可达 130N·m。表 1.2 是 DMU 50 机床的部分技术参数。

表 1.2　德国五轴立式加工中心 DMU 50 主要参数

机床型号	DMU 50	
行程	500/450/400	mm
主驱动(标配)		
转速范围	20～10000	r/min
驱动功率(40/100%DC)	9/13	kW
扭矩(40%DC)	83	N·m
主驱动(选配)		
转速范围	20～1400	r/min
驱动功率(40/100%DC)	14/18.9	kW
扭矩(40%DC)	100	N·m
进给		
快移速度 X/Y/Z	24	m/min
最大进给力 X/Y/Z	4.8	kN

1.3　智能锻压机床

1.3.1　锻压装备的概述与发展趋势

(1) 传统锻压制造装备的概述

机床作为机械装备的一部分，主要分为切削加工机床与成形机床两大类，而锻压装备作为塑性成形设备，是最主要的成形机床，是对具体的材料，在强大的压力作用下，实施规定的工艺。锻压装备主要经历了蒸汽一代（蒸汽-空气锤时代）、电气一代（交流异步电动机驱动时代）。锻压装备的作用是将一个或多个力和运动施加到模具上，从而对工件进行塑性加工。根据所采用的生产工艺，锻压设备可分为成形用的锻锤、机械压力机、液压机 3 类主要的锻压设备，以及开卷机、矫正机、剪板机、剪切机等辅助设备。

(2) 智能锻压机床的概述

智能锻压机床先进于数控锻压机床，其不但能可靠生产，而且高效生产；不但数控化，而且智能化；不但易操作，而且自动化操作；不但可发现并反馈问题，而且可分析并解决问题；不但具备生产功能，而且具备管理功能；不但具备自诊断能力，而且具备远程协同处理能力。也就是说，智能锻压机床应具备成形、监控、分析、诊断、处理、传输、记录、内外及远程协同能力，能够与互联网、大数据、物联网、云计算相结合，将数字化、信息化、智能化相融合，通过专业人士来操作，通过专家来处理问题，在全生命周期内将用户端与制造端互联。

目前，智能锻压机床主要有智能伺服锻压机床、智能数控锻压机床、一般智能化锻压机床等。

① 智能伺服锻压机床　智能伺服锻压机床通过伺服电动机直驱传递扭矩，带动锻压机床滑块移动，控制靠伺服系统进行，可实现数字化、云计算、大数据、网络化功能。

② 智能数控锻压机床　对于大型闭式单、双、四点锻压机床及高速锻压机床来说，快速换模、高速运行、记忆、分析、诊断等功能已普遍实现。

③ 一般智能化锻压机床　开式单点、双点及半闭式、曲轴式锻压机床，实现部分智能化，智能化指数比前两类智能化机床要低。

(3) 锻压装备的发展趋势

1) 伺服数字化与智能化

数控锻压机械已从最初的回转头压力机、折板机向其他类别、组别的锻压机械扩展，如数控板料直线剪切机，数控激光、等离子和火焰切割机，数控板料弯曲机，数控型材弯曲机，数控板料折压机，数控旋压机，数控辗环机，数控液压机，数控螺旋压力机等。交流伺服电动机在锻压设备中得到了广泛应用，加快了锻压设备的伺服数字化，并推动其进一步向智能化的方向发展。

2) 定制式与个性化

由于资源、环境的压力，传统的通用型锻压设备的市场竞争越来越惨烈。作为锻压设备的制造商，急需进行产品升级转型，务必要考虑到中国的制造业已从以工厂化、规模化、自动化为特征的工业制造转向了多样化、个性化、定制式，更加注重用户体验的系统创新。锻压设备正从目前的通用型向适用于轻质、高强、耐腐蚀、耐高温、低塑性的新材料、新工艺及特殊形状结构产品的非标设备方向发展。

3) 高性能与精密化

大飞机、新一代战机、高推重比发动机、大型运载火箭、长寿命卫星和节能型汽车的发展，要求使用高比强、耐高温、高比模的轻质高强度难变形材料，其对塑性变形后工件的内部微观组织、力学性能提出了极高的要求，相应地需要高性能的锻压设备来满足苛刻的工件性能要求；另外，具有复杂曲面、薄壁、空心变截面、整体和带筋等轻量化的结构工件，经过锻压设备的塑性加工后，形状及尺寸精度要求极高，往往要求实现后续的少、无屑加工，这就要求锻压设备从传统的"傻大黑粗"的毛坯加工，向可生产高性能与精密的零件发展。

4) 网络化

全球宽带、云计算机、云存储为制造文明进化提供了创新技术驱动和全新信息网络物理环境。目前已从后工业时代注重单机简约的数字制造转变为依托大数据、云服务的协同，共享网络协同的运营服务。现代工业、工业产品和服务全面交叉渗透，借助软件，通过在互联网和其他网络上实现产品及服务的网络化，新的产品和服务将伴随这一变化而产生。软件不再仅仅是为了控制或者执行某步具体的工作程序而编写，也不仅仅是为了被嵌入产品和生产系统里。传统的机电一体化是机械部件与电子器件有机结合，并嵌入软件，而无线网络使全新的产品功能和特性成为可能，这些新事物是传统的机电一体化所不能包含的。电子器件微型化、计算机及存储介质的性能飞跃使得现在的小体积和无线功能成为可能。互联网提供了个人之间联系的一种新可能。网络智能制造是中国制造的未来，它是信息网络与制造技术高度融合的产物。锻压设备的局域网生产管理、自动控制、远程故障诊断与维修服务是发展的必然趋势。

5）高速化

随着工业的飞速发展，对高速机械压力机及快锻液压机的需求量日益增加，锻压设备的高速化乃至超高速化对机器本身和外围设备都提出了苛刻的要求：运动部件结构合理，重量轻，机架需有极好的刚性，运动部件需实现最佳平衡，较小的高速冲压运动惯性，温度变化对精度的影响小，运动部件抗磨损，轴承质地必须优良，导向系统必须精确，模具需有高的寿命，送料装置必须精度高、速度快、性能可靠，必须解决高速冲压振动问题，减小振动对精度的影响。大中型快锻液压机在汽车行业的应用越来越广，其中的大规格伺服电动机，高压大排量泵、阀及其液压传动方式与控制系统等难题急需解决。

1.3.2　锻压机床传动系统设计与性能优化

锻压机床传动系统一般采用机械传动，将电动机的运动和能量经传动系统传给工作机构，使工作机构按照功能设计完成其规定的运动，从而使坯料获得预期的变形，制成所需工件。以下主要介绍曲柄式机械压力机与伺服压力机的传动系统设计与优化。

(1) 曲柄式机械压力机传动系统设计与优化

1）曲柄式压力机主传动系统的设计步骤

① 确定主齿轮结构形式　曲柄压力机常用的主齿轮结构形式共有 10 种，如图 1.14 所示。初步设计时可根据用户要求的技术参数，对照各结构形式的特点和适用范围，选出一种合理且适用的主齿轮形式。

② 确定传动系统的布置　传动系统的布置通常有两种形式，一种是曲柄平行于压力机正面（图 1.15），另一种是曲柄垂直于压力机正面（图 1.16）。在大、中型压力机设计中，前者使用较少，仅见于大型多工位压力机的主传动系统中，更多场合使用的是曲柄垂直于压力机正面的布置形式。

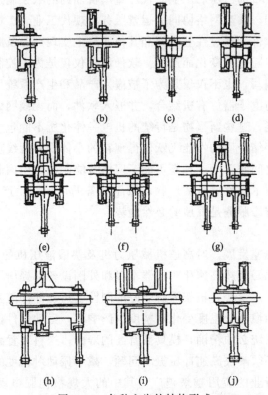

(a)　　　　(b)　　　　(c)　　　　(d)

(e)　　　　　(f)　　　　　(g)

(h)　　　　(i)　　　　(j)

图 1.14　各种主齿轮结构形式

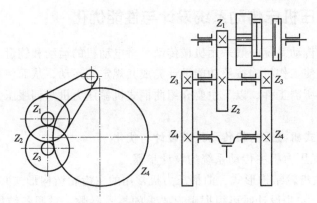

图 1.15　曲柄平行于压力机正面布置

　　③ 计算主齿轮扭矩　根据曲柄压力机动力学分析计算公式，不考虑摩擦力及摩擦力矩的影响，计算压力机在公称压力 P 及行程 δ 下的总的主齿轮扭矩 T_m。

　　④ 主齿轮和主小齿轮的确定　主齿轮和主小齿轮的速比一般为 $i_m = 5$。

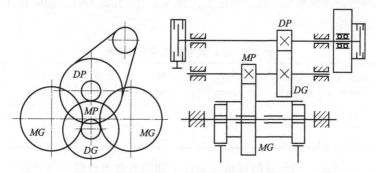

图 1.16　曲柄垂直于压力机正面布置

MG—主齿轮；*DG*—传动齿轮；*MP*—主小齿轮；*DP*—传动小齿轮

⑤ 离合器与制动器的确定。

⑥ 确定传动齿轮与传动小齿轮的速比　当离合器型号已知后，离合器最大允许转速就已确定。根据用户要求的行程次数，确定速比为：$i_D = n_1/(i_m/n_{MG})$。

⑦ 确定传动齿轮、传动小齿轮参数　根据离合器扭矩、主齿轮结构尺寸、上梁高度以及运输界限等，初步确定传动小齿轮的齿数、模数、齿宽。传动齿轮的齿数、模数、宽度与传动小齿轮完全相同。

⑧ 计算离合器轴上的等价转动惯量　当全面考虑轴的转动惯量和主齿轮平衡重的转动惯量后，可计算离合器轴上的等价转动惯量。

⑨ 制动器常数 C 值的求取　如果 $C \leqslant 5$，制动器取自然空气冷却；如果 $5 < C < 12$，制动器取风扇强制空气冷却；如果 $C \geqslant 12$，制动器需提高挡。

2) 曲柄式压力机传动系统的优化设计

图 1.17(a) 所示为小松式肘杆机构，图 1.17(b) 为曲柄滑块机构。在图 (a) 中曲柄为 R，其他连杆表示为 l_1、l_2、l_3、l_4、l_5；在图 (b) 中曲柄为 R，连杆为 l。在压力机设计中，设计要求为：设定压力 4000kN，滑块行程 200mm，滑块的行程频率 1/2Hz。对于曲柄滑块机构，设计的参数为：滑块运动的行程 200mm，连杆的长度 960mm，曲柄的长度 120mm。因此，可知连杆系数（连杆系数＝曲柄半径/连杆长度）为 0.125，在到达工作行程时，测得作用在曲柄上的扭矩为 83200N·m。以上为传统的曲

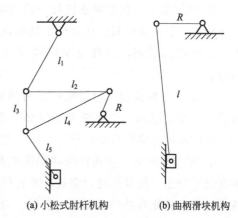

(a) 小松式肘杆机构　　(b) 曲柄滑块机构

图 1.17　传动机构

柄连杆机构的设计参数及系统驱动扭矩。表 1.3 为小松式肘杆机构的设计参数以及相应的驱动扭矩。

表 1.3　小松式肘杆机构系统参数

参数	曲柄 R /mm	连杆 l_1 /mm	连杆 l_2 /mm	连杆 l_3 /mm	连杆 l_4 /mm	连杆 l_5 /mm	扭矩 T /N·m
参数 1	115	310	310	230	230	725	45480
参数 2	120	220	370	220	220	733	22075

如表 1.3 所示，小松式肘杆机构通过不同的参数组合设计能够输出不同的扭矩，与传统的曲柄连杆机构相比，在输出扭矩上的性能更好。在第一组的参数组合中输出扭矩为 45480N·m，相比于传统曲柄连杆机构 83200N·m 扭矩，下降了 45%；在第二组的参数搭配中，输出扭矩为 22075N·m，相比于传统曲柄连杆机构 83200N·m 扭矩，下降了 73%。通过数据可以发现，小松式肘杆机构在扭矩性能上比传统的曲柄连杆机构更加优秀。因此，小松式肘杆机构能够满足大吨位、长行程以及高节拍的零部件加工应用。

(2) 伺服压力机传动系统设计与优化

1) 伺服压力机传动系统的设计

伺服压力机具有柔性、结构简单、控制过程相对简单等特点，在机械工程领域得到了广泛应用。伺服压力机的动力源为伺服电机，根据与执行机构的连接方式的不同，可以分为直接驱动与间接驱动。直接驱动是将动力源直接连接到执行机构上，这样系统的传递效率较高，并且结构紧凑，但是不适合大型的压力机。间接驱动通过中间的传动机构来控制传动比，实现速度以及力矩的控制。目前应用较多的为间接式驱动的伺服压力机，该种类型的压力机在较大压力工艺下的应用中较为合理。伺服压力机传动系统的传动机构主要分为以下三类。

① 丝杠驱动　丝杠驱动机构采用交流伺服电机作为动力源，伺服电机与丝杠连接。通过伺服电机的正反转实现滑块上下往复运动。由于丝杠传动比以及最大工作负载的限制，这种驱动机构适合用在工件吨位较小、工作节拍较低的场合。

② 肘杆机构驱动　肘杆机构采用伺服电机驱动滚珠丝杠以及肘杆机构实现滑块上下往复运动。它的特点是位于下方死点处的力较大，远离该点处的力较小。这种驱动机构适合小行程、小吨位的应用场合。

③ 多连杆驱动　多连杆机构采用伺服电机驱动，经过减速器以及多连杆机构实现滑块上下往复运动。多连杆机构的优点使得滑块在运动中具有慢进快退的特点，并且在死点处的速度相对较低、力相对较大。由于机构单方向运动即可实现滑块的前进与后退，因此伺服电机可以单向转动，减少了停机时间，提高了工

作效率。这种机构比较适合行程较大、工件吨位较大的场合。

2) 伺服压力机传动系统设计优化原则

伺服压力机通过大功率的伺服电机驱动减速器以及传动机构，使滑块实现往复运动。它可以采用计算机控制系统对滑块的速度以及位置实现精确的控制。根据伺服压力机的工作特点及适合的工作应用场景，在满足伺服电机的额定转速与额定扭矩的条件下，传统系统优化需要满足的设计原则如下。

① 在伺服压力机工作行程中，前进行程或者回程位移应具有较好的单调性。

② 在满足伺服压力机工作参数（工作设定压力与工作设定行程）的条件下，动力源伺服电机应输出较小的扭矩。伺服压力机设计原则主要考虑在实际应用场景中，前进行程或者回程位移是逐渐增加或者逐渐减小的，即使出现停留，时间也较短。另外，如果伺服压力机的系统设计比较优秀，那么在选用扭矩较小的伺服电机的情况下也能够输出较大的工作扭矩。

1.3.3　锻压机床智能化

（1）状态监测与故障诊断

智能锻造设备启动以后，需实时记录设备运行数据以及加工工件的相关信息，例如坯料温度、模具温度、成形吨位、模具速度以及锻件尺寸等，并对采集到的数据进行实时分析，判断产品质量是否可靠，判断设备所处的状态并触发相应状态的事件，这也是专家系统进行故障诊断的基础。故障诊断专家系统由专家经验知识库和故障推理系统两大部分组成，专家知识库是维修人员和专家对常见装备故障诊断的直接或间接经验的总结，故障推理系统可以根据监测的数据和故障现象进行推理，找出引起故障的原因，对各种原因按照可能性大小进行排序，并列出排除方法，为锻造设备的故障诊断提供方便。

专家系统结构如图 1.18 所示，专家系统故障诊断结果的准确性与专家经验知识库的经验可靠度直接相关，所以专家经验知识库需要真实可靠的实践经验。

故障诊断源于现场人员对机床物理表征的探究，根据设备产生的感官气

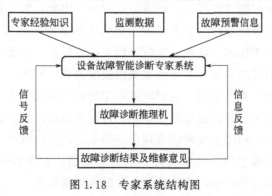

图 1.18　专家系统结构图

味、声音、光等信息来完成故障定位及后续诊断研究，仅适用于诊断经验丰富且对设备结构及功能掌握熟练的技术人员。为解决主观性过强、状态分析难以量化的问题，指示灯、显示屏以及示波器等仪器仪表逐步被现场人员采用，这种对关键部位单独测量的方式被称为点测法。工业发展过程中曾出现温度观测、击打、原理分析等测试方法，但诊断方法仍处于非智能阶段，无法适应机床机械结构复杂程度的大幅度提升，所以故障诊断研究专家提出利用信号处理、神经网络、多源数据融合等算法来满足工业需求。锻压机床故障诊断就是对传感器信息加工处理和分析。在锻压机床复杂的工作环境下，传感器采集的数据中往往夹杂着大量不必要的数据，这些干扰数据是降低故障诊断精度的主要原因之一，影响判断锻压机床状态的效果，因此提出如图 1.19 所示的锻压机床人工智能故障诊断过程。

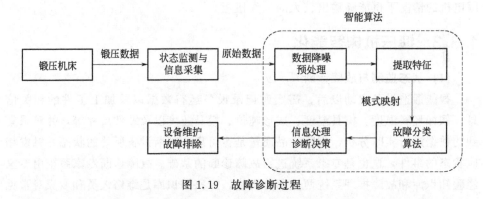

图 1.19　故障诊断过程

锻压机床状态信息由传感器直接采集，原始信号通过降噪手段预处理，采用时域频域分析、能量分析等特征提取的方式，建立基于输入数据和输出数据的映射空间，采用人工神经网络等智能分类算法完成局部诊断，再结合当下数据融合技术，为工作人员故障排除提供综合性诊断决策方案。

(2) 热误差补偿

锻压机床在生产制造过程中，环境温度较高，因此，常常会造成电机发热等问题的产生，而此类问题往往会造成锻压机床在加工检测过程中的精准度下降，影响加工物品的生产使用。此外，常规环境中很容易发生温度的改变，温度变化会导致锻压机床的进给系统以及传动系统因温度过高而变形。因此，针对这种由热量问题引起的加工精度下降，造成零件加工质量下降的问题，可以采用智能化的热误差补偿办法进行智能化补救。首先，可以将温度传感器放置在锻压机床传动装置等关键位置，利用温度传感器判定进给系统的温度状况。其次，可以通过对热力补偿器中精准差值的计算确定热误差补偿值，并将其输入相关数控系统中，从而保证热误差的补偿，改善锻压机床的机械精准度。

（3）安全检测与保障

为了最大限度地避免机器的不安全状态，保护生产装置和人身安全，防止恶性事故的发生，减少损失，在安全系统中采用冗余、多样的结构，加之自我检测和监控、可靠电气元件、反馈回路等安全措施，保证在自身缺陷或外部故障的情况下，依然能够安全，并且可以及时地将故障检测出来，从而最大程度保证整个安全控制系统的正常运行，保护人和设备的安全。温度参数是产品质量追溯的重要指标之一，智能生产系统对锻造过程中的锻件温度进行存储和整合，由此可以根据锻件温度的变化规律，对生产的整体性工艺和设备的维护计划进行相应改进，从而提高生产效率，降低成本。为了能够方便测量移动或难以触及的目标的温度，采用红外温度计测量锻件的温度。压力机上的锻件位置和形态检测通过视觉识别来实现，视觉识别主要用于对锻造工艺流程和状态进行监控，当工件发生粘模、跳模、定位不准时，向控制系统发出相应报警，以便及时进行人工干预，避免出现重大故障并恢复生产。通过非接触测量技术重建模具三维模型的方法可以实现模具的磨损检测，通过采用安全扫描雷达和安全光栅进行安全检测，为锻造生产提供了人身安全保障。

（4）远程诊断与维护

在锻造智能系统生产或运转的过程中，一旦出现生产故障，或系统的某一功能出现问题，在技术人员不能第一时间赶到现场的情况下，技术人员可通过远程诊断与维护功能，远程进入到智能系统中，寻找并发现问题，远程给用户提供解决方案。

远程诊断与维护的功能不仅可以第一时间帮助用户解决问题，而且可以减少技术人员奔赴现场所花费的时间和精力，是智能系统中不可缺少的重要组成部分。

远程诊断系统要实现地理上相隔较远的两地之间的信息沟通，首先就需要具备在物理上连接两地的通信方式。若直接在 Internet 上建立远程诊断系统，会带来两大问题：现场设备和远程访问者都需要占用公用网络地址，这就需要占用大量的公用网络资源，使用成本高；通过 Internet 传输信息难以保证数据安全。因此，可以使用 VPN 技术来解决以上两大问题。

（5）实时分析与调整

智能锻造生产的过程中会出现各种因素干扰生产过程的稳定。将采集到的实时产线数据经由计算机算法分析出产线扰动的因素，并进行智能产线调节，是智能锻造数据分析研究的重点。常用的算法主要有神经元算法、决策树算法、回归算法和聚类算法，其中神经元算法和决策树算法都需要比较完整的输入，必须包含影响输入量的各个因素，因而需要传感器数量较多，产线成本会大大增加；聚类算法则是利用模型的点与中心点的相似度进行决策，所需数据种类相对较少，适合对已有的产线数据进行分析，判断所处工况，但是聚类算法无法实现对数据未来趋势的判断，因而在对锻造数据实时分析时，多采用非线性回归算法，根据采集到的数据对未来工况进行预测，从而对产线下达相应的指令来实现产线的智能调节。

1.3.4 典型智能锻压机床

图 1.20 所示为德国舒勒集团生产的伺服驱动式冲裁压力机，型号为 MSP 400。主要用于汽车、建筑、家用电器、电气电子元件行业零部件的生产加工。驱动装置采用双电动式连接，包含一个扭矩电机以及肘杆装置，驱动单元可自由编程。无间隙系统可靠性高，易于维护。可以通过 Optimizer、Optimizer Pro 和 Smart Assist 等 IT 工具进行便捷、直观的操作，并支持随时设置。同时可以通过触屏与按键进行操作，采用便捷、直观的视图操作方式。触屏操作及界面如图 1.21 所示。

图 1.20　MSP 400 冲裁压力机

伺服驱动式冲裁压力机相比于传统的冲裁压力机更具柔性化，可根据所有常见工艺的预编程曲线或使用可选曲线发生器生成完全独特的曲线，快速、灵活地调整滑块，实现工件的运动。同时该冲裁压力机具备健康管理及状态监控功能，将设备维护计划与创新型状态监控集成一体化。与机械手或者自动上料机械手以及快速模具更换系统进行配合，满足现代冲压车间的要求。机床的相关参数如表 1.4 所示。

图 1.21　触屏操作及界面

表 1.4　MSP 400 冲裁压力机参数

型号	冲压力/kN	台面长度/mm	台面宽度/mm	闭合高度/mm	滑块行程/mm	滑块调节量/mm	送料
MSP 400	4000	3000	1400	600/700	60~300	200	自动

图 1.22 所示为德国舒勒集团生产的锻造压力机，动力装置采用伺服直驱技术，多个力矩电机配合减速齿轮装置作用于主轴上。该压力机适用于单行程操作和持续操作的锻造类型。行程和锻造速度能够以最佳的方式适应零部件，且滑块

图 1.22　舒勒集团的锻造压力机

运动可调节，具有高度灵活性。曲柄轴配有三个轴承，具有刚性好的特点。

图1.23为合肥合锻智能制造股份有限公司生产的多连杆机械压力机，型号为LHS4-2000，主要应用于汽车、家电、军工、航空航天、石化、新材料等领域。该压力机采用整机模块化设计，结构较为先进，且具有高刚度、高精度及良好的精度稳定性。主传动驱动控制技术先进，安全可靠，具备重载稀油润滑系统。同时设计了智能化人机交互界面，控制方面由PLC及远程网络控制技术对压力机进行控制。该压力机相关参数如表1.5所示。

图1.23 合锻LHS4-2000多连杆压力机

表1.5 LHS4-2000多连杆压力机参数

型号	公称力 /kN	公称力行程 /mm	最大装模高度 /mm	滑块行程次数 /(次/分)	滑块行程 /mm	主电机功率 /kW
LHS4-2000	20000	13	1500	10~20	1200	400

参 考 文 献

[1] 张容磊. 智能制造装备产业概述 [J]. 智能制造，2020 (07)：15-17.

[2] 丁向琴，丁荣乐. 智能制造装备的发展现状与趋势 [J]. 科技风，2015 (21)：69，1671-7341.

[3] 严人杰. 高效、高精立式加工中心设计技术 [J]. 今日科苑，2007 (16)：107.

[4] 黄韶娟，盛伯浩，韩明容，等. 高效、高精立式加工中心设计技术 [J]. 制造技术与机床，2004 (09)：83-86.

[5] 胡江平. 数控机床智能化技术研究 [J]. 湖北农机化，2020 (02)：179.

[6] 何宁. 数控机床产业智能化发展与赛博安全问题分析 [J]. 制造技术与机床，2017 (08)：28-32，1005-2402.

[7] 张鲁，褚腾腾. 浅析数控机床智能化的关键技术 [J]. 中国设备工程，2022 (07)：198-199.

[8] 卓越，刘建康，富宏亚，等. 基于微服务架构的智能数控系统 [J]. 航空制造技术，2020，63 (23)：

56-60.

[9] 华中数控. 大国重器——新一代华中数控智能数控系统和智能机床 [J]. 世界制造技术与装备市场，2018（02）：79-82.

[10] 杨占玺，韩秋实. 智能数控系统发展现状及其关键技术 [J]. 制造技术与机床，2008（12）：63-66.1005-2402.

[11] 闵鹏，闵建成，夏伟，等. 锻压机床智能化探析 [J]. 锻压装备与制造技术，2016，51（03）：13-16，1672-0121.

[12] 赵升吨. 高端锻压制造装备及其智能化 [M]. 北京：机械工业出版社 .2019.

[13] 吴生富，刘书. 小松式压力机主传动系统总体方案设计 [J]. 一重技术，1997（03）：8-10.

[14] 赵鹏 .4000kN 伺服压力机传动系统优化设计 [J]. 装备维修技术，2020（01）：8＋56，1005-2917.

[15] 于雯雯 ."可编程控制器智能制造数字化车间" 项目实施与研究 [D]. 北京：北京化工大学，2019.

[16] 许同乐，韩元杰. 专家系统在液压故障诊断中的应用 [J]. 机床与液压，2009，37（03）：182-184.

[17] 王江萍，段腾飞. 基于特征融合和稀疏表示的齿轮故障诊断 [J]. 机械传动，2017，41（01）：54-58.

[18] Si C S. Design of remote of fault diagnosis system fog-automobile engine based on Internet [J]. Applied Mechanics & Materials，2015，713-715：456-459.

[19] Sun H B，Xu Z C，Zhou J. Research and design of the remote fault diagnosis system for complicated equipment based on intelligent IETM [J]. Advanced Materials Research，2012，490-495：1564-1568.

[20] Gronostajski Z，Hawryluk M，Kaszuba M，et al. Application of the reverse 3D scanning method to evaluate the wear of forging tools divided on two selected areas [J]. International Journal of Automotive Technology，2017，18（4）：653-662.

[21] 邓盛彪. 基于机器学习的锻造过程数据分析方法的研究 [D]. 北京：机械科学研究总院，2019.

[22] 邓盛彪，张宏涛，孙勇，等. 基于大数据的锻造生产过程模型的搭建与分析 [J]. 锻压技术，2019，44（05）：174-179.

第**2**章

智能制造装备互联互通技术

基于制造生产线的智能制造装备互联互通技术，广泛地应用在设计、制造、管理及其服务等全生命周期的各个环节，它们都是中国战略性新兴产业的重要组成部分，蕴藏着巨大的社会效益和经济效益。用现代化工业或者物联网来改造我国的传统产业，必将极大地提升这些产业的社会经济附加值。

2.1 智能制造装备互联互通技术概述

(1) 工业物联网概述

工业物联网是支撑智能制造的一套使能技术体系。工业物联网通过工业资源的网络互联、数据互通和系统互操作，实现制造原料的灵活配置、制造过程的按需执行、制造工艺的合理优化和制造环境的快速适应，达到资源的高效利用，从而构建服务驱动型的新工业生态体系。工业物联网表现出六大典型特征：智能感知、泛在连通、精准控制、数字建模、实时分析和迭代优化。

(2) 工业物联网互联互通技术概述

工业物联网互联互通技术体系主要分为感知控制技术、网络通信技术、信息处理技术和安全管理技术。感知控制技术主要包括传感器、射频识别、多媒体、工业控制等，是工业物联网部署实施的核心；网络通信技术主要包括工业以太网、短距离无线通信技术、低功耗广域网等，是工业物联网互联互通的基础；信息处理技术主要包括数据清洗、数据分析、数据建模和数据存储等，为工业物联网应用提供支撑；安全管理技术包括加密认证、防火墙、入侵检测等，是工业物联网部署的关键。工业物联网互联互通技术体系如图 2.1 所示。

(3) 通信协议概述

通信协议主要是运行在传统互联网 TCP/IP 协议之上的设备通信协议，负责设备通过互联网进行数据交换及通信。物联网的七大通信协议如下。

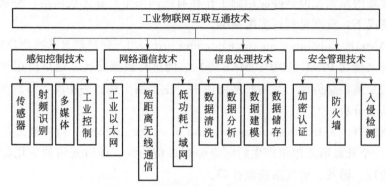

图 2.1 工业物联网互联互通技术体系

① REST/HTTP（松耦合服务调用） REST 即表述性状态传递，是基于 HTTP 协议开发的一种通信风格。REST/HTTP 可以简化互联网的系统架构，快速实现客户端和服务器之间交互的松耦合，降低客户端和服务器之间的交互延迟。REST/HTTP 适用于物联网的应用层面，通过 REST 开放物联网中资源，实现服务被其他应用所调用。

② CoAP（constrained application protocol，受限应用协议） 应用于无线传感网中的协议。CoAP 是简化了 HTTP 协议的 RESTful API，CoAP 是 6LoWPAN 协议栈中的应用层协议，适用于资源受限的 IP 网络。

CoAP 和 6LoWPAN，分别是应用层协议和网络适配层协议，使设备直接连接到 IP 网络，将 IP 技术用于设备之间、互联网与设备之间的通信。IPv6（Internet protocol version 6，互联网协议第 6 版）技术带来了巨大的寻址空间，解决了未来巨量设备和资源的标识问题，互联网上应用也可以直接访问支持 IPv6 的设备。

③ MQTT（message queuing telemetry transport，消息队列遥测传输） 由 IBM 开发的即时通信协议，相对来说是比较适合物联网场景的通信协议。MQTT 协议采用发布/订阅模式，所有的物联网终端都通过 TCP 连接到云端，云端通过主题的方式管理各个设备关注的通信内容，负责将设备与设备之间的消息转发。在低带宽、不可靠的网络下提供基于云平台的远程设备的数据传输和监控。

④ DDS（data distribution service for real-time systems，面向实时系统的数据分布服务） 分布式、高可靠性、实时传输设备数据通信。目前 DDS 已经广泛应用于国防、民航、工业控制等领域。DDS 很好地支持设备之间的数据分发和设备控制、设备和云端的数据传输，同时 DDS 的数据分发实时效率非常高，能做到秒级内同时分发百万条消息到众多设备。DDS 在服务质量（QoS）上提供非常多的保障途径，这也是它适用于国防军事、工业控制这些高可靠性、高安全

性应用领域的原因。但这些应用都工作在有线网络下，在无线网络，特别是资源受限的情况下，没有见到过实施案例。

⑤ AMQP（advanced message queuing protocol，先进消息队列协议） 用于业务系统（例如 PLM、ERP、MES 等）之间进行数据交换，最早应用于金融系统之间的交易消息传递，在物联网应用中，主要用于移动手持设备与后台数据中心的通信和分析。

⑥ XMPP（extensible messaging and presence protocol，可扩展通信和表示协议） 一个开源形式组织产生的网络即时通信协议。即时通信的应用程序可用于网络管理、游戏、远端系统监控等。

⑦ JMS（Java message service，Java 消息服务） 这是 Java 平台中的消息队列协议。Java 消息服务应用程序接口是一个 Java 平台中面向消息中间件（MOM）的 API，用于在两个应用程序之间或分布式系统中发送消息，进行异步通信。Java 消息服务是一个与具体平台无关的 API，绝大多数 MOM 提供商都支持 JMS。

2.2 工业物联网互联互通系统设计

2.2.1 智能产线现场情况概述

现有的智能产线面临着产能低、交货周期长等痛点问题，技术发展水平落差很大，缺少能拉动行业发展的龙头企业，制造行业所面临的问题也是当今工业领域所面临的。若想彻底将智能产线的技术水平拔高到一个新档次，必须逐一攻克设备集成控制与互联互通、生产计划与调度、过程管控、系统集成等关键技术，形成一套全面的产线体系。

以模锻生产线为例，主要设备有辗环机、工业机器人、即热炉、激光打码机、压力机等；以汽车轮毂生产为例，主要设备有棒料上料机、机器人、中频炉、精锻压机、飞边输送机、检测机构等；以切削产线为例，主要设备有工业机器人、立式加工中心、传输料道、RFID 设备等；以数控加工产线为例，主要设备有工业机器人、数控机床、PLC 控制装置、视觉系统等。

2.2.2 工业物联网互联互通需求分析

目前，工业物联网面临很多难题，如模块间解耦、异步消息、流量削峰、信息通信等，因此，要实现完善的工业物联网互联互通需要满足很多需求，如下所示。

① 设备需求　随着工业的不断发展，不同的设备制造商都为自己的设备定制了专用的控制系统和专用的工业协议，一条智能产线由不同厂家生产的不同设备所构成，因此就需要将不同设备间的工业协议集成。

② 数据处理需求　由协议解析器采集的数据最终还是要流向上层应用系统，此时收集到的数据格式包罗万象，有脉冲形式的信号、二进制形式的控制指令、十六进制的报文反馈等，这些数据显然不能直接被上层应用系统所接收，因此就需要将数据处理成同一种格式。

③ 存储需求　通常采集到的数据是来自不同设备的同一数据或同一设备的不同数据，因此要建立一个完备的数据存储库，按不同数据类型与数据特征进行存储，建立相应的关系数据库、对象顺序存储数据系统、时序存储数据库，实现对采集数据的分区信息选择、落地数据存储、编目和数据索引等各种管理操作。

④ 观感需求　前端留给用户的设计风格应清晰明了，不同种类的工业设备在界面中按照模块划分，模块之间的界面布局风格保持一致，用户操作时的用户提示、方式保持一致，并且界面布局方便用户操作。

⑤ 可执行需求　工业物联网互联互通需要与底层大量工业设备进行数据交互，一些设备由于老化或者服务器版本落后等影响数据传输效率，随着车间设备数量的增加，对中间件系统的系统资源占用率和响应速度都有着不可预知的影响。

⑥ 安全性需求　安全性指产品必须具有有效消除潜在安全风险的处理能力和对潜在风险较强的抵抗能力，涵盖保密性、可靠度和产品信息完整性三个子项的属性。一些生产车间制造的产品属于加密部件，不允许外界获知产品相关数据，这就对中间件系统的保密性有一定的要求；同时为保证系统不宕机、后台计算不紊乱，对车间实行数字化也是至关重要的，否则会直接影响生产效率，本末倒置。

⑦ 可扩展性　市场上的工业设备品牌越来越多，从而造成中间件系统与底层设备的交互协议种类增加，这就要求目前的中间件系统提供扩展接口，方便后续开发人员二次扩展开发。

2.2.3　系统总体设计

根据设备、网关与平台网络连接拓扑和设备与平台之间的连接需求，将工业物联网中间件系统分成 7 个主要功能模块，分别为协议接入模块、端口管理模块、状态感知模块、数据处理模块、定时器模块、缓存控制模块、接口管理模块。系统总体设计如图 2.2 所示。

在工业物联网中间件系统中，底层设备接入系统的通信协议后将由协议接入模块进行管理。对于支持标准通信协议的设备，系统将使用标准的 OPC UA 通

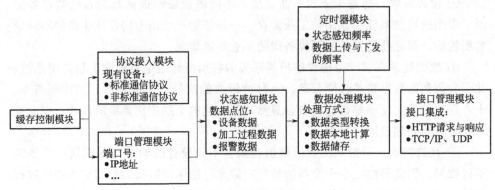

图 2.2　系统总体设计

信协议与 Modbus 协议接入设备；对于非标准通信协议的设备，系统会自动搜索本地 SDK 库，查找符合该设备的协议并将其接入中间件系统。一台设备接入网络往往需要通信协议与端口信息相辅相成才能成功，设备中的端口号、IP 地址、延迟时间等信息都属于端口信息，这些数据将由端口管理模块进行保管，一台设备在中间件系统中匹配了对应的通信协议之后，将会进行端口信息的校对，直到端口信息一一校对成功后，才会正式接入系统。

　　状态感知模块和数据处理模块在中间件系统中属于中枢区，其中状态感知模块具备设备数据实时采集功能，内部记录不同设备的各种数据点位，用户选择各自需要感知的数据，获取的数据由数据处理模块进行相应处理。

　　工业物联网中间件系统会有许多定时的需求，绝大部分的任务都需要定时完成，如加工过程数据的采集要想达到实时性，需要毫秒级定时采集；报警数据、机床状态数据等则要求定时器每10s或者30s采集一次。这只是业务上的定时器作用，而整个中间件后台能否安全运行，也需要定时器的实时监测，例如检查在线的后台进程。

　　中间件系统在实现工业物联网的过程中起着承上启下的作用，对下需要打通底层设备，对上需要提供各种丰富的接口，底层设备采集上来的数据若堵塞在中间件系统内，则百无一用，现如今的数据采集与监视控制（supervisory control and data acquisition，SCADA）系统、制造执行系统（manufacturing exe-cution system，MES）、信息物理系统（cyber-physical systems，CPS）等都需要工业物联网中间件传输有效的数据，所以整个中间件系统的接口也需要专门管理。

　　缓存控制模块起着整套系统资源缓存支撑的作用，随着底层数据的大量传输，需要一个区域能够暂放这些数据，然后有序地分发给各个模块，这就是缓存控制模块的作用。

2.2.4　系统功能模块设计

在构建系统的过程中，将功能模块分为七个部分：协议接入模块、端口管理模块、状态感知模块、缓存控制模块、数据处理模块、定时器模块、接口管理模块，具体情况如下。

(1) 协议接入模块

协议接入模块负责底层设备联网的媒介确定，对应开放式通信系统互联网参考七层模型中的物理层、链路层、网络层和传输层，搭建好设备进入联网环节的桥梁。企业往往以不直接影响生产为前提增强或者扩充已有设备的通信能力。通常来自不同行业的制造商，所采用的通信技术是复杂多样的，其中的差异性主要表现在连接方式上。设备连接常见的网络传输协议主要有 TCP/IP、串口协议等，协议之间具有很大的差异性，很难构造一个统一的接口，所以需要一个协议库来支撑底层多源异构设备的互联互通。

协议库是协议接入模块的中枢区，内部存储着市场上现有的大部分设备协议，主要划分为标准通信协议库和非标准通信协议库。标准通信协议库中存储着 OPC UA、Modbus TCP 等工业以太网协议，以及 RS-232、RS-485、Modbus RTU 等串口协议。标准通信协议一般采用请求/应答方式实现设备互联。非标准通信协议库针对各大设备制造商设定的私有协议，例如发那科公司的 FOCAS 协议、西门子公司的 S7 协议等，其产品想要联网必须使用制造商制定的专属协议，上述所说的标准通信协议无法实现互联，各设备制造商会提供 SDK 协议包给用户，并利用以太网实现通信，所以非标准通信协议库中存储着各大制造商的 SDK 协议包，以便设备接入。当一台设备接入中间件系统之后，首先会根据设备的品牌型号遍历协议库寻找适合该设备的协议，随之根据确定好的协议筛选出接入系统所需要的信息，不同的协议需要的信息也是不同的，例如串口协议需要波特率，而以太网则不需要，之后将信息传递给端口管理模块，进行下一步处理。至此，协议接入模块工作完毕，协议接入模块处理流程如图 2.3 所示。

(2) 端口管理模块

端口管理模块用于中间件系统所有外部端口的管理，包括底层设备接入的端口和上层应用系统（服务器）接入的端口。对于底层设备接入的端口，根据不同的协议进行端口数据划分，筑起设备能够顺利入网的最后一

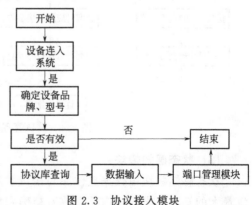

图 2.3　协议接入模块

道关卡；对于上层应用系统接入的端口，涉及物理端口和虚拟端口两种形式，需实行安全管控。

底层设备的通信协议不同造成了端口数据类型的差异，标准通信协议的设备（例如 Modbus TCP）接入时，需要 IP 地址、端口号、站号、报文等参数，非标准通信协议的设备（例如 FANUC 0i-MD）接入时，需要 IP 地址、端口号、延时等参数。当所有设备都处于同一局域网内时，IP 地址的前三个字段必须与服务器保持一致，并且最后一个字段不能重复，也就是说一台设备的 IP 地址如果设置成 192.168.1.10，则不允许其他设备的 IP 地址设置成 192.168.1.10，否则会导致数据传输错误，并且其他参数也应当在规定的范围内，这就要求端口管理模块具有可靠的筛选与反馈能力。一旦发现设备的端口参数不符合规范，端口管理模块及时反馈给中间件系统，等待下一步操作指令。

上层应用服务是包罗万象的，可能是 Web 端服务，也可能是物理式的服务器装备，从而导致端口分为物理端口和虚拟端口。对于物理端口，端口管理模块实行限制措施，限制端口上所允许的有效 MAC 地址的数量，并为该端口只分配一个安全的 MAC 地址，链接该端口的工作站将确保获得端口的全部带宽，并且只有地址为特定安全的 MAC 地址的工作站才能成功连接到该端口。对于虚拟端口，端口管理模块实行安全证书防护，利用 SSL 证书加密数据，中间件系统不用其他应用时关闭不需要的服务和端口。端口管理模块的处理流程如图 2.4 所示。

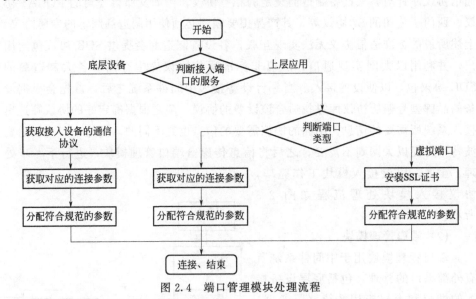

图 2.4　端口管理模块处理流程

(3) 状态感知模块

状态感知模块由数据点位库与接口触发器组成。数据点位库是整个中间件系统最大的知识库之一，内部存放着精确到型号设备的所有数据点位。整个数据点位库按照树形结构划分，从上至下逐一细分，当客户选择一种型号的设备进行数据采集时，中间件系统能根据关键字迅速在数据点位库中查询，并将该型号设备的所有能够感知到的数据压入队列中，准备进行采集。

如果单台设备需要采集的数据点位数量过多，队列中排队等待采集的数据会造成进程拥堵，导致数据采集实时性降低、中间件系统崩溃等，所以当采集的数据点位过多时，要求状态感知模块开通多线程通道，将队列平均分割到各个线程中去，一台设备提供双线程或者多线程服务，从而避免通道堵塞。

当数据点位在队列中准备完毕后，接下来的工作就是实时采集，此时接口触发器发挥作用。其实每个数据点位在数控系统中都是一个接口，例如在 FANUC 0i-MF 数控系统中，采集机械坐标的接口名为 cnc＿machine，采集绝对坐标的接口名为 cnc＿absolute，这些接口已经在设备的控制系统内部封装好，中间件系统只需通过接口触发器根据需要采集的数据点位逐一触发接口即可完成数据采集，流程如图 2.5 所示。

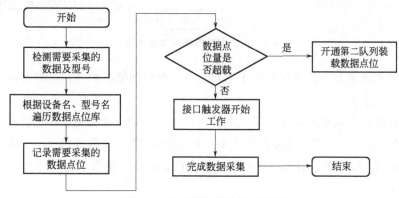

图 2.5　状态感知模块处理流程

(4) 缓存控制模块

缓存控制模块能够为其他模块提供信息存储和快速捕获功能。缓存中包含协议接入模块接入设备所需设备品牌和型号等参数，端口管理模块所需的 IP 地址、端口号、波特率等端口数据，状态感知模块采集数据时所需要的设备型号、数据采集点位，还包括数据处理模块工作时设备传输进来的加工数据、设备状态数据、刀具信息等大流量信息，缓存控制模块处理流程如图 2.6 所示。

根据上述缓存控制模块的处理流程可知，缓存设置有过期时间，需根据不同类型的数据设置不同的保质期，例如设备身份证号将永久保存在中间件系统中，设备的加工数据则按需保存。当访问缓存数据命中时，则将数据返回给发送请求的用户；当未命中时则需要去数据库中查询该数据，在数据库中查询到该数据时，需要确保缓存是否还有阈值，如果缓存处于饱和状态，将数据插入将导致其

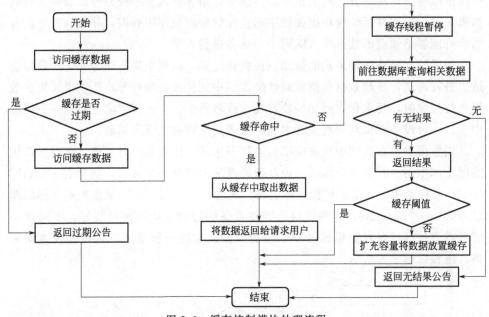

图 2.6　缓存控制模块处理流程

他数据被顶出缓存。如果缓存处于饱和状态，则启动缓存扩充，再将数据放至缓存返回给请求者。

　　缓存控制模块对外主要提供三类接口：GET，请求者提供 key，根据 key 寻找对应的 value；SET，请求者提供 key 和 value，将 key 对应的 value 换成最新的 value；UPDATE，通知缓存控制模块查询数据库，根据数据库中的值更新缓存中的 value。

　　(5) 数据处理模块

　　数据处理模块将待处理的数据分为三大类，分别为底层设备采集到的数据、中间件系统内部指令、模块反馈消息。中间件系统的可靠性判定绝大部分来自数据处理模块，运行过程中需保证中间件系统内部运转有序、存储正确的物理设备数据、节约系统内存开销，所以将数据处理的流程大致规划为数据源校验、数据解析与转化、数据清洗。

　　为了对外统一数据的接收接口、格式化数据处理模块的解析算法，中间件系统内部其他模块传入数据处理模块的数据或者操作指令需要按照规定的接口规则定义标准的数据格式，否则将判定为无效数据。同时，数据处理模块会根据数据源的主题区分其类型，对于底层设备采集到的数据、中间件系统内部指令、模块反馈消息，采用不同的处理方法，同时解析完毕后的数据采用不同的推送方法和存储方案。

底层设备数据的处理最为繁琐，其具有数据种类多、格式杂、换算难等特点。对此类数据的处理按照 JSON 格式进行归一化，JSON 是一种简单的数据交换格式，能够在服务器之间交换数据。在中间件系统中，需常使用 AJAX 配合 JSON 来完成任务，与和 XML 的配合相比容易很多，速度快。如果直接使用 XML，则需要直接读取 XML 的文档，然后用 XML DOM 来遍历文档并将其读取值和字符串存储到变量中，若使用 JSON，只需要读取 JSON 字符串。

当接收到中间件系统其他模块的操作指令时，数据处理模块通过解析指令获取待操作对象与待操作内容两项数据，然后调用操作对象的接口将解析好的指令传入后等待操作对象反馈结果。同时，操作对象的反馈结果按照数据处理模块定义好的接口格式进行传输，这样往返的日志信息会等流程完毕后存储至数据库中。

数据冗余是工业物联网中间件系统在工作时需避免和解决的问题，如果中间件数据不及时被清洗，大量无用、无价值的数据就会严重地占用网络的带宽，增加了系统的处理负荷。数据处理模块按照重复过滤、条件过滤两条原则进行数据清洗：在已知重复数据内容的基础上，从每一个重复数据中取出一条记录保留下来，删去其他的重复数据，重复过滤＝识别重复数据＋过滤操作；根据一个或多个条件对数据进行过滤，对一个或多个属性设置条件，将符合条件的记录放入结果集，将不符合条件的数据过滤掉。

（6）定时器模块

定时器模块主要由两部分组成，分别为设备定时器与模块定时器。设备定时器根据设备数量确定，一台设备对应一个定时器，负责设备数据采集频率控制、设备离线时间计算等，数据采集频率也需要根据数据种类进行判断，加工数据需要精确到毫秒级，机床状态数据、报警数据、履历信息等每隔 60s 采集一次即可，设备一旦离线定时器则开启计时操作，若离线时间超过额定时间，则判定设备异常，将信息传输至中间件系统。

当中间件系统接入的设备越来越多时，定时器的数量也会递增，这无疑会给系统带来运行负担，消耗大量的 CPU 资源，不但会降低定时器的精度，而且会影响中间件系统的整体性能。所以，定时器算法显得尤为重要，算法的好坏决定了系统的运行顺畅程度。

定时器模块管理的定时器不单单为底层设备服务，中间件系统内部也需要定时器来把控系统的正常运行。协议接入模块、端口管理模块、状态感知模块、缓存管理模块、数据处理模块、接口管理模块以及定时器模块自身都需要导入定时器服务，按时发送一条信息给数据处理模块，表示各个模块处于正常运转中，若在规定时间内中间件系统没有收到某个模块的响应信息，则代表该模块失去联系，需要人工处理异常。

常见的定时器实现有三种，分别是排序链表、最小堆、时间轮。通常使用时间复杂度和空间复杂度来衡量算法的质量，时间复杂度大体估计程序的运行速度，空间复杂度大体估计程序所用的内存。三种定时器的时间、空间复杂度如下：

① 基于排序链表的定时器时间复杂度为 $O(n)$，空间复杂度为 $O(1)$；

② 基于最小堆的定时器时间复杂度为 $O(\lg n)$，空间复杂度为 $O(1)$；

③ 基于时间轮的定时器时间复杂度为 $O(1)$，空间复杂度为 $O(1)$。

综上考虑，定时器模块采用基于时间轮算法的定时器设计。同时，定时器提供两个主要的操作接口，分别为添加定时器 add 和删除定时器 del。添加定时器指的是在设备连入中间件系统或者中间件系统启动时在系统内添加一个指定时长的定时器，定时器具有 ID、时长、功能等参数，ID 标志了该定时器的唯一性，并且能够与设备号捆绑，方便后续管理；时长由用户定义，正如上述所说，采集设备数据的定时器时长与模块响应的定时器时长是不一样的；功能代表这个定时器具有何种特效，与设备相连的定时器则需要在与设备断开连接之后启动离线时间计时操作，根据离线时间判定设备是否处于异常状态。

(7) 接口管理模块

接口管理模块主要负责对外与对内的桥梁搭建。对外，工业物联网中间件系统是实现车间数字化过程中的基石，现在市场中的各种工业软件，例如 MES 系统、Scada 系统、CPS 系统等，都需要与工业物联网中间件系统进行数据交互。由于各个系统的架构是有差异的，因此中间件系统对外接应用服务的接口需要丰富全面。对内，中间件系统各模块之间的接口需有效管理，才能实现系统不宕机、不崩溃。

接口管理模块由三大部分组成，分别为用户接口、外部接口和内部接口。

用户接口实现系统与用户之间交互和信息交换。在中间件系统中，用户接口分为命令接口和图形接口两种形式。命令接口是用户利用中间件系统给出的特殊指令来控制系统进行对应操作的，例如启动中间件系统，需要输入用户名与密码获取认证，再通过 start 指令来启动中间件系统。图形接口采用图形化的操作界面，用能够清晰辨识的各种图标将系统各项功能、文件、数据直观、逼真地表示出来。

外部接口在设计时须遵守如下设计目标：a. 就接口调用方来说，接口定义需满足清楚、易于理解、不晦涩难懂、命名按特定规则、错误处理应完整等要求，调用简单 [调用简单包括接口调用实现简单，数据定义简单（有的接口会要求入参长度必须为 N 位，不足用某字符补充)]；业务逻辑实现简单，无需调用多个强依赖关系的接口；扩展容易，接口新增字段，无需改动太多；向下兼容，接口升级后，调用方不需要立即对接新的接口。b. 定义清晰，易于维护；业务清晰，逻辑合理；保持低耦合、高内聚，接口改动后对其他接口不要有影响；易于扩展，支持需求变化。根据目前市场需求，以及 B/S 架构已经成为软件开发的主流架构，接口软件泛指采用各种先进的 Web Service 外部接口技术手段直接进行外部软件开发，Web Service 基于诸如 HTTP（hyper text transfer protocol，超文本传输协议）、EML（extensible markup language，可扩展标记语言）等多种无线标准协议，所以即使以不同的文本语言形式进行软件编写，并且在不同的应用操作系统上正常工作运行，它们也同样可以实时地直接进行各种无线通信，适用于各种无线网络上不同类型操作系统的分布式应用，标准性强、扩充性好、耦合度低；软件内容由符合标准的各种格式文本直接组成，任何一个开发平台和应用程序语言都是完全可以直接实现的；这种文本格式的内容切换可说是完全不受标准要求的，可以充分满足各种应用操作系统的不同需要。

内部接口是各模块间的通信桥梁，接口参数包括 ID 号、信息内容、是否需要反馈等参数，ID 号是每个模块的专属标识码，目的是使响应者清楚请求者是谁，以便后续信息的反馈。模块之间的一些通信需要有反馈，一些信息则不需要反馈，这项参数也在内部接口的开发中定义。

2.3　设备的数控系统

2.3.1　西门子 840Dsl 数控系统

OPC 全称是 OLE（object linking and embedding）for process control，OPC 协议规范，是为便于自动化行业不同厂家的设备和应用程序能相互交换数据定义的一个统一的接口函数。有了 OPC 就可以使用统一的方式去访问不同设备厂商的产品数据。

为了应对标准化和跨平台的趋势，也为了更好地推广 OPC，OPC 基金会近些年在之前 OPC 成功应用的基础上推出了一个新的 OPC 标准——OPC UA。OPC UA 接口协议包含了之前的 A&E（报警和事件）、DA（数据访问）、OPC XML-DA 或 HDA（历史数据访问），只使用一个地址空间就能访问之前所有的对象，而且不受 Windows 平台限制。

OPC UA 具有如下优势。

优势一：功能方面，OPC UA 不仅支持传统 OPC 的所有功能，而且支持如下新功能。

① 网络发现　自动查询本 PC 机与当前网络中可用的 OPC Server。

② 地址空间优化　所有的数据都可以分级结构定义，使 OPC Client 不仅能够读取和利用简单数据，还能访问复杂的结构体。

③ 互访认证　所有的读写数据/消息行为，都必须有访问许可。

④ 数据订阅　针对 OPC Client 不同的配置与标准，提供数据/消息的监控，以及数值变化时的变化报告。

⑤ 方案（methods）功能　OPC UA 通过在 OPC Server 中定义方案，让 OPC Client 执行特定的程序。

优势二：平台支持方面，由于不再基于 COM/DCOM 技术，OPC UA 标准提供更多的可支持的硬件或软件平台。硬件平台诸如传统的 PC 机、基于云的服务器、PLC、ARM 等其他微处理器；而软件平台可支持微软的 Windows、苹果公司的 OSX、安卓，以及其他的基于 Linux 的分布式操作系统。

优势三：安全性方面，最大的变化是 OPC UA 可以通过任何单一端口（经管理员开放后）进行通信，使 OPC 通信不再由于防火墙受到大量的限制。

西门子 840Dsl 数控系统如图 2.7 所示，需在系统内配置 OPC UA 服务器，主要步骤如下。

图 2.7　西门子 840Dsl 五轴实训台

(1) 设置系统选项

必须设置系统选项，才能启动 OPC UA 服务器的 Mini Web。数控系统面板中选择"调试"—"授权"—"全部选件"，搜索 OPC UA 选项。

(2) 设置 Mini Web 通信端口的 IP 地址

OPC UA 的 Mini Web 服务可以运行在内置的 HMI（human machine interface，人机界面）（NCU 内置的 HMI）上，也可以运行在外置的 HMI（PCU 上运行的 HMI）上。内置的 HMI 只能使用 X130 以太网口通信，外置 HMI 只能使用 PCU 的 X1 以太网口通信。这里我们选用内置的 HMI，选择"诊断"—"TCP/IP 总线"—"TCP IP 诊断"—"更改"。OPC 服务器 IP 地址设置界面如图 2.8 所示。

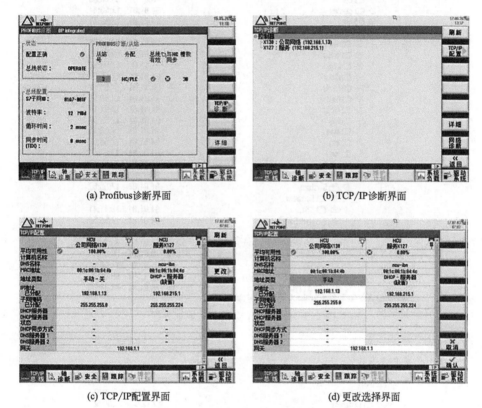

(a) Profibus诊断界面　　　　　　　　　　(b) TCP/IP诊断界面

(c) TCP/IP配置界面　　　　　　　　　　(d) 更改选择界面

图 2.8　OPC 服务器 IP 地址设置

选择手动方式，设置固定 IP 地址、子网掩码、网关 IP 地址后确认，并设置 X130 的 4840 端口。选择"调试"—"网络"—"公司网络"—"更改"，设置 Mini Web 使用的端口 TCP/4840。

(3) Mini Web 监控 IP 地址

首先按照路径"系统 CF 卡/siemens/sinumeirk/hmi/miniweb/System"进入"WebCfg"文件夹中，找到"OPC_UAApplication. xml"模板文件。OPC UA 模板文件地址界面如图 2.9 所示。拷贝模板文件到系统"系统 CF 卡/oem/sinumerik/hmi/miniweb/WebCfg"目录下，目标地址界面如图 2.10 所示。然后在 OPC_UAApplication. xml 设置 Server 的 IP 地址。图 2.11 所示为替换 IP 地址的语句及界面。

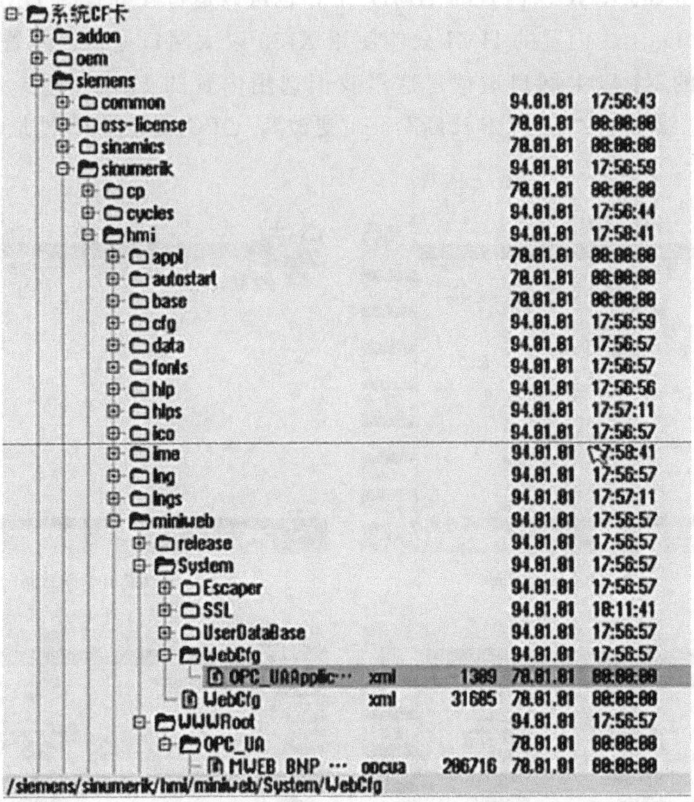

图 2.9　OPC UA 模板文件地址界面

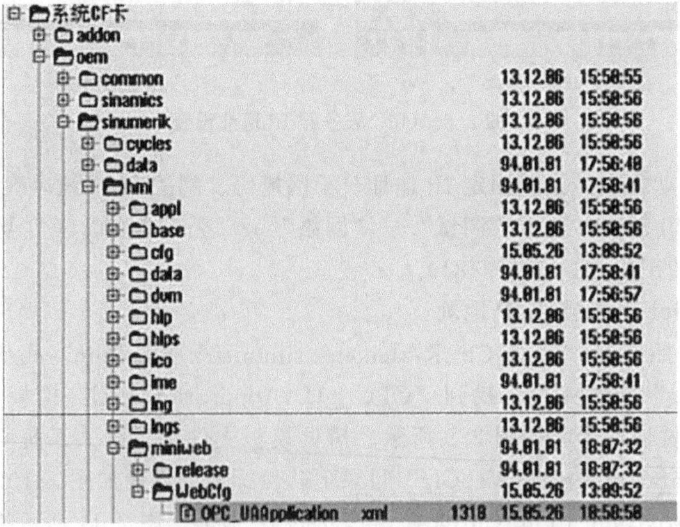

图 2.10　OPC UA 拷贝模板文件地址界面

```
/oem/sinumerik/hmi/miniweb/WebCfg/OPC_UAApplication.xml
<?xml version="1.8" standalone="yes"?>¶
<OPCUAAPPLICATION>¶
  <!-- external OPC UA-client -> replace all "localhost" with IPv4-address or DNS-name f
rom host -->¶
```

图 2.11　替换 IP 地址的语句及界面

(4) 激活 OPC UA

选择"调试"—"网络"—"OPC UA",设置管理员及密码,并激活 OPC UA,激活选项界面如图 2.12 所示。系统自动修改"user/sinumerik/hmi/cfg"目录下的"systemconfiguration.ini"文件,添加"Mini Web"启动选项。若无此文件,则自动产生。最后系统重新上电,生效。

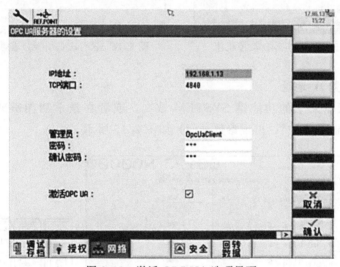

图 2.12　激活 OPC UA 选项界面

2.3.2　FANUC 0i-MD 数控系统

图 2.13 所示为 FANUC 0i-MD 型号的数控系统,为该设备配置软件环境较上述的西门子系统来说容易,因为 FANUC 公司对外提供免费的通信函数,而西门子大部分产品采取收费政策。

(1) 设定参数

设定为 MDI 方式,或者设定为急停状态,按功能键 SET 数次,或者在按下功能键 SET 后,选择软件"设定",显示出设定画面,如图 2.14 所示。

移动光标将其对准在"写参数"处,将"写参数"设置为 1,设置完毕后,可以实现修改数控系统 IP 地址与端口号的功能。

图 2.13 FANUC 0i-MD 数控机床

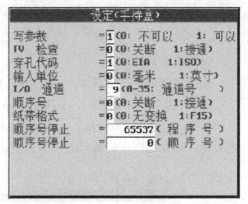

图 2.14 FANUC 0i-MD 参数设定界面

(2) 设置 IP 地址

按 MDI 单元上的功能键 SYSTEM 数次，或者在按下功能键或 SYSTEM 后，选择软键"参数"，出现参数画面，如图 2.15 所示。

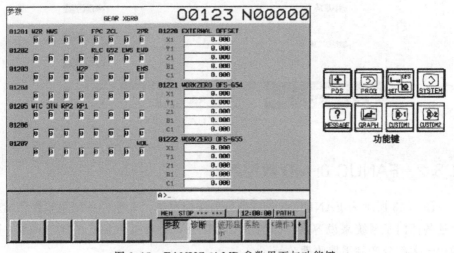

图 2.15 FANUC 0i-MD 参数界面与功能键

按数次"＋"键，直到显示"内置 PCMCIA"后分别按下"＋"及"公共"两软键，会出现以太网设定界面，如图 2.16 所示。

将光标移动到"IP 地址"处，在软键盘输入对应的 IP 地址，然后按下"输

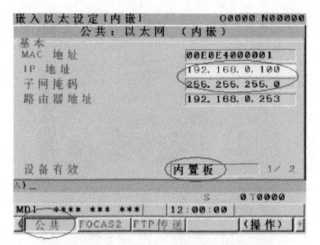

图 2.16　FANUC 0i-MD 以太网公共设置界面

人"键，即可实现将地址信息传入系统的功能。

(3) 设置端口号

回到刚才的以太网设置界面，按下"＋"键便会跳转到"FOCAS2"界面，如图 2.17 所示，此时便可以设置通信端口号。

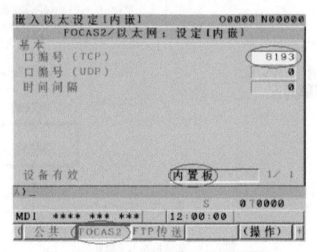

图 2.17　FANUC 0i-MD FOCAS2 设置界面

设置好 IP 地址与端口号之后，重启系统，即完成端口号的设置。

2.3.3　优傲机器人

优傲机器人（Universal Robots，UR）原产地在丹麦，超轻型协作式工业机器人是其特色产品，图 2.18 所示为 UR 机器人正在夹取目标工件。

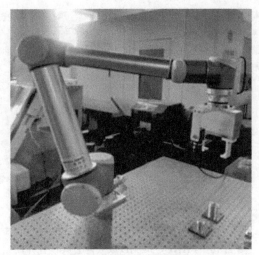

图 2.18　优傲六轴机械手

（1）系统初始化

UR 机器人配备一个手柄，关于机器人的参数配置都可在手柄上完成，手柄开机界面如图 2.19 所示。

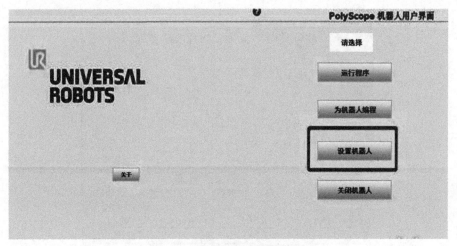

图 2.19　优傲机器人系统首页

点击"设置机器人"，出现初始化机器人界面，点击"启动"按钮启动 UR，系统便会自动初始化。

（2）设置网络

在手柄中点击"设置网络"按钮，进入设置机器人界面，首先选择"静态绑定"选择按钮，随后将对应的 IP 地址、端口号、默认网关输入手柄，点击"应用"与"更新"。在设置网络的同时需要保证网线连接良好，并且机器人和电脑都要处于开机状态。配置好网络参数之后，点击"重启"，UR 通信软件便会生效。

2.4　工业物联网中间件系统开发与测试示例

2.4.1　系统开发环境选型

（1）开发语言选择

由于工业软件开发十分昂贵，大部分企业为在软件使用者学习成本上减少耗资，都采用 Windows Server 操作系统。因此，中间件系统选择 C♯语言进行开发，并运行在 Windows 环境下。

（2）开发工具选择

IDE 采用 Visual Studio Community。Visual Studio 是最可靠的全球集成化软件解决方案工具之一，适用于个人、小型团队乃至大型的研究和开发小组，Visual Studio 实现了所有开发人员之间的高效协作，提高了生产效率与信赖度。

（3）数据库选择

中间件系统使用 SQL Server 数据库。SQL Server 是微软公司推出的关系型数据库，功能强大、数据安全等特点保证了其在全球所有数据库品牌中无法撼动的地位，开发简单，操作灵活，其可靠的接口使其与其他软件集成程度高等。

2.4.2　客户端架构选型

目前市面上常见的软件框架有两种：一种为 C/S 架构，即 Client/Server（客户端/服务端）架构，它是软件系统体系结构，通过它可以充分利用两端硬件环境的优势，将任务合理分配到客户端和服务端来实现，降低了系统的通信开销；另一种为 B/S 架构，即 Browser/Server（浏览器/服务器）架构，在这种架构下，用户界面通过浏览器来实现，主要的开发方式为前、后端分别开发，前端负责界面直观的视觉冲击，后端则是一切逻辑代码。B/S 架构的系统使用时间、使用地点都较为自由，功能不是特别完善，服务器的任务繁重且保密性不强。

根据中间件系统需求分析，对车间的生产数据进行实时监控时，系统会涉及复杂的交互界面的设计和实现，并且要求用户界面有较高的响应速度；另一方面是对必要的数据进行采集并存储到数据库，实现生产过程数据集的建立时，多种且大量的数据会输入至数据库，会对数据的实时准确性和系统的稳定性有较高的要求。综合各架构的优缺点和系统开发需求，本系统选用 C/S 软件架构作为开发框架，完成后续的设计开发工作。

2.4.3 系统各功能模块实现

(1) 协议接入模块

协议接入模块内置两大知识库，分别为标准工业级通信协议库和非标准通信协议库，所有接入局域网内的设备第一步都会在协议库中选择与自身匹配的通信媒介。标准工业级通信协议包含现有市场中主流的通信协议包，非标准工业通信协议针对各大制造商研发的特有协议进行存储。

(2) 端口管理模块

端口管理模块分为设备端口管理与系统端口管理。设备端口管理负责中间件系统外接每台设备的联网配置，由于设备入网的工业协议差异很大，所以导致不同设备配置端口联网时参数是大相径庭的，基于协议接入模块（系统初始化模块）导入的设备信息，对设备端口进行管理时可依据设备标识码进行查询。同时能够获知该设备的端口信息是通过网口接入中间件系统的，进行端口配置时需要填写以太网端口号、端口 IP 地址、默认网关、延迟时间等参数信息。

(3) 状态感知模块

状态感知模块是中间件系统中能够直观反映系统可靠性的一个模块，中间件系统连通底层工业设备，将物理世界的运行数据实时向上传输，安全准确地传递到车间各个应用系统。在工业物联网中间件系统中，状态感知模块分为全局和本位两大部分，全局状态感知界面显示连入中间件的所有设备的运行概况，本位状态感知能够根据设备型号查看设备运行过程中的详细数据。

(4) 数据处理模块

作为数据处理中心，数据处理模块需要处理中间件系统内不同类型的数据，分别为中间件系统内部指令、底层设备数据、各模块反馈的消息，针对不同类型的数据实施不同的操作指令。底层设备数据向上传输时是最杂的，有主轴负载、各轴坐标、进给速度等实时数据，数据处理模块将此类数据根据定时器模块定义的采集频率存入 SQL Server 数据库中，报警数据在存入数据库的同时还需要反馈到中间件系统界面，告知用户设备故障，设备状态数据与上一次的状态数据做比对，若不一样则反馈。

(5) 定时器模块

定时器模块分为两种，分别为单层时间轮定时器与三层时间轮定时器，单层时间轮定时器用于中间件系统内部信息的定时反馈，三层时间轮定时器用于设备数据采集时的频率定时。中间件系统内部各个模块需要定时向系统反馈信息，各个模块每隔 3min 发送一次消息，超出规定时间未收到消息则判定该模块宕机。

由于此间隔时间单一，故采取单层时间轮定时器进行工作。

(6) 接口管理模块

接口管理模块将中间件系统的接口划分为用户接口、外部接口和内部接口三类。按照其设计准则，三类接口的文档存储在接口知识库中，使用关系型数据库进行存储。按照接口规范，将方法名、统一资源定位符、请求参数、返回参数存入。

2.4.4　测试系统搭建

模拟示范产线的硬件测试环境由底层物理设备、网络硬件、软件运载设备组成，底层物理设备由西门子 840Dsl 数控系统、FANUC 数控系统、UR 机器人组成，其中 FANUC 数控系统与实际场景中的型号一致，西门子 840Dsl 替代实际场景中的高精铣床数控系统，UR 机器人替代实际场景中的淬火机器人，网络硬件包括交换机、网线等，软件运载设备包括台式电脑、键盘、鼠标等，各设备类型及相关参数如表 2.1 所示。

表 2.1　各设备类型及相关参数

设备类型	软/硬件配置	参数
底层物理设备	数控系统	SIEMENS 840Dsl
底层物理设备	数控系统	FANUC 0i-MD
底层物理设备	控制器	Universal Robots5e
网络硬件	交换机	端口数量：24 口
网络硬件	网线	EIA/TIA 568A
服务器	CPU&RAM	2 核 4GB
服务器	操作系统	Windows 10
服务器	数据库服务器	SQL Server 2008 R2
服务器	显示器	联想

2.4.5　系统集成测试及结果分析

主要使用动态测试对中间件系统进行测试，测试内容如下。

① 将中间件系统分别与西门子 840Dsl、FANUC 0i-MD、Universal Robots5e 连通，并启动底层设备，使设备处于运行状态，监测设备的数据与上传至中间件系统的数据是否一致。

② 接入已开发完成的产线管控系统，检测中间件系统数据是否能够可靠传输至上层应用系统；

③ 在程序运行的情况下，通过按钮点击或者输入测试数据，监测程序响应

情况和输出的结果是否和预期的结果一致；

④ 使用 Windows 自带的各种硬件接口性能数据监控检测仪器实时跟踪检测接口 CPU 的硬件使用率、内存接口是否存在使用的异常情况、磁盘接口 I/O、网络接口 I/O 等。

中间件系统最关键的是要能够承受大量底层设备连入网络时的压力，为进行系统压力测试，同时接入多个数控系统虚拟机，模拟物理设备与中间件系统建立连接并传输大流量数据。

测试结果显示系统的各项常用功能（如页面缩放、界面切换等）都可以正常使用；设备搜索、文本编辑、设备端口信息、系统端口信息存储都可正常使用；设备连接、数据采集与存储等都正常运行；对于 CPU、内存、硬盘的占用率都维持一个稳定状态。

参 考 文 献

[1] 韩丽，李孟良，卓兰，等.《工业物联网白皮书（2017 版）》解读 [J]. 信息技术与标准化，2017（12）：30-34.

[2] Chang D G, Ju Y P. Communication protocol macro application in PLC control [J]. Applied Mechanics and Materials, 2014 (10): 476-479.

[3] 李兰友. Visual C#. NET 应用程序设计 [M]. 北京：中国铁道出版社，2008：103-108，166.

[4] 李冠军，黄芳林，张沁瑜. 基于 .NET 的物联网表检测监管系统的设计 [J]. 工业控制计算机，2020 (08)：9-11，67.

[5] 雷晓荣. 基于 Visual Studio＋SQLite 的矿井钻孔成像仪轨迹显示软件 [J]. 计算机系统应用，2020 (11)：255-259.

[6] Susana Nieva, Fernando Sáenz-Pérez, Jaime Sánchez-Hernández. HR-SQL: Extending SQL with hypothetical reasoning and improved recursion for current database systems [J] Information and Computation, 2020, 271：485-496.

[7] Jiang Y S. Detection of SQL injection vulnerability in embedded SQL [J]. IEICE Transactions on Information and Systems, 2020, 103 (5)：1173-1176.

[8] 姚明菊. C/S 架构性能测试研究和应用 [J]. 科学技术创新，2021 (01)：79-80.

[9] 胡翔宇，胡昌平，卞德志. 基于 Web 实现工业数据可视化监控 [J]. 工业控制计算机，2020，33 (9)：4-5，8.

[10] 张新华，何永前. 软件测试方法概述 [J]. 科技视界，2012 (4)：35-37.

[11] Denisov E Yu, Voloboy A G, Biryukov E D, et al. Automated software testing technologies for realistic computer graphics [J]. Programming and Computer Software, 2021, 47 (1)：76-87.

[12] 朱少民. 软件测试方法和技术 [M]. 北京：清华大学出版社，2014：10-17，88-92.

[13] Willem Dirk van Driel, Jan Willem Bikker, Matthijs Tijink, et al. Software reliability for agile testing [J]. Mathematics, 2020, 8 (5)：791.

第 3 章

制造质量检测、智能预测与反向追溯技术

　　大数据的发展也促进了生产制造的发展，生产制造由传统的人力生产向自动化生产方向发展，然后逐渐向智能化生产方向发展。在大数据发展的同时，由于数据检测手段是实现智能化生产及质量控制的基础，因此保证质量数据、工艺数据、设备数据等的高效精准检测是保证零件高质量的关键。每个阶段的生产质量缺陷累积、质量的传递会对零件的最终质量造成重要的影响，且生产制造是一个动态连续的过程，在生产过程中零件的有些质量数据无法在线上检测，例如力学性能、微观组织性能等，有些质量数据可以线上检测，但是不能科学地区分出生产过程中产品质量随机波动中的异常波动。

　　综上所述，生产制造过程受多种因素影响，为实现智能化生产，提高生产效率，分析生产制造各个生产过程，把控零件生产质量，应用智能识别算法、参数优化算法及数据统计等对生产过程中的异常状态及生产质量状态进行预测、分析和判断，并追溯问题产生的原因，消除生产过程中的异常，恢复稳定，为实现生产制造的智能化发展提供依据。

3.1 制造质量检测技术

3.1.1 质量信息检测方案总体设计

　　制造过程中产品特征不准确、不能满足工艺要求，产品将成为废品。质量信息检测主要分为三部分：第一部分为硬件设备的选择与搭建，目的是选择可以对产品进行检测的设备，并与产线相配套，可以做到生产过程的检测；第二部分是

检测信息的处理与储存，目的是利用图像处理技术优化完善检测信息，并将检测信息进行储存，建立质量检测信息数据库；第三部分是智能算法的识别，目的是利用卷积神经网络类的智能算法实现对缺陷的识别，建立智能缺陷识别模型，如图 3.1 所示。

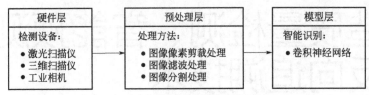

图 3.1　质量信息检测总体框架

以环形锻件锻造过程中的特征测量为例进行介绍。锻造产线如图 3.2 所示，特征检测的目的是衡量锻件是否已达到终锻尺寸。采用高速相机对锻件特征进行测量，由于高温辐射的强光的影响，摄像机难以直接获得清晰的锻件轮廓图像。

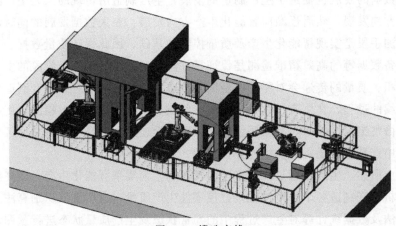

图 3.2　锻造产线

锻件经由锻压设备多阶段锻压成形，每次锻压成形结束后，锻件都需进行缺陷检测。缺陷检测主要包括折叠、裂纹、正常三种模式。若终锻结束后锻件出现折叠、裂纹模式，锻压机停止操作并检查、及时调整设备，将锻件二次加热重新锻打，锻件缺陷信息存入数据库中；若锻件正常，锻件经过机械手臂运输至切边阶段。

切边完成后锻件由机械手臂运输至检测平台进行第二次尺寸信息检测，若尺寸检测不合格，停止切边机操作，并调整切边机设备参数，锻件由机械手转移至激光打码机打码并记录信息，然后转移至废品区；若锻件尺寸合格，由机械手运输至激光打码机打码并记录锻件信息，然后转移至物流辊道，结束。

锻件质量信息检测技术总体方案如图 3.3 所示，主要包括质量检测信息库建立及质量信息检测。基于视觉图像处理及卷积神经网络深度学习图像缺陷识别方法建立数据信息存储库。

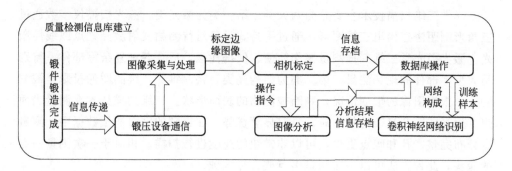

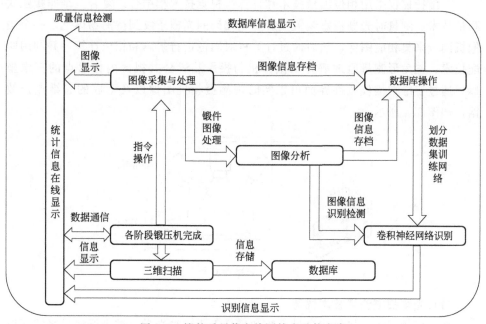

图 3.3　锻件质量信息检测技术总体方案

综上所述，质量信息检测技术流程是基于车间现场的总线控制系统的，通过总控 PLC 进行数据通信与信息传输，采集数据通过 OPC 或工业以太网传输至管控平台，同时通过配置现场终端、电子看板实现检测过程的可视化。

在各制造阶段安装工业相机进行图像数据采集，工业相机配有图像采集卡进行图像数据的处理，工业相机将光信号转化为电信号，经过管控平台进行数据图像的增强、滤波处理，同时图像信息存储在数据库中；经过数据处理的图像输入至卷积神经网络进行图像的识别分析，图像识别信息存储至数据库中，同时显示在管控平台上。

3.1.2 三维扫描检测技术

光学三维扫描技术主要分为两大类。第一类为激光类，激光扫描仪多数通过三角形测距法建构出三维图形，通过手持式设备对待测物发射激光光点或线性激光。激光类光学三维扫描测量操作简便、便携性强，适合各种复杂零部件，特别是大型零部件的现场测量。第二类为结构光类，将一维或二维的图像投影至被测物上，根据图像的形变情况，判断被测物的表面形状。三维扫描技术在测量表面带有反光或凹凸复杂的物体时，具有显著优势。在得到的完整测量数据中，测量点分布完整，孔和噪点更少，可以非常快的速度进行扫描。相对于一次测量一点的探头，此种方法可以一次测量多点或大片区域。

三维扫描仪采用相位测量技术和计算机视觉技术相结合的复合三维非接触式测量技术。测量时光栅投影装置投影特定编码的光栅条纹到待测物体上，一个摄像机同步采集相应图像，然后通过计算机对图像进行解码和相位计算，并利用匹配技术、三角形测量原理解算出摄像机与投影装置公共视区内像素点的三维坐标，通过三维扫描仪软件界面可以实时观测摄相机图像以及生成的三维点云数据，如图3.4所示。

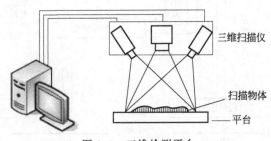

图 3.4 三维检测平台

(1) 光学扫描测量技术优势

在很多领域中，接触式测量系统和量具正逐步被光学三维坐标测量系统所取代。运用新技术，可显著缩短测量时间，同时有效摄取物体表面信息，且数据更详细、更易于评估，光学扫描测量技术具有如下优势。

① 测量信息全面 接触式测量设备只能以点或线的方式获取数据，而光学测量系统提供全场实际三维坐标与CAD数据的偏差。这些测量数据包含相关物体的所有信息，除了与CAD的曲面偏差，软件还自动提供形位公差、切边和孔位等详细检测信息。

② 测量精度高 光学测量能达到测量的高精确度，因为其具有先进的光电子技术、强大的精密图像处理能力和科学的数学算法。

③ 使用寿命长 投影技术采用细条蓝光，可以在图像采集过程中有效过滤

周围环境光干扰，即便面对非配合表面，该超强光源也能有效捕捉测量数据。此外，蓝光使用的 LED 灯可超长待机，预期使用寿命超过 10000h。

④ 测量速度快 光学扫描测量系统测量头提供全场分布的三维坐标，单次扫描在几秒内可采集多达 1600 万个独立的测量点，测量数据的细节重现率非常高，因此能测量非常小的组件特征。

⑤ 数据质量高 测量头拥有自体监控系统。测量头自带的软件不断监测校准状态、转换精度以及环境变化和零部件运动轨迹，以保证测量数据的质量。

⑥ 安全性好 虚拟计量室中的自动扫描示教功能计算所有检测元素和 CAD 曲面所需的测量头位置，然后根据运行时间和防撞因素来优化路径，改进位置顺序。通过自动扫描示教功能，建立运行稳定且已优化运行时间的机器人程序的时间大大缩短，而且无需人为干预，系统会自动接收检测计划的更改信息。通过虚拟测量屋，用户可使用相关系统，无需特别掌握专门的机器人编程技能。在虚拟测量屋内实施相关操作之前，对所有机器人运行进行模拟和检查，以保证安全。

⑦ 智能性强 即测量程序可用于系列部件的检测。机器人由软件完全控制并依次运行到各个测量位置，每次测量时均检查其结果是否符合质量标准。由于软件的参数化性能，CAD 数据状态的更改或测量计划的变化可被快速更新。

（2）三维扫描测量存在的缺陷

三维扫描仪自身也存在一些误差，主要受角度测量误差、距离测量误差、滤镜自身误差、分辨率、光源稳定性和边缘效应等因素的影响。对于原始的点云数据，角度测量误差和距离测量误差是两个最主要的影响因素，误差分析如下所示。

1）角度和测量距误差分析

三维激光扫描仪主要由角度测量装置和激光光束偏转装置两部分组成，激光光束在扫描侧面时容易在水平、垂直方向产生测量误差，同时机械手轻微的振动或者不稳定都会导致实际数据点同测量值间的误差。

激光光斑在聚焦时会对数据点坐标测量产生误差，实际测量点为 P'_{xoy}，工件待测坐标为 P_{xoy}，水平方向误差为 $\Delta\varphi$，垂直方向误差 $\Delta\theta=\theta'$。

同时，扫描仪在实际调整过程中的频率与实际频率之间也存在一定的误差 a，实测距离 s 与实际距离有一个固定差值 b，根据文献可以确定距离误差修正：

$$\Delta s = \pm \sqrt{a^2 + (sb)^2} \tag{3-1}$$

2）滤镜自身误差

三维扫描仪器的扫描镜片既不是理想的，也不是很薄的。当透镜对物体的距离不确定时，单透镜的误差现象会非常明显，并且是很严重的。目前工业领域一般会消除初级像差的影响。

3）摄像机分辨率影响

分辨率表征仪器检测工件的最高解析能力，主要由像素尺寸和像素间距的大小决定。由于 CCD 摄像机对像素位置测量只能取整数，而且不是连续的量，因此主要还取决于测量范围。国内外一般采用双摄像头三角测量方法，两个摄像头对称分布在光平面的两侧，接收光束的漫反射光，有利于减少测量的盲区，增加接收光束的漫反射光。

4）光源稳定性影响分析

激光测量精度不高，另一个重要原因就是系统受到外界干扰而导致光源强度不均匀。

3.1.3　新兴质量检测技术

(1) 点云数字化检测技术

建立基于扫描点云数据的质量检测系统，采用三维激光扫描设备获取待测零件的表面数据，采用基于随机抽样一致性的点云数据预处理方法，通过区域增长以及迭代最近点的配准方法完成目标点云的分割提取，实现实体产品同设计模型理论数值的对比分析，为大批量零件快速检测提供一种新的高效、准确的方法。

(2) 超声相控阵检测技术

超声相控阵检测技术是一门新的工业无损检测技术，是近几年才逐渐发展起来的新型检测技术。超声相控阵检测技术的特点是：精准度好、效率高和检测速度快，在复杂结构件中运用广泛，并能实现实时成像及输出分析等。目前，该技术被广泛地应用于焊缝探伤、裂纹检测、缺陷识别等。

(3) 超声波检测技术

超声波检测技术是无损检测技术的一种，是通过超声波对机械零件进行检测的一种技术。超声波检测工艺简单，容易激发，操作方便，价格不贵，所以超声波检测前景非常好。超声波的频率越高，超声波检测的精度越高，因为超声波的检测精度与其频率成正比。

(4) 基于机器视觉对机械零件进行检测的技术

基于机器视觉对机械零件进行检测的技术是通过图像采集装置采集图像，再通过图像采集卡将这些图片导入到计算机中，最后利用算法对这些图片进行处理、判断以达到检测的目的。对刀具、齿轮、轴承等零件表面缺陷进行检测时，提出了小波域检测和空间域检测算法。小波域检测算法是利用小波包分解法将合格区域的信息与不合格（存在缺陷）区域的信息分离开，将不符合要求的产品检测出来。边缘检测和零均值化检测都属于空间域检测方法。边缘检测法是保留图像的有效信息，将杂质和噪声滤除掉，图像的边缘部分更加清晰地被检测出来的方法。

3.1.4　图像获取与处理算法设计

(1) 图像 ROI 像素剪裁处理

首先对采集到的图像进行标定。图像内背景一般较复杂，直接对整幅图像进行处理并得到缺陷边缘信息的难度较大。最关键的是，对卷积神经网络而言，相当于输出量的数目较大，即识别的缺陷像素点较多，卷积神经网络的预测精度也会比输出较少的网络有所降低，对训练精度要求较高的和要求识别效率较高的生产环境来说，这是不允许的。

(2) 图像滤波处理

由于工业现场环境复杂，图像在采集和传输过程中常常会受到外界干扰而产生噪声，影响图像质量，因此图像在经过 ROI 裁剪后，为降低噪声对后续处理效果的影响，需要对其进行滤波处理。

由于工业现场产生的图像噪声具有随机高频的特性，因此可以使用平滑滤波器对其进行处理，在增强图像低频部分的同时，也使图像更加平滑。平滑滤波器属于空间域滤波器，常用的有中值滤波器、均值滤波器和高斯滤波器等。平滑滤波器主要采用滤波模板对图像中的每个像素的邻域进行卷积处理，以达到平滑图像的目的。如图 3.5 所示，对于大小为 $n \times n$ 的滤波模板（n 一般为奇数），首先使模板中心与原图像的像素点 (i, j) 重合，然后根据具体滤波方法对模板中各系数 K_{xy} 与对应像素的灰度值 $I_{(i-x, i-y)}$ 的乘积结果进行相应的四则运算，最终得到新图像中像素点 (i, j) 的灰度值 I_{ij}。

$$I'_{ij} = F_{x,y=-(n-1)/2}^{(n-1)/2}(K_{xy}I_{i-x,j-y}) \tag{3-2}$$

式中　n——滤波模板大小；

　　　F——系数与灰度值乘积的四则运算。

① 均值滤波　均值滤波器是典型的线性滤波器，其基本原理是将滤波模板中所有系数取相同值，然后对图像进行卷积运算，处理结果相当于对图像中的每

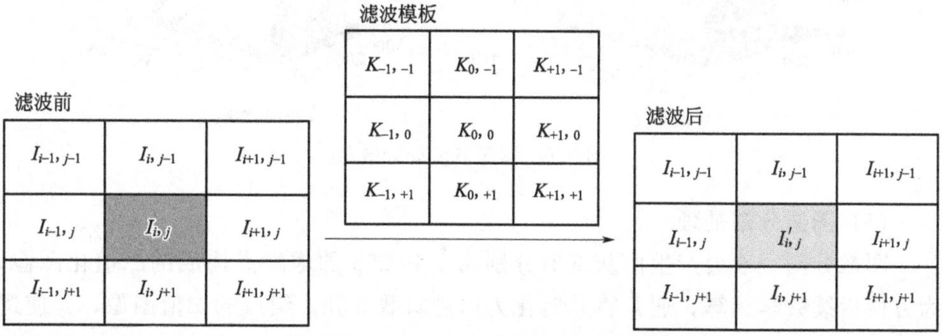

图 3.5　平滑滤波示意图

个像素，用其模板邻域内所有像素灰度值的均值来替代其自身的灰度值。均值滤波的表达式为：

$$I'_{i,j} = \frac{1}{M} \sum_{x=-\frac{n-1}{2}}^{(n-1)/2} \sum_{y=-\frac{n-1}{2}}^{(n-1)/2} I_{i-x,j-y} \tag{3-3}$$

② 中值滤波　与均值滤波器相比，中值滤波器本质上是一种非线性的统计排序滤波器。具体实现时，对每个像素的模板邻域内所有像素的灰度值进行排序，取统计排序的中值为该像素的输出值。中值滤波可表示为：

$$I'_{i,j} = Med_{x,y=-(n-1)/2}^{(n-1)/2} I_{i-x,j-y} \tag{3-4}$$

③ 高斯滤波　为减少平滑处理中的模糊，得到更自然的平滑效果，采用适当加大模板中心点权重（系数）的方法，远离中心点，权重迅速减小，从而确保中心点的灰度值更接近附近的像素点。高斯滤波器正是基于上述思想进行改进的线性平滑滤波器，其模板系数是根据高斯函数的形状来确定的。二维高斯滤波器的表达式为：

$$I'_{i,j} = \frac{1}{M} \sum_{x=-\frac{n-1}{2}}^{(n-1)/2} \sum_{y=-\frac{n-1}{2}}^{(n-1)/2} \frac{1}{2\pi\sigma^2} \exp\left(-\frac{x^2+y^2}{2\pi\sigma^2}\right) I_{i-x,j-y} \tag{3-5}$$

对其分别使用上述三种滤波方法进行平滑处理，各滤波模板大小均取 $n=5$，高斯滤波参数取 1.6，如图 3.6 所示。

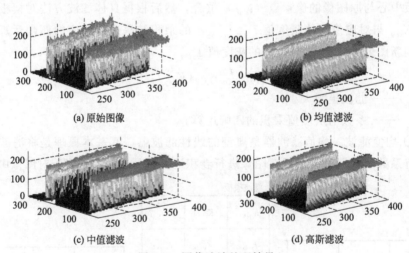

(a) 原始图像　　(b) 均值滤波

(c) 中值滤波　　(d) 高斯滤波

图 3.6　图像滤波处理效果

(3) 图像分割处理

图像分割一般会产生由灰度值分别为 0 和 255 的像素点构成的二值化图像，为方便后续数学运算，通常将其转化为由逻辑数 0 和 1 组成的二值图像，并使逻辑值为 1 的像素点（白色部分）对应目标物体，逻辑值为 0 的像素点（黑色部分）对应背景区域。

① 最小误差法　最小误差法是 Kittler 和 Illingworth 提出的基于贝叶斯最小误差分类理论的阈值分割方法，该方法假设灰度图像由理想的目标和背景组成，其各自的灰度值服从混合正态分布（高斯概率分布），并基于最小误差分类思想，得到以下最小误差目标函数 $E(T)$：

$$E(T) = P_0(T)\ln\frac{\sigma_0^2(T)}{P_0^2(T)} + P_1(T)\ln\frac{\sigma_1^2(T)}{P_1^2(T)} \tag{3-6}$$

式中　$P_0(T), P_1(T)$——阈值为 T 时目标和背景的先验概率；

　　　$\sigma_0(T), \sigma_1(T)$——阈值为 T 时目标和背景的标准差。

最佳分割阈值，即为令目标函数 $E(T_b)$ 最小的阈值 T，即

$$E(T_b) = \min E(T) \tag{3-7}$$

② 最大类间方差法　其核心思想是求出一个能使目标区域的平均灰度值、背景区域的平均灰度值与整幅图像的平均灰度值之间方差最大的分割阈值，即选择使 $\sigma^2(T_b)$ 最大的 T^* 作为最佳分割阈值：

$$\sigma^2(T^*) = \max\sigma^2(T_b) \tag{3-8}$$

③ 区域生长分割法　区域生长法属于传统的图像区域分割方法，其基本原理是根据事先定义的准则，将像素或者子区域聚合成更大的区域，以达到区域分割图像的目的。经过区域生长法分割后，原灰度图像被划分为种子区域和非种子区域两部分，成为二值化图像。

3.1.5　卷积神经网络质量检测

如图 3.7 所示，建立一个有 7 层卷积的神经网络模型，设置 CNN 模型为 4 个卷积层和 3 个全连接层。每个卷积层后跟随一个池化层，全连接层最后一层应用 softmax 算法进行分类。卷积核大小为 3×3，步长设置为 1，池化层池化核大小为 2×2。卷积层采用 ReLU 激活函数进行传播，池化层采用平均池化法提取特征。卷积层计算公式为 $X_j^l = f\left(\sum_{i \in M_j} x^{l-1} * k_{ij}^l + b_j^l\right)$，其中 M_j 表示选择的输

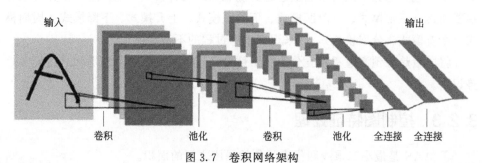

图 3.7　卷积网络架构

入 maps 的集合，X_j^l 表示第 l 层的第 j 个输出矩阵，k_{ij}^l 表示第 l 层的第 j 个输出的第 i 个卷积核，b_j^l 表示第 l 层的第 j 个偏置值。池化层采用均值池化方法进行池化采样，卷积网络误差传播采用梯度下降算法进行梯度的计算并更新权值，建立一个产品质量检测模型。

3.2 基于统计过程的制造质量智能预测技术

3.2.1 统计过程控制及质量智能预测方案总体设计

SPC 是主要应用于生产现场的质量控制与管理方法，最初是由美国的休哈特博士于 20 世纪 20 年代提出的，并于 1924 年 5 月绘制出了世界上第一张控制图。20 世纪 30 年代初，道奇（H. F. Dodge）与罗米格（H. G. Romig）提出了抽样检验理论和抽样检验表。SPC 理论便是以他们的研究成果为基础创立的，自创立以来，即在工业和服务行业等得到推广应用。

SPC 技术在生产制造过程中是以控制图的形式进行使用的，因此质量智能预测方案的设计也是基于控制图展开的，整个质量智能预测主要由三大部分构成：基于控制图的模式生成模式数据；模式控制图的特征提取处理；基于智能算法建立质量趋势预测模型。

3.2.2 控制图模式研究及数据生成

SPC 控制图有八种模式，是根据八种检验准则设定的基本模式，如图 3.8 所示，每一种模式代表一种异常现象，应用八种模式进行相应的过程监测时需要进行相应的模式分析。这八种模式适用于单值、均值图的分析，而锻造生产过程中需要进行相应的尺寸检测，属于单值生产过程。

生产过程趋势预测可根据上述趋势现象归结几种模式，生产过程中异常趋势主要模式有正常模式、上阶跃模式、下阶跃模式、上升模式、下降模式、周期模式（系统模式、分层模式），用来识别生产过程的不稳定性。

将质量趋势预测过程建立分为两个部分：进行数据识别及训练和进行异常趋势识别。

3.2.3 控制图特征处理

① AAS 是最小二乘线和代表子集的线段之间的面积。

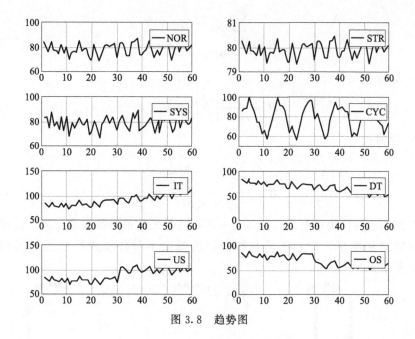

图 3.8　趋势图

$$AAS = ARLS1 + ARLS2 \tag{3-9}$$

式中，$ARLS1$、$ARLS2$ 分别表示介于最小二乘线和第一段、第二段线段之间的面积。

② 截距：使用最小二乘法求解的截距。

③ 斜率：根据 25 点提取的最小二乘线的斜率。

④ $PSMLSC$：整个模式的最小二乘线和平均线的交叉数：

$$PSMLSC = \sum_{i=1}^{n-1} (o_i + o_i^*) \tag{3-10}$$

式中，$(y_i - \overline{y})(y_{i+1} - \overline{y}) < 0$ 时，$o_i = 1$，反之 $o_i = 0$；$\overline{y}$ 是 N 个数据点的平均值；$(y_i - y_i^*)(y_{i+1} - y_{i+1}^*) < 0$ 时，$o_i^* = 1$，反之，$o_i^* = 0$；y_i^* 是对第 i 个点的最小二乘估计；

⑤ $ACLPI$：最小二乘线和代表两段子集的线段之间的面积。

$$ACLPI = \frac{ACL}{(N-1)SD^2} \tag{3-11}$$

式中，SD 表示标准差；ACL 表示模式和平均线之间的面积。

⑥ 均方值：

$$Mean = \sum_{i=1}^{n} \frac{y_i}{N} \tag{3-12}$$

⑦ 偏度：

$$S = \frac{\sum\limits_{i=1}^{N}(y_i - Mean)^3}{N \times SD^3} \tag{3-13}$$

⑧ 标准差：

$$SD = \frac{1}{N-1}\sum_{i=1}^{n}(y_i - \overline{y})^2 \tag{3-14}$$

⑨ 峰值：

$$K = \frac{\sum\limits_{i=1}^{N}(y_i - Mean)^4}{N \times SD^4} \tag{3-15}$$

控制图的特征提取处理，用于进一步将各种模式的特征提取出来，使模式之间的区别更加明显，有利于质量智能预测模型学习各模式控制图的区别，如图 3.9 所示。

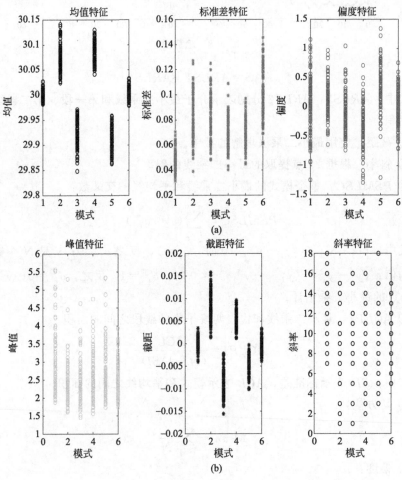

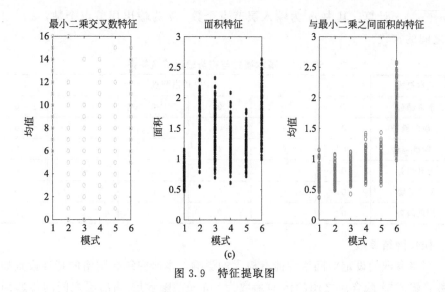

图 3.9　特征提取图

3.2.4　质量预测模型的建立

将生产过程数据输入神经网络中，神经网络可依据特征数据识别生产过程的趋势，达到质量趋势预测的效果，以便于后续生产及工艺改进，消除过程中的异常波动。结合过程能力分析，还可识别生产过程的随机波动。

合理的神经网络模型趋势预测模型如图 3.10 所示。包括四个部分：网络输入层、网络隐含层、网络输出层、网络参数；

(1) 网络输入层

本网络模型建立的目的是识别加工过程趋势，输入的是绘制控制图的 25 个连续点的质量特性采样值，又因为进行了特征提取，所以网络输入为 9。

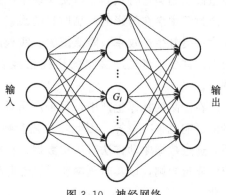

图 3.10　神经网络

(2) 网络输出层

网络输出层的节点数是根据网络的用途确定的，基本模式与趋势输出节点关系如表 3.1 所示。因为在生产过程中有 6 种异常趋势，所以神经网络的输出层节点数为 6。

(3) 网络隐含层

神经网络基本的层有 3 个，许多学者研究 3 层中的隐含层发现，隐含层可以任意地实现输入与输出之间的非映射关系。隐含层节点数根据经验公式 $n =$

$\sqrt{m+n}+a$ 计算，其中 m 为输入层节点个数，n 为输出层节点个数，a 为 $1\sim$ 10 之间的常数。

表 3.1　基本模式与趋势输出节点关系

基本模式	BP 输出节点					
正常趋势	1	0	0	0	0	0
上阶跃趋势	0	1	0	0	0	0
下阶跃趋势	0	0	1	0	0	0
上升趋势	0	0	0	1	0	0
下降趋势	0	0	0	0	1	0
周期趋势	0	0	0	0	0	1

(4) 网络参数

网络参数的设定对网络性能有极大的影响，本研究结合网络的特性设置如下参数：输入层-隐含层之间的传递函数为 tansig，隐含层-输出层之间的传递函数为 purelin，训练采用动量梯度下降算法，动量因子为 0.2，最大训练次数为20000，收敛精度为 0.001。

3.2.5　基于数据驱动的制造质量智能预测技术

质量预测是基于历史数据和当前实时数据，通过建立预测模型来对未来时刻质量波动趋势进行预测，以便实现生产过程的实时监控和预警，提前发现和修正生产过程中潜在的影响产品质量的因素，减少生产资源浪费的同时，优化产品良品率和提升生产效率，降低损失。实现产品质量预测的核心就是构筑一个准确的模型。许多学者经过多年的研究已经将许多建模预测方法应用到产品质量预测上。

在产品的具体生产中，每种产品对应的工艺参数指标不同，其对最终产品质量的影响也各有差异。因此，工艺参数的设置与产品的质量之间有着紧密的联系，通过数据驱动方法对历史数据进行深度分析，挖掘出质量相关的参数特征对应的质量规则，以实时预测质量属性并根据该阶段的质量异常进行相关工艺参数优化。

对产品的制造过程工艺等进行分析，得到建立模型的参数等，基于生产过程中的数据并利用一定的方法建立模型。常用的模型建立方法是多元线性回归分析方法、人工神经网络方法、支持向量机方法。多元线性回归分析方法，其目的在于利用统计的方法从大量数据中找出自变量与因变量之间的关系。多元线性回归分析方法基于数据统计原理，通过对大量的样本数据进行计算，找到一个合适的回归表达式来代表自变量和因变量的关系，建立好该表达式之后就可以用其预测今后的因变量的变化。自神经元模型被提出开始，人工神经网络经过几十年的发展现在已经在各行业中得到广泛应用。人工神经网络以动物神经网络活动原理来构造非线性预测模型，其适应性更强，可以处理线性和非线性问题，还可以分布式工作，因此许多学者将其应用于产品质量预测中来解决传统预测模型预测效果不好的情况，其中 BP 神经网络和 RBF 神经网络使用得较多。支持向量机（support vector machine，SVM）方法，在解决样本数有限、非线性及高维度的问题时，与其他方法相比有很多优势。支持向量机建立在结构风险最小理论基础上，因此能很好地扩大最优分类面与训练样本之间的距离，从而降低分类误差的上界，并且小样本情况下，支持向量机方法仍可以使用。当遇到非线性问题时，支持向量机可以通过映射将样本数据转换到高维空间，在高维空间内，因为维度增加，低维空间下非线性问题此时就可以通过寻找分类面的办法实现分类，所以支持向量机可以处理非线性问题。

3.3　制造质量反向追溯技术

3.3.1　质量反向追溯方案总体设计

针对产品成形生产过程中质量缺陷溯源困难的问题，开展质量反向追溯研究，重点研究质量反向追溯方法。首先，分析产品成形生产过程中的基础数据；其次，根据生产工序、质量现象及原因，建立故障树模型，并将故障树转化为贝叶斯网络结构；然后，应用最大似然估计法对贝叶斯网络进行参数学习，获得节点概率；最后，基于获得的节点概率，结合重要度计算方法，确定贝叶斯网络根节点的重要度顺序，根据节点重要度顺序实现质量反向追溯。当产品出现质量问题时，根据建立的模型对记录的基础数据按顺序进行溯源，实现质量反向追溯。

以模锻成形为例，模锻成形生产计划实施到完成需经历一系列的复杂流程，为了能够实现质量反向追溯，追踪引起质量缺陷的原因，提出了反向追溯的流程，图 3.11 所示为质量反向追溯的流程。

首先，根据所研究的模锻成形生产过程，分析质量现象及原因，将生产过程中的基础数据分为物料数据、设计数据、生产计划数据及生产加工过程数据；其次，根据生产工序、质量现象及原因，建立故障树的基本事件、中间事件及顶事件，并将事件转化为贝叶网络结构的根节点、中间节点及子节点，同时，将故障树的逻辑关系及故障树原则转化为贝叶斯网络的有向边及各节点的概率；然后，在转化的贝叶斯网络结构的基础上，利用现场采集的数据对网络进行参数学习，

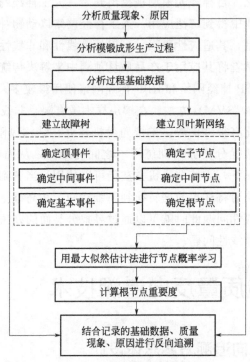

图 3.11　质量反向追溯流程

计算根节点的先验概率及中间节点、子节点的条件概率；最后，根据重要度计算公式确定根节点的重要度排序，根据排序进行质量反向追溯，当出现质量问题或缺陷时，根据建立的模型及记录的基础数据，按照根节点重要度顺序反向追溯引起质量缺陷或问题的原因。

3.3.2　生产过程基础数据分类与处理

根据实际的模锻成形生产过程，将过程中记录的基础数据分为物料数据、设计数据、生产计划数据及生产加工过程数据。在进行质量反向追溯研究时，根据质量现象及引起质量问题的原因，建立质量反向追溯模型。当锻件出现质量问题时，基于建立的反向追溯模型，反向追溯记录的基础数据，追溯引起质量问题的原因。同时，在整个生产过程中，不同的质量问题可能由不同的数据异常引起，模锻成形生产过程中可建立多个反向追溯模型，实现对不同质量问题的异常原因追溯。下面为本研究中的基础数据分类。

（1）物料数据
物料数据在质量反向追溯中非常重要，可追溯及记录的数据包括物料名称、物料编号、供应商、采购员、原材料型号、数量、物料生产日期、批次号、出货单号、生产报告等。当模锻件的质量出现问题时，可对物料数据信息进行追溯，追溯引起质量问题的原因。

（2）设计数据

设计数据是模锻成形生产过程中重要的基础数据之一，主要有设计人、制图人、设计日期、审核人、图号、工艺设计日期、工艺设计人员、工艺参数设计信息、工序过程设计人员等。

（3）生产计划数据

模锻成形生产过程中，生产计划数据包括计划生产批次、订单信息、计划生产数量、生产计划排产等。

（4）生产加工过程数据

生产加工过程数据包括锻件的加热时间、锻件的转移时间、锻造设备、预锻及终锻的始锻温度和终锻温度、下压力、下压速度、击打次数、模具磨损程度、模具润滑程度、模具温度、切边机的状态等。

同时，锻件的检测信息也包含于生产加工过程数据内，分别为检测人员、检测设备、锻件检测的质量数据等。当锻件出现质量问题时，可根据生产加工过程数据进行异常原因的反向追溯。

3.3.3　质量反向追溯模型结构建立

质量问题一般都是由设备故障、人员操作、环境等问题造成的，实现质量问题追溯需要进行更深层的质量问题分析，在问题追溯过程中需要建立抽象的质量问题与原因之间的关系，主要通过三步进行问题的溯源：获取有关客观系统的先验知识，分析知识中包含的已知的质量问题及因果关系，通过这些知识构建先验的模型。更进一步说，当质量问题发生后，可对质量问题情况进行具体分析，找到锻造生产过程中导致质量问题产生的原因。

贝叶斯追溯模型的优势在于：基于图模型，能贴切并直观地描述变量间的因果关系和条件相关性；具备基于数学概率理论的不确定性推理能力；能有效融合和表达多元信息。

贝叶斯算法原理如下。

（1）条件概率

在事件 A 已经发生情况下，事件 B 发生的概率记为 $P(B \mid A)$，该概率即为在 A 发生条件下 B 发生的条件概率，相应地，$P(A)$ 即为无条件概率。

（2）全概率公式

如果影响事件 B 的所有因素 A_1，A_2，$\cdots$，A_n 满足 $A_i * A_j = \phi (i \neq j)$，且 $\sum P(A_i) = 1$，$P(A_i) > 0$，$i = 1, 2, \cdots, n$，则必有

$$P(\mathrm{B}) = \sum P(\mathrm{A}_i) P(\mathrm{B} \mid \mathrm{A}_i) \tag{3-16}$$

(3) 贝叶斯公式

贝叶斯公式也称为后验概率公式，是一种求解条件概率的方法。假设事件 A 有 m 种状态，事件 B 有 n 种状态，则 A_j 和 B_i 分别表示事件 A 和事件 B 的第 j 种状态和第 i 种状态。那么在事件 A_j 发生的情况下，事件 B_i 发生的概率为：

$$P(\mathrm{B}_i \mid \mathrm{A}_j) = \frac{P(\mathrm{B}_i) P(\mathrm{A}_j \mid \mathrm{B}_i)}{P(\mathrm{A}_j)} = \frac{P(\mathrm{B}_i) P(\mathrm{A}_j \mid \mathrm{B}_i)}{\sum P(\mathrm{B}_i) P(\mathrm{A}_j \mid \mathrm{B}_i)} \tag{3-17}$$

式中，$P(\mathrm{B}_i)$ 称为先验概率，贝叶斯公式得到的条件概率 $P(\mathrm{B}_i \mid \mathrm{A}_j)$ 称为后验概率。

从概率角度来说，先验概率 $P(\mathrm{B}_i)$ 是事件 B_i 的无条件概率，是无任何条件约束或限制下事件 B_i 自然发生的概率。而后验概率是在有条件时对先验概率进行修正后的更符合条件的估计。一般先验概率的来源有两种：凭主观经验获得、通过历史加工资料获得。

基于质量信息智能在线检测模块，对加工后的产品进行在线检测，出现尺寸不合格、产品破损等质量问题时，对生产过程中的数据进行分析，通过建立分类模型将大量数据分类、聚类，对数据信息进行提取。

参 考 文 献

[1] 王亚运. 基于机器视觉的机器人涂胶质量在线检测技术研究 [D]. 哈尔滨：哈尔滨工业大学，2015.

[2] 王飞阳. 基于机器视觉的金刚线在线质检技术 [D]. 哈尔滨：哈尔滨工业大学，2014.

[3] Chen T, Ma K K, Chen L H. Tri-ststc median filter for image denoising [J]. Image Processing, IEEE Transactions on, 1998, 8 (12): 1834-1838.

[4] Deng G, Cahill LW. An adaptive Gaussian filter for noise reduction edge detection [C]. Nuclcar Science Symposium and Medical Imaging Conference, 1933 IEEE Conference Record IEEE, 1933: 1615-1619.

[5] Kittler J, Illingworth J. Minimum error thresholding [J]. Pattern Recognition, 1986, 19: 41-47.

[6] Otsu N. An automatic threshold selection method based on discriminant and least square criterial [J]. Trans. IECE Japan, 1980, 36.

[7] 丁建勋, 马德福, 高俊. 三维激光扫描数据精度影响因素分析及控制措施 [J]. 机械工程学报, 2011, 47 (3): 9-14.

[8] Swift J A. Development of a knowledge-based expert system for control-chart pattern recognition and analysis [D]. Stillwater, OK, USA: Oklahoma State Univ., 1987.

[9] Kuo T, Mital A. Quality control expert systems: A review of pertinent literature [J]. Journal of Intelligent Manufacturing, 1993, 4 (4): 245-257.

[10] 赵春华, 汪成康, 华露, 等. 基于融合特征约减和支持向量机的控制图模式识别 [J]. 中国机械工程, 2017, 28 (8): 930-935.

[11] 张宇波, 蔺小南. 改进序列前向选择法（ISFS）和极限学习机（ELM）相结合的 SPC 控制图模式识别方法 [J]. 青岛科技大学学报（自然科学版），2015, 36 (3): 322-326.

［12］ Abdoljalil Addeh，Aminollah Khormali，Noorbakhsh Amiri Golilarz. Control chart pattern recognition using RBF neural network with new training algorithm and practical features ［J］. ISA Transactions，2018，79：202-216.

［13］ Zan Tao，Wang Min，Fei Renyuan. Pattern recognition for control charts using AR spectrum and fuzzy ARTMAP neural network ［C］. International Conference on Manufacturing Science and Engineering，2009.

［14］ Gauri S K，Chakraborty S. Improved recognition of control chart patterns using artificial neural networks ［J］. Journal of Intelligent Manufacturing，2008，36：1191-1201.

［15］ Gauri S K，Chakraborty S. A study on the various features for effective control chart pattern recognition ［J］. International Journal of Advanced Manufacturing Technology，2007，34：385-398.

［16］ Gauri S K，Chakraborty S. Recognition of control chart patterns using improved selection of features ［J］. Computers & Industrial Engineering，2009，56：1577-1588.

［17］ Jian G，Graham J H. An integrated approach for fault diagnosis with learning ［J］. Computers in Industry，1996，32 (1) 33-51.

［18］ Yu D L，Shiedl，Disdell K. A simulation study on fault diagnosis of a high-temperature furnace using a bilinear observer method ［J］. Control Engineering Practice，1996，4：1681-1691.

［19］ 曾昭君，李郝林，孔洋利，等 . 基于误差分析对机加工过程故障的发现及诊断 ［C］. China Academic Journal Electronic Publishing House，1990.

［20］ Ozyurt B，Kandel A. A hybrid hierarchical neural network-fuzzy expert system approach to chemical process fault diagnosis ［J］. Fuzzy Sets and Systems，1996，83：11-25.

［21］ Salahshoor，Karim，Kordestani，et al. Fault detection and diagnosis of an industrial steam turbine using fusion of SVM (support vector machine) and ANFIS (adaptive neuro-fuzzy inference system) classifiers ［J］. Eneray，2010，35：572-5482.

［22］ 吴庆涛，杨青，张旭 . 一种改进的间歇过程诊断方法 ［J］. 沈阳理工大学学报，2012，31 (5)：20-32.

［23］ 王姝，赵珍，常玉清，等 . 基于故障特征时段识别的间歇过程故障诊断方法 ［J］. 东北大学学报（自然科学版），2013，34 (6)：761-765.

［24］ 任黎明，石宇强，王俊佳 . 基于数据驱动的复杂多阶段产品质量预测研究 ［J］. 制造业自动化，2022，44 (03)：54-58.

［25］ 王涵 . 基于支持向量机的多品种小批量产品质量预测 ［D］. 沈阳：沈阳大学，2016.

第**4**章

机器人自动上下料与智慧物流技术

智能制造的核心是通过先进的自动化、传感、控制、数字技术的结合，利用物联网、大数据、云计算、人工智能等新一代信息技术，提高制造企业生产效率，降低生产成本。

智慧物流（也可称智能物流）就是在自动化物流技术的基础上，结合物联网、大数据、云计算、人工智能等新兴技术，实现物品仓储及运输过程中的安全、快捷、高效的自动化运行及管理。其目标是满足客户需求，提高物流效率，降低物流成本与损耗，促进整个供应链的产业优化，为客户提供价格更低、速度更快、附加值更高的物流服务。智慧物流是智能制造的重要组成部分，智能制造也对物流技术有着新需求。

4.1 机器人输送系统整体设计

4.1.1 机器人上下料系统设计

在现代工厂生产线中，自动化、信息化、柔性化、智能化生产是应用发展的方向。在现代化自动生产线服务于机床的周边设备中，上下料装置是必不可少的辅助装置，它对待加工工件进行输送转运，并装夹到机床的加工位置，同时实现将已加工工件从加工位置取下、转运到料仓的自动或半自动机械装置，也被称为工件的自动装卸装置。数控机床自动上下料装备主要由自动上下料机构和自动输送机构组成，通过 PLC 控制器的运算及传感器信号的感应，对各伺服机构进行逻辑控制，从而实现物料输送自动化、机床上下料自动化、物料装夹与数控机床匹配自动化。它与数控机床组成了自动化上下料机加工系统。

机床通过配置机械手实现自动上下料的应用已较为广泛，自动上下料机构一般都包括底座、机架或运行桁架和机械手爪等。其关键技术在于：机械手如何在动力系统的驱动下将料仓中的待加工件按预设轨迹移放至机床待加工位置，并保证位置精度，同时系统还能自动识别工件加工状态，自动将加工后的产品按预定轨迹移放回料仓中。自动上下料装置应能与数控机床实现动作匹配，数控机床在工件到达预定加工位置后，能对待加工平台上的待加工件进行加工以获得最终产品。在整个加工过程中，对工件的转运、加工均由数控机床与自动上下料装置自动配合完成，无需人工进行操作。

以一种机器人上下料系统为例进行分析，该系统主要以 GSK 机器人为工作机构。GSK 机器人是一种基于工业标准开发设计的关节臂式机器人，其外形及各关节位置示意如图 4.1 所示。GSK 机器人为用户提供了一个全开放、可扩展的机器人控制系统开发平台。针对不同的应用研究和开发项目，用户可以方便地向控制系统中添加视觉传感器、力传感器以及红外传感器等各种扩展传感器，或者添加各种末端工具来扩展机器人的功能，并将这些扩展功能与机器人控制系统进行无缝集成，从而实现机器人二次开发功能。现研究通过添加末端工具实现在数控车床上的自动上下料。

图 4.1　GSK 机器人外形图

(1) 加工设备布置

设备布局方式可选用单台机器人服务单台数控车床，该方式设备布局紧凑性好，数控机床-机器人加工系统布局与工作过程示意图如图 4.2 所示。

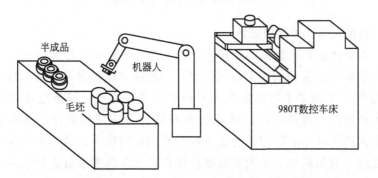

图 4.2　数控机床-机器人加工系统布局与工作过程示意图

（2）机器人末端工具设计

根据工件的外形特点，设计机器人末端工具（抓手）部件，包含气动部件、传感器及机械部件等，如图4.3所示。

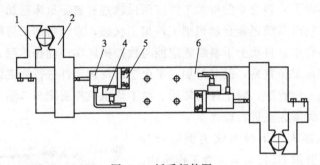

图4.3　抓手部件图

1—固定爪；2—滑动爪；3—气缸；4—压力传感开关；5—气缸座；6—底板

此夹具的特点是：底板和机器人的端部连接，两套气缸分别控制两手爪，气缸上安装传感器，检测手爪的松开和夹紧到位情况。两手爪分别用于夹取毛坯和半成品或半成品和成品。

此抓手部件操作时间短，效率高。相应的气动原理如图4.4所示。

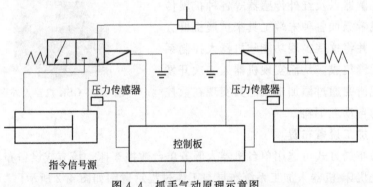

压力传感器　　　压力传感器

控制板

指令信号源

图4.4　抓手气动原理示意图

（3）机器人与车床通信设计

为了更好地协调机器人与数控车床的工作，要建立机器人和机床之间安全可靠的通信机制，采用快速I/O通信模式。硬件方面，通过屏蔽信号电缆将两者之间的PLC处理器中相应的输入与输出点进行连接，屏蔽电缆可以保证信号传输的稳定性。软件方面，通过GSK机器人专用应用软件，根据采集的机床和机器人当前状态，编写符合上下料逻辑的控制程序，最终实现数控机床与机器人之间的有效通信，从而实现模块化自动上下料柔性制造系统单元的安全高效运行。

（4）机器人上下料运动轨迹规划设计

综合分析零件的车削特点，对机器人上下料运动轨迹进行规划，包括运动轨迹规划和逻辑流程框图设计两部分内容。

① 运动轨迹规划　先对机器人上下料抓手运动路线进行设计，如图 4.5 所示。

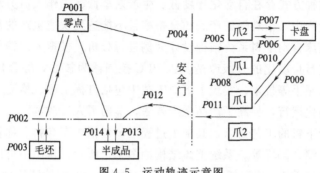

图 4.5　运动轨迹示意图

② 逻辑流程框图设计　根据抓手运动路线设计逻辑流程框图，如图 4.6 所示。

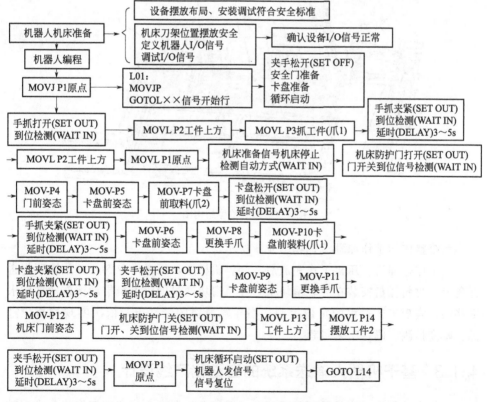

图 4.6　机器人上下料逻辑流程图

4.1.2 自动下料系统设计

工业生产中，冲压机床通过模具实现了板材的冲孔、成型、拉伸、挤压等，得到了广泛的应用。目前，多数中小企业的冲压机床生产加工工艺仍以人工操作方式为主，这种方式存在自动化程度低、生产效率低、工作人员劳动强度大等缺点，在批量生产中，很难保证产品的合格率且不能达到快速生产的目的。

以冲压机床自动下料系统结构设计为例进行分析，模拟人工操作过程，对原有冲压机床进行自动化的升级改造。以 PLC 控制器为核心，综合传感器、伺服控制系统、机械手等技术，实现了下料工艺中包括打标工序、检测工序、码垛工序等的全自动化运行，提高了产品生产效率，节约了人工成本。

按照机床下料的工艺要求，其加工过程主要包括机床卸料、称重检测、标记打标、厚度检测、码垛等。系统整体结构如图 4.7 所示，从图中可以看出，系统主要有卸料机械手 1、称重托盘机构 2、打标机构 3、厚度检测机构 4、码垛机械手 5、传送机构 6 构成。

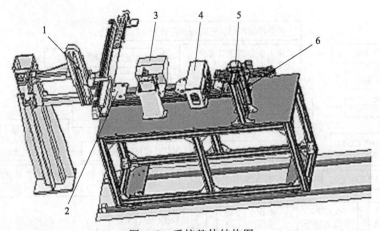

图 4.7　系统整体结构图

系统整体的工作原理流程如图 4.8 所示。

其工作过程为：压机工作完成后，卸料机械手从压机中取料，并放置到物料托盘上，物料托盘安装在导轨滑块上，导轨滑块通过伺服电机带动滚珠丝杠作水平移动，实现工艺过程的定位控制。在导轨滑块的带动下，依次实现称重、打标、厚度检测、码垛工艺过程。

4.1.3 基于机器人输送系统的自动化产线设计

作为自动化生产线的重要组成部分，以工业机器人为代表的智能装备成为通

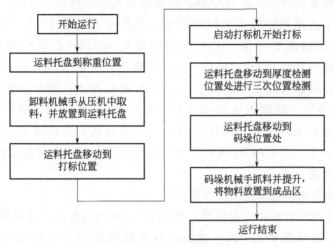

图 4.8　系统工作原理流程图

向工业 4.0 的突破口。工业机器人旨在提高制造业效率、提高产品质量，从而降低制造业生产成本，加速制造业转型升级。以工业机器人为基础装备的智能制造在未来的制造业中居关键地位，可给企业带来更大、更灵活的生产空间和更大的效益。

自动化生产线是指按照工艺要求，把整条生产线上的机器连接起来，形成上料、下料、装卸和产品加工、检测等全部工序都能自动控制的高效率生产线。下面以一种自动化生产线系统为例进行分析。

（1）自动化生产线系统的组成

自动化生产线系统的组成如图 4.9 所示。以一实际的打磨喷涂自动化生产线为蓝本，配置整个产线实训系统，系统硬件包括主控台、四台机器人和一台 AGV 小车，四台机器人分别为 ABB 打磨机器人、ABB 喷涂机器人、KUKA 搬运机器人、KUKA 码垛机器人，可完成打磨、喷漆、搬运与码垛 4 种操作。功能上，该生产线实训系统涉及智能控制平台、工业机器人加工产线、物料运输线三大部分。智能控制平台主要设备为控制柜、总控平台、工控机，其中机

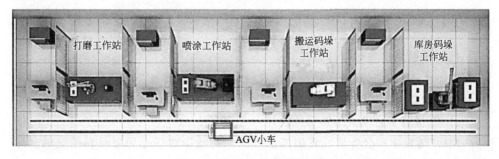

图 4.9　自动化产线系统布局

器人控制柜作为机器人的控制中枢，用于机器人路径规划、参数设置等；总控平台主要用于实现产线设备之间的通信，总控平台内置 PLC，可实现与机器人、AGV 小车的基本通信；工控机用于布置 WMS（智能仓储物流系统）、MES（制造执行系统），通过信息化系统实现生产过程管控、数据分析和生产过程等。工业机器人加工产线设备为 4 台工业机器人；物料运输的主载体为 AGV 小车，整个产线的物料运输过程全部由 AGV 小车与工业机器人协同完成。产线通过以太网 Modbus TCP、Profinet 等方式，搭建设备之间的通信系统，对 S7-200SMART PLC、4 台工业器人与一台 AGV 小车组成的系统组网，实现系统的通信。

(2) 自动化生产线系统的工作原理

系统在总控平台控制工业机器人及 AGV 小车协同运作以完成整个产线产品物料的加工。在地面铺设 AGV 地标，并在指定位置设定相应的停靠点，使 AGV 按照指定路线行走，完成物料的移动和运送运输工作。AGV 小车每到达地标点，传送信号给 PLC，PLC 接收到相应的信号并传送给对应的机器人，从而驱动机器人进行物料加工作业，机器人在完成该道工序后，回送信号给 PLC，PLC 接到工业机器人完成作业的信息，并传送给 AGV 小车，接着小车进行运送作业。

(3) 系统的工作流程

AGV 小车从 1# 点（根据场地及工作工位已规划好产线中的地标点 X#）出发移动到 2# 点（即码垛机器人工作工位），码垛机器人抓取材料放到 AGV 小车，AGV 小车运输到 5# 点（即打磨机器人工位），打磨机器人作业完成后将半加工材料放到 AGV 小车，之后 AGV 小车将材料运输到 4# 点（即喷涂机器人工位），喷涂机器人对材料进行喷涂作业，操作完成后机器人抓取工件并放置到 AGV 小车，并由 AGV 小车将加工好的成品运输到 3# 点（即搬运机器人工位），搬运机器人将工件搬至指定位置后抓取工件并放置到 AGV 小车且输送到 2# 点，最后由码垛机器人将工件放置码垛工作台，即完成物料加工过程。系统完整工作流程框架图如图 4.10 所示。

4.1.4 输送系统应用举例——模锻产线输送系统

(1) 输送系统整体设计方案

基于生产线实际情况，针对各个运输环节的实际特点，为满足自动运输或半自动运输的需求，输送系统整体设计方案如下。

1）原材料半自动上下料系统设计

MES 传发生产任务后，开始加工任务，初始运输任务为原材料的运输。原材料半自动上下料系统设计包括两部分。

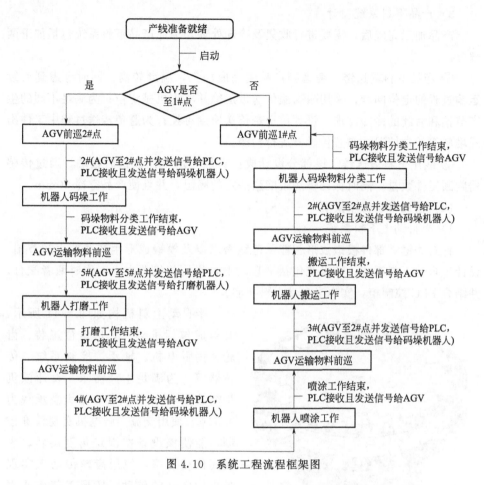

图 4.10　系统工程流程框架图

① 原材料上料检测过程　将原材料运至锯床进行锯断，人工运输并摆放至上料机，通过传感器进行无料检测，并将无料检测结果返回至操作工人。

② 原材料运至加热炉过程　采用点动开关控制伺服电机驱动，操作工人经过若干次点动操作，将原材料移动到机器人取料位，通过机器人将原材料送至加热炉，进行加热操作。

2）产品自动脱落系统设计

为保证工件加工过程运输通畅，工件经过切边机的操作后，需能正常脱模且不粘模。设计的产品自动脱落系统包括如下两部分。

① 飞边推料机　通过气缸驱动，将切边产生的飞边废料与产品进行分离，对飞边废料进行收集，通过传感器判断飞边废料与产品是否分离成功。

② 产品推料机　通过气缸驱动，将飞边推料机推出的产品送至之后的操作工位，通过传感器判断是否输送成功。

3）产品下料系统设计

产品加工完成后，需要进行收集及冷却处理，为此产品下料系统包括如下两部分。

① 产品下料输送链　考虑到产品刚完成加工，温度较高，同时考虑到后续运输过程的定位问题，采用耐高温传送带运输并实现机械定位；为满足不同的生产节拍和后续的冷却需求，设计传送带传送速度可控；为避免传送过程中工件出现堆料等异常情况，布置传感器进行检测。

② 线尾下料输送链　该部分设计成：满足一定工件数量后移动，通过传感器判断工件数量，同时保证传送带能耐一定的高温，并且使产品空冷 30min。

(2) 输送系统技术实现

1）半自动上下料系统

针对关键零部件模锻成形智能示范线需求以及模锻成形生产线的生产节拍，设计半自动上料系统，该系统包括半自动上料机构与机器人。工作时两者配合，并结合 PLC 控制柜，实现半自动上料功能。

半自动上料机构如图 4.11 所示，其组成包括机架、V 形定位工装、齿轮、伺服电机、轴承、控制系统、传感器等。为满足生产需求，设计该机构能放置 40 个原料件，最大总承载为 0.3 吨。使用交流伺服电机实现精准控制，能使该设备按固定角度旋转。为提高传动效率，使用齿轮传动来实现各机构之间的传动。V 形工装按通用棒料直径设计，满足多种规格棒料摆放，摆放位置一端固定，适用于人工摆料至固定位。摆放不同棒料时，通过人工在控制处选择对应的产品编号，机器人调用对应的程序对旋转炉上料。

图 4.11　半自动上料机构

工作说明：通过人工摆放进行上料，原料通过 V 形定位工装进行定位，然后人工点动控制旋转至机器人 R1 取料位，机器人 R1 定点取料送入旋转炉，当机器人 R1 取料区域工作完成时，通过 4 组欧姆龙传感器做无料检测，提醒人工旋转至装料位。图 4.12 为其工作流程图。

2）产品自动脱落系统

为实现锻件切边后的产品运输和切边废料处理智能化，基于切边工艺的技术要求，设计产品下料系统。该系统包含两套推料机构，主要功能是在每次切边完成后，使飞边在切边模面上，产品掉落至切边模面下方平台。两套推料机构分别

图 4.12　半自动上料机构工作流程图

为飞边推料机和产品推料机，主要功能是使飞边和产品能及时分离输送，实现智能分离和运输功能，图 4.13 所示为其工作流程图。

① 飞边推料机　飞边推料机结构如图 4.14 所示，其组成包括机架、推料头、驱动系统、控制系统、直线导轨、传感器等。基于锻件工艺要求，设计飞边推料机的工作行程为 0～1000mm，通过气缸前进后退来进行驱动，其最大速度可达 500mm/s。基于不同的工况，采取不同的安装方式，可安装于设备侧面，也可以安装于地面，可调节上下、左右的安装位置。工作说明：在切边机工作后，通过气缸驱动系统将飞边废料推出。

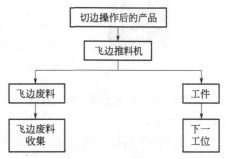

图 4.13　产品自动脱落流程图

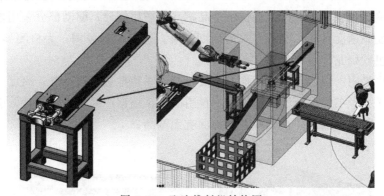

图 4.14　飞边推料机结构图

② 产品推料机　产品推料机结构如图 4.15 所示，其组成包括机架、推料头、驱动系统、控制系统、直线导轨、传感器等。基于工艺要求，设计其工作行程为 0～800mm。通过气缸前进后退来进行驱动，最大速度可达 500mm/s，安装方式为地面安装，可调节上下、左右的安装位置。工作说明：在切边机工作后，通过气缸驱动装置将产品推出。

3）产品下料系统

切边操作后，产品通过推料装置送至输送装置系统中，通过输送系统运送到

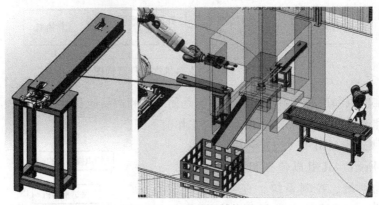

图 4.15　产品推料结构图

指定位置存储，在此过程中，依据 HK 锻件工艺技术要求。该系统应满足共计两处输送要求：

　　a. 推产品下料处，因产品需要定位，此处输送带机械定位。

　　b. 线尾末端冷却输送下料，要求产品空冷 30min。

　　① 产品下料输送链　该设备组成包括型材机架、板链、链条、固定支座、驱动、控制部分和传感器等。考虑传输产品温度高，板链采用不锈钢材质，防止高温变形，具体尺寸为 1200×400×850mm；为保证定位需求，板链末端带机械定位，输送过程中，通过挡板位将产品按一定顺序摆放；驱动部分采用电动机驱动，其变频速度可调；安装方式为地面安装，上下位置可调；为检测异常状况，使用两组欧姆龙传感器。

　　工作说明：切边完成后，推料装置将工件平稳推送至输送链，高度与模切模具下面平齐，工件按顺序传送，中间设引导板，根据产品位圆形特性，引导至末端定位，带传感器，防止堆料，可检测有无产品。

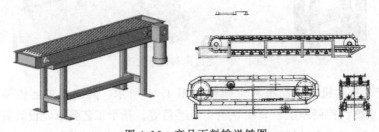

图 4.16　产品下料输送链图

　　② 线尾下料输送链　该设备组成包括焊接机架、带链、链条、固定支座、驱动、控制部分和传感器等。

　　网带构成：考虑传输产品温度高，网带进行热处理，热处理后可承载温度不高于 900℃，具体尺寸为 3500×600×850mm；驱动部分采用电动机驱动，变频速度可调；安装方式为地面安装，上下位置可调；考虑到一次运输多件，设计的承载重量为不小于 200kg；采用两组欧姆龙传感器进行异常检测。

工作说明：当输送链的检测位置有两件产品时，控制系统控制电机工作，带动网带链前进一定的距离，直至产品完全让开检测位置，电机停止。机器人持续放置产品时则进入下一循环。

图 4.17　线尾下料输送链图

4.2　智慧物流技术及装备

4.2.1　智慧物流技术发展历程

智慧物流是物流行业发展的必然趋势，而数字化是实现智慧物流的重要基础和有效途径。随着中国进入数字化时代，如何通过数字化实现行业的再升级，成为物流行业关注的焦点。物流数字化技术涉及计算机硬件、软件、信息存储、周边设备和互联网络等，具体来看，近年来推动智慧物流加速前进的数字化技术主要包括人工智能（AI）、物联网（IoT）、5G、云计算、大数据、区块链、运筹学、无人驾驶等关键技术。

简单来讲，现代物流的发展经历了四个阶段：粗放型物流—系统化物流—电子化物流—物联化（智慧）物流。其中，粗放型物流属于现代物流的雏形阶段，系统化物流是现代物流的发展阶段，电子化物流是现代物流的成熟阶段，而现代物流的未来和希望是物联化物流，即智慧物流。在物联网技术的支持下，现代物流正面临着翻天覆地的变化。

智慧物流集成智能化技术，使物流系统能模仿人的智能，具有思维、感知、学习、推理判断和自行解决物流中某些问题的能力。智慧物流未来的发展将会体现四个特点：智能化、一体化和层次化、柔性化、社会化，即物流作业过程中的大量运筹与决策的智能化；以物流管理为核心，实现物流过程中运输、存储、包装、装卸等环节的一体化和智慧物流系统的层次化；智慧物流的发展会更加突出"以顾客为中心"的理念，根据消费者需求变化来灵活调整生产工艺；智慧物流的发展将会促进区域经济的发展和世界资源优化配置，实现社会化。未来，如何配置和利用资源，有效降低制造成本，是企业重点关注的问题，没有一个高度发达的、可靠快捷的物流系统，这是无法实现的。随着经济全球化的发展和网络经济的兴起，物流的功能也不再是单纯地降低成本，而是发展成为提高客户服务质量，以提高企业综合竞争力。随之而来的旺盛需求，为智能化物流技术装备的创新发展提供了难得的机遇和优良的土壤。

4.2.2 智慧物流技术

近年来，在国家政策的推动下，智慧物流市场需求空间巨大。随着云计算、物联网、人工智能等技术的发展，以及新零售、智能制造等领域对物流的更高要求，智慧物流市场规模将持续扩大。在智能制造领域，智慧物流是工业 4.0 的核心组成部分。在工业 4.0 智能工厂的框架内，智慧物流是连接供应和生产的重要环节，也是构建智能工厂的基石。越来越多的制造企业积极进行数字化制造、智能化制造转型探索，定制化、柔性化的订单驱动企业生产、物流高效协同，实现精细化管理的蓬勃需求是智慧物流发展的强大动力。拥有一定智能的物流系统，可以通过不断优化的业务规则，有效合理利用资源，提供物料需求服务，满足企业生产需求，实现物流在供应链各层级的自动化、可视化、可控化。下面介绍几种智慧物流技术。

(1) 5G 技术

1) 5G 技术的应用现状

5G 是新一代蜂窝移动通信技术，特点是提高了数据速率、减少了延迟、节约了能源、降低了成本、提高了系统容量且可以进行大规模设备连接，具有大带宽、低时延、高可靠和广连接等优势。

在制造领域，5G 将成为传统制造企业向智能制造转型的关键支撑，能满足工业环境下设备互联和远程交互的应用需求，在协同设计、自动控制、柔性生产、辅助装配等典型工业应用领域中起着关键支撑作用。

在物流装备领域，5G 技术可广泛应用于物流自动搬运设备、物流辅助搬运设备，实现物流装备闭环控制、物料精准识别、移动设备集群协同调度、远程实时监控等功能，结合虚拟现实/增强现实（VR/AR）技术实现协同设计、虚拟培训、智能拣选、辅助装配、辅助故障修复、远程协助等创新应用，集成大数据、人工智能技术共同实现企业智能配置生产方式，实现信息物理融合、智能故障分析诊断、系统策略动态优化调整，打造智能工厂，助推智能制造。基于 5G，开发应用人机料法环五大要素新连接，可以重新定义智能化物流仓储系统、智能化物流配送系统、智能运输管理系统、智能园区系统，图 4.18 所示为智慧物流 5G 应用场景及 5G 通信诉求图。

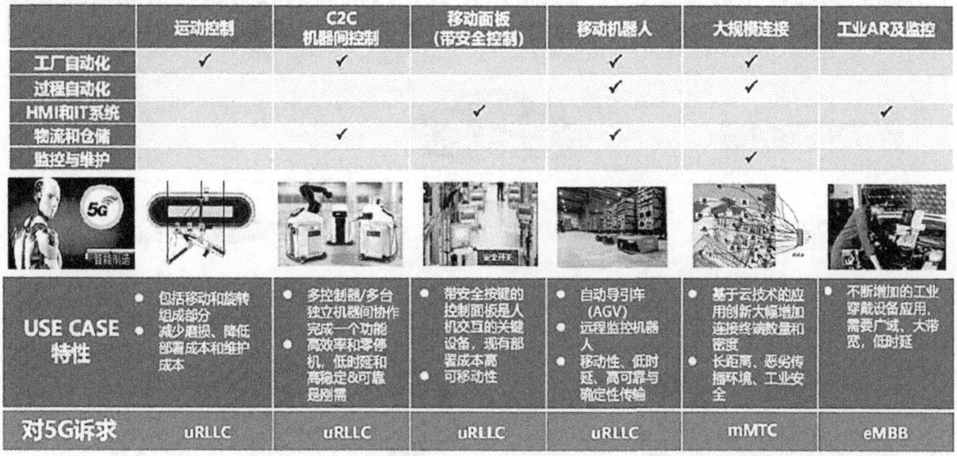

	运动控制	C2C 机器间控制	移动面板 (带安全控制)	移动机器人	大规模连接	工业AR及监控
工厂自动化	✓	✓		✓	✓	
过程自动化				✓	✓	
HMI和IT系统			✓			
物流和仓储		✓				
监控与维护						
USE CASE 特性	• 包括移动和旋转组成部分 • 减少磨损，降低部署成本和维护成本	• 多控制器/多台独立机器间协作完成一个功能 • 高效率和零停机，低时延和高稳定&可靠 • 局刷需	• 带安全按键的控制面板是人机交互的关键设备，现有部署成本和移动性	• 自动导引库(AGV) • 远程监控机器人 • 移动性、低时延、高可靠与确定性传输	• 基于云技术的应用创新大幅增加连接终端数量和密度 • 长距离、恶劣传播环境、工业安全	• 不断增加的工业穿戴设备应用，需要广域、大带宽，低时延
对5G诉求	uRLLC	uRLLC	uRLLC	uRLLC	mMTC	eMBB

图 4.18　智慧物流 5G 应用场景及 5G 通信诉求

2）5G 技术的未来发展方向

5G 作为"新基建"中的领衔领域之一，不仅是物流业创新发展、转型升级的使能者，而且推动着物联网、大数据、人工智能以及物流相关技术的进步以及在物流行业的应用创新。如在设计环节，推进基于模型的制造设计协同；在生产环节，推进探索网络统一，设备敏捷沟通，协同调度；在运维环节，实现装备运行状态实时检测及多方专家远程支持，推进运维数字化系统。总的来看，5G 技术将赋能智慧物流的发展，加快推进物流技术装备智能化，将在智慧物流的智能装备、智能仓储、自动化运输、物流追踪等环节产生深远影响。

具体来看，5G 与物流技术深度融合，将通过连接升级、数据升级、模式升级、智能升级全面助推智慧物流的发展。

① 5G 将加速底层通信技术的变革：5G 网络切片根据时延、带宽等不同应用场景需求，可以进行网络资源组合，以此来保证网络服务品质的特性，5G 的无线组网解决方案在智慧物流的应用场景可以完美替代拖链电缆、漏波电缆、红外通信、工业 Wi-Fi 等传统的通信方式，真正实现企业园区 5G 一张网，加快物流领域关键网络基础设施的变革。

② 5G 将加速物流装备智能化变革　5G 将加快人工智能技术、边缘计算技术与物流装备的融合进程，物流装备通过状态感知、信息交互、实时分析，可以具备物料识别、自助纠错、末端导引的能力，进一步提高物流装备的智能化水平，加快物流装备融合创新研发进程。

③ 5G 将加速物流系统调度控制技术变革　在智慧物流领域，可以结合 5G

边云协同特性，利用 MEC 边缘计算，实现基于 5G 的移动搬运设备的云化调度控制应用，将设备定位、导航、图像识别及环境感知等复杂计算上移到 5G 边缘服务器，实现云化物流设备大规模密集部署、大范围无缝切换，构建高效、经济、灵活的柔性生产搬运体系。图 4.19 所示为基于 5G 技术的网络架构图。

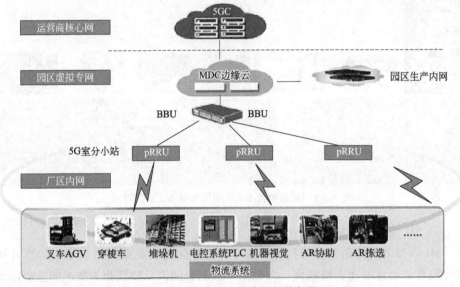

图 4.19　基于 5G 技术的网络架构

(2) 自动分拣技术

1) 自动分拣技术简介

在物流配送中，分拣作业涉及的内容很多，操作较为复杂，是物流发展中的一个关键环节，需要依据客户信息、货品规格、发送要求进行分拣。分拣设备需要将货物从相应区域快速、准确地分拣出来，按照货物流向进行分类并装载运送，该过程是物流中心日常工作中耗费人力最多、最繁琐、设备占地面积最大的环节。随着当前信息技术、自动控制技术的发展，自动分拣系统应运而生并快速发展，有效解决了分拣的问题。统计发现，自动分拣系统每小时可分拣数万件物品，而且准确度很高，误差率甚至不到万分之一，通过对该设备的有效应用，可以大幅度提高分拣效率，保证分拣质量。

我国商品经济的飞速发展，使物流行业、物流设施设备的更新速度很快，大量物流企业开始采用自动分拣设备来代替人工，但是自动分拣技术依然存在很多问题，技术有待成熟，比如设备陈旧、需要花费大量资金进行保养、占地面积很大等，这些问题的出现对物流行业的发展产生了一定的制约。另外，在很多分拣系统中，RFID 技术、AGV、机器视觉等的使用还不是很广泛，人工作业所占比例大，集约化水平较低，自动化、智能化的程度不高，对我国物流自动分拣系统发展产生了制约。

2) 自动分拣系统的特点

① 可以大批量进行物品分拣　自动分拣系统能够在短时间内对大批量物品进行分拣，而且通过自动分拣系统可以自动化作业，不会受到气候、时间、地点的限制，自动化水平很高，处理速度快，可以自动对大小货物进行分配，为后续装车作业提供方便。自动分拣系统如图 4.20 所示。

图 4.20　自动分拣现场图

② 分拣准确性高　自动分拣系统的分拣准确性高。在自动分拣系统中录入一定的指令，可以依照人们的要求进行分拣，极大地降低了错分率，当前自动分拣系统的逐步更新和快速普及也引来了自动分拣系统应用技术的革命。

③ 分拣效率高　自动分拣系统的分拣效率高，在操作过程中不需要太多的人员干涉，基本实现自动化作业。这样的自动分拣模式可以减轻员工的劳动强度，避免人员的干预，大幅度提高生产效率和企业利润。伴随着当前自动分拣系统的不断迭代，先进的物流分拣中心融合了 AI 技术，基本可以实现自动化作业。在分拣过程中，只需要操作人员在分拣前送入包裹，在分拣完成后取走包裹，或者对分拣系统进行维护，大大减少了人员的劳动量。

3) 自动分拣系统的主要组成

自动分拣系统较复杂，由各种类型的输送机、信息采集和传输设备、自动分拣管理和运动设备以及控制系统组成。分拣大致可分为汇流、分拣信息录入、分流和装运 4 个过程。

① 汇流　通过操作人员对货物进行分类，按自动分拣规则将货物送入前处理设备，通过前处理装置进行预处理，并由前处理设备逐步对这些货物进行汇集，送入到主输送线上。

② 分拣信息录入　对于送到主输送线上的货物，需要使用自动识别装置（比如扫码相机等）来对这些货物的分拣信息进行读取，并且把获得的信息送入到计算机中，由计算机对这些分拣信息进行相应的处理。

③ 分流　分流的过程主要是计算机在获得货物信息后，对货物的移动位置进行检测。当货物移动到所对应的分拣格口时，通过控制系统下达相应的命令，此时分拣设备可以发出对应的分拣指令，在操作过程中，分拣设备能够完成相应的分拣动作，达到分拣的效果。分拣的速度很快，效率很高，可以使货物快速进入到相应的分拣格口。

④ 装运　进入分拣格口的货物通过流水线到达分拣系统的终端，此时可以采取人工搬运或者机械搬运的方法将这些货物送入相应的区域，完成装运工作。

4）自动分拣系统的应用前景

2019年，网上出现了一段视频：数百个智能分拣机器人依照命令在作业平台上对包裹进行运输和分拣。该视频中出现的智能机器人被称为分拣小黄人。这些机器人的主要工作是进行实时智能分拣，其可以依照事先设计的命令准确地对包裹进行分类，并且将其倒入指定的分拣口，设备运行过程中不会出现相互碰撞的情况，实现自动回充，找到自己所对应的充电接口，完成自行充电的工作，在操作时没有人工进行干预。据悉，该项智能分拣设备是某机器人公司和物流企业合作研发生产的，目前已经在天津、浙江义乌、山东临沂等物流集散地投入使用。在技术逐步发展完善的情况下，这种机器人的适用范围会越来越广。自动分拣系统在未来发展过程中将呈现出以下特点。

① 实现灵活无缝对接　自动分拣系统在发展过程中需要做到柔性化，实现灵活的无缝对接。多个自动分拣系统之间能够使用对应的接口完成无缝对接，在设计的过程中统一通信协议和设备接口，实现自动化、无人化的智能分拣。在设备运行过程中，通过输入指令来控制物流自动分拣系统，确保操作系统准确地运转，降低错分率，提高运行效率。随着物流自动分拣系统的不断更新和普及，引来了一些物流自动分拣系统应用技术的快速发展与革新。在设备运行中，PLC、单片机等控制系统的应用和接口的统一化，使数据和设备实现无缝对接，在多个自动分拣系统的统一管理和分配方面逐步实现自动化，不再需要人为干预。

② 分拣设备与信息化、智能化的结合　未来，分拣设备在发展过程中需要重视控制系统的优化，使分拣设备与数据采集、信息化服务等相结合，让分拣流程更合理，实现包裹称重、打包、读码后的快速分拣、物流信息的采集及上传等，同时实现一体化。在分拣过程中，系统可以大范围地对货物进行传递和处理，使用时能够减少人工的需求，控制成本，提高分拣效率及自动化水平。另外，在控制系统中融入大数据、人工智能技术，可以大幅度提高分拣准确率，使快递邮件信息逐步向模块化、标准化、智能化、集成化的方向发展，分拣系统也会为物流业的无人化发展助力，使物流行业逐步由原来的劳动密集型产业转变为智能化产业。应用人工智能，通过图像识别对包裹进行分类识别摆放，减少人工操作，采用人机协作模式可以大大提升工作效率、降低时间成本。利用人工智

能，动态称重可以自动地识别货品的大小、重量，核对包裹信息，进而进行自动分拣。自动分拣设备将逐步拓展，引领传统物流行业向智能化发展阶段迈进，人工智能技术将逐步从分拣拓展到末端配送，完成一条龙的服务，图 4.21 所示为智能技术在自动分拣中的应用。

图 4.21 智能技术在自动分拣中的应用

③ 实现模块化分拣　自动分拣系统发展过程中需要重视实现模块化分拣。依照指令要求，对不同类型的货物进行分类，并完成分拣和处理的工作，这种分拣技术是最高效的，所以在自动分拣系统模块设计过程中需要重视这方面并进行深化。针对大件包裹，有对应的自动分拣系统，如目前市场上模组带自动分拣系统、摆轮自动分拣系统。针对小件包裹，目前市场上有交叉带分拣系统、直线自动分拣系统。还有专门针对新封件分拣的扁平件分拣系统等。随着行业的发展，还将出现一些新的分拣应用。针对不同的场景使用不同的分拣模块，根据实际情况灵活配置。

④ 实现各个系统的集成　在自动分拣设备单机自动化设计的基础上，需要重视多设备的结合运用，通过计算机完成整合，使设备向集成化的方向发展，逐步把自动分拣设备与其他设备连起来，组成一个集成系统，再通过中央控制室来控制整个系统，与物流系统进行有效的数据交互，完成协调配合，形成不同机种的最佳匹配和组合。这种集成化、成套化和系统化的物流设备运用空间更广，发展前景更好。

4.2.3 智慧物流装备

物流装备的应用涵盖各个领域，不同领域需要的智慧物流解决方案差异较大。总体来说，智慧物流对物流技术和装备提出了一些新的要求。

① 物流单元智能化　智能硬件的感知、信息交互、实时分析，实现了局部自组织、自配置、自决策，物流装备从作业执行的"功能机器"向可感知、可控

制、可自主决策的"智能机器"演变。

② 系统协作高效化 在物流装备智能化提升的基础上，智慧物流对设备间协作、人机协作提出了更高的要求，期望通过设备与设备、设备与人的高效协作，实现系统资源利用最大化，充分提高物流作业效率。

③ 物流系统柔性化 随着物流技术的变化和发展，柔性化必将成为一个重要方向。在消费者多样化、个性化、定制化需求的影响下，面对市场端的灵活多变与巨大的业务波动，客户需要规划建设柔性化的智慧物流系统，以实现物流系统的快速部署、快速复制、灵活扩展和异地迁移，满足企业发展的需要。

④ 系统运营智能化 客户越来越期望建立一套 IT、OT 全域数据的大数据分析平台，通过数据采集、清理、融合，形成数据仓库，实现业务数据、设备数据的全程可视化，洞察业务和设备异常，提供状态检测、故障诊断、预测预警、远程运维等服务能力，提升业务和设备能力，物流装备通过状态感知异常的快速定位处理能力，实现系统策略的动态调整，保证物流系统高效稳定运行。

物流装备是物流体系中的执行系统，由智能硬件或软件系统组成，是智慧物流系统不可分割的单元，是提升物流效率的有效手段。智慧物流体系下的装备包括堆垛机、穿梭车、AGV、AMR 等物流硬件装备，也包括设备级、车间级、企业级等物流信息软件系统。随着工业 4.0 的推进，智慧物流大势所趋，物流装备产品创新迭代快速。在智能制造能力成熟度较高的行业，如烟草、汽车、工程机械等行业，智能物流装备应用较多。终端用户对智慧物流的期望，促使物流装备在安全性、稳定性、柔性化、自主性上更新速度加快，新技术、新产品的推广和普及速度有了很大的提升。物流装备创新发展成为市场新的推动力，促进智慧物流从产线延伸到智能工厂，从四面墙之内发展到四面墙之外，进而扩展到产业物流链全领域。

(1) 创新智能技术装备一：智能轨道柔性搬运系统

传统的轨道物流搬运系统一般包括往复式直行穿梭车、环形轨道穿梭车等，其主要功能是在轨道上以固定的路径运行，根据任务指令完成相应的搬运作业，特点是运行速度较快，可替代大量的输送设备，在实现单一的点对点作业时优势非常明显。但随着现代制造业和配送行业物流技术的发展，尤其是智慧物流对柔性化的需求，物流搬运系统出现了作业面大、距离长、物流路径复杂、物料流量大等特点，传统的轨道搬运系统已无法满足这些要求，因此，智能轨道柔性搬运系统开始成为解决这一难题的有效方法。

智能轨道柔性搬运系统一般由柔性轨道系统、智能小车系统、地面控制系统、智能调度系统、通信系统、认址系统、供电系统以及维护系统等组成。柔性轨道系统形成整个地面和空中的运行路径，如图 4.22 和图 4.23 所示，通过搬道岔系统实现可变路径，使智能小车在运行过程中可根据调度系统的指令，进行路径选择和优化，从而达到柔性路径运行的目的。柔性轨道可分为空中和地面两大类型，地面轨道又有单轨和双轨两种。

地面控制系统主要实现智能小车的位置控制、启停控制、状态控制、间隔控制、岔道控制以及各控制区域间的协调。从技术实现上来区分，主要有通用地面控制系统和专用地面控制系统，分别如图 4.24 和图 4.25 所示。

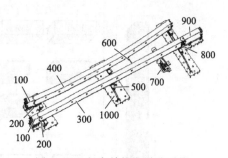

图 4.22　空中单轨搬道岔系统

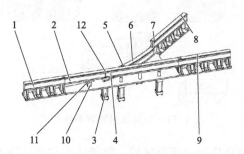

图 4.23　地面单轨搬道岔系统

1—第一轨道梁；2—摆动梁；3—驱动机构；4—第一升降梁；5—圆柱导向副；6—第二升降梁；

7—第一梁间导向副；8—第二轨道梁；9—第三轨道梁；10—舵机；11—舵机连杆；12—指型板

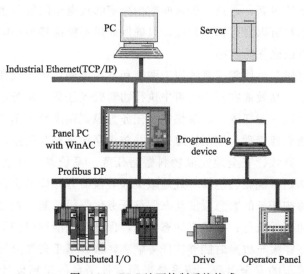

图 4.24　PLC 地面控制系统构成

区别于传统的 PLC 直接控制，专用地面控制技术采用分散总控制技术，由

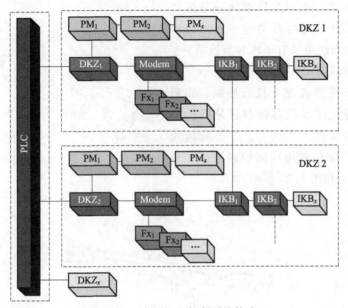

图 4.25　专用地面控制系统构成

一个地面控制器管理和控制一部分区域，智能小车位置、速度等信息以表格形式存储在地面控制器中，整个系统由数个地面控制器组成，地面控制器之间由通信模块进行通信，这样，几乎无需过多的 PLC 逻辑控制，地面控制器已经可以管理各区域内的智能小车。对于路径计算和间距保持，数据集中器对所有智能小车的信息保持持续的更新，通过分析这些数据决定邻近电车间的间距。当间距有变化时，每个电车都可以自行调节速度，以确保如果不能保持最小间距，小车将会停止。因此，可以确保防碰撞。

　　智能轨道穿梭车整体集成系统用于调度和管理多辆穿梭车及搬道岔机构，使穿梭车能够安全、高效地在复杂轨道中执行物料搬运任务。系统根据接收到的物料搬运任务，合理分配任务、以最快完成任务为原则调度穿梭车及为穿梭车规划路径，提供智能交通管理、控制轨道切换并防止穿梭车相互碰撞，使穿梭车沿规定的路线自动、高效、安全地完成物料搬运任务。系统基于多优先级的任务调度，可实现远端站台优先，能够有效地减少因等候前方穿梭车执行操作而引起的车辆阻塞，能够按任务的紧急程度动态调整任务优先级；基于最短路径的车辆调度，保证任务的高效执行；穿梭车动态分配，保证任务能够得到最快响应，提高车辆利用率，在穿梭车故障时能够使任务顺利转移；基于资源分配策略的智能交通管理保证穿梭车的安全运行。该系统采用软件平台的思想设计，是集路径建模、运行流程建模、系统仿真和系统运行为一体的集成控制系统，能够快速地实现穿梭车工程项目的开发、仿真和部署应用。

（2）创新智能技术装备二：多层智能穿梭车系统

在配送中心等有物料分拣作业的物流系统中，件箱集货是物料分拣前的核心存储环节，配送中心的运行效率、订单分拣的准确性和及时性以及人工劳动强度指标等均与集货环节的设置有直接关系。目前，绝大部分的配送中心还在采用散件置地堆放、托盘置地堆放等人工方式，部分采用了重力式密集存储、MINI-LOAD 自动存储、高架人工分层分拣等自动和半自动形式。随着穿梭车技术的日益成熟和广泛运用，多层智能穿梭车系统开始在针对 B 类物料的集货环节中运用。该技术一方面可适应多品种、多规格的物料存储，另一方面可实现大流量的物料吞吐规模，因此，一经出现，就引起了广泛的注意。

多层智能穿梭车系统由高速穿梭小车（如图 4.26 所示）、轨道系统、存储系统以及高速升降机（如图 4.27 所示）等组成。

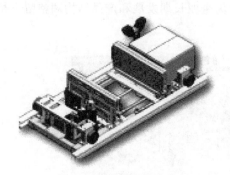

图 4.26　高速穿梭小车　　　　　图 4.27　外围升降机系统

根据系统对能力和存储量的要求，高速穿梭小车可在单层单巷道运行，也可通过其他辅助装置实现多层、多巷道运行。采用推拉式移载机构，可提高物料的移载效率，同时可提高存储空间的利用率。其运行速度高达 400m/min，具有较高的加速度，单层单巷道可实现每小时约 125 个双循环，其物料处理能力可见一斑。

（3）创新智能技术装备三：可循环使用的包装技术

众所周知，中国的整体物流成本占 GDP 的比重远远大于发达国家的水平，其中部分原因在于国内物料包装的循环利用率较低。很多包装材料使用后就成了废弃物，一方面造成极大的资源浪费，另一方面也造成物流成本居高不下，因此，围绕包装材料循环利用的研究和应用正日益引起重视。

可循环使用的包装技术，采用自动层码系统，按照特定的物料码垛垛形，在每层物料之间增加一层隔纸板，在整托盘的底部和顶部，各增加一层塑料盖板以起到物料垛形的支撑和固定作用，在形成整托盘包装后，采用冷拉伸套膜技术，将整托盘套膜固定，使其即便在 45°倾角时也不会变形和散垛，从而使整托盘可以进行远距离装车运输。当整托盘运送到下游生产企业时，直接将整托盘卸货后即可进行自动存储。因此，整托盘联运技术在保证车辆运载率的情况下，大大提高了货物装卸效率。下游生产企业将套膜解开后，进入自动拆垛系统，同时固定包装用的塑料隔板和纸隔板自动进行码垛回收，而物料小盒包装在完成投料生产环节后也通过自动化装备恢复盒皮纸片的状态并进行码垛回收。因此，几乎所有的包装材料均可进行回收并返回到上游企业进行循环利用。

生产案例：

某生产物流系统采用的是智能轨道柔性搬运系统，如图 4.28 所示，该柔性搬运系统连接了供料区、生产机组、存储区及包装区，自动生产包装内盒，并为生产机组提供产品包装内盒，在产品装盒后自动输送到存储区和包装区，一方面该系统的柔性路径可以使搬运效率大大提高，另一方面可以为企业的柔性生产组织提供自动化物流和信息手段，甚至为企业长期发展和产品结构调整留下相应的柔性空间。

图 4.28　智能轨道柔性搬运系统路径图

该系统由物料垛形前处理系统、整形系统、包装辅材随动及码垛系统、层码系统以及冷拉伸膜套膜系统等组成，如图 4.29 所示。对物料的特定垛形形成整托盘码垛及套膜包装，为实现包装辅材的回收循环使用奠定了技术基础，成为绿色物流的重要组成部分。

图 4.29　整托盘包装层码和包装辅材码垛系统示意图

　　包装内盒回收系统可将生产后剩余的包装内盒自动进行盒皮形态的恢复和自动码垛,如图 4.30 所示,使包装内盒可回收到上游企业进行循环使用,其回收状态和码垛方式完全满足上游企业的直接使用要求,从而大大节约了生产成本,减少了中间环节,并使人工劳动强度得到了有效降低。

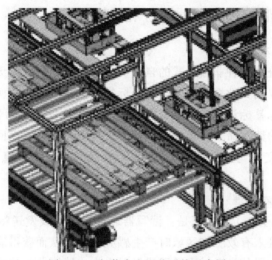

图 4.30　包装内盒回收系统示意图

4.3　智慧物流技术应用实例——物流跟踪技术

4.3.1　物流跟踪技术简介

　　物流跟踪系统作为在线系统,担负着从生产命令接收到产品完成的整个生产过程的优化管理,支撑上级系统运行,为自动化系统及其他系统提供工艺参数及实时数据,同时从上级系统、自动化系统等中获取相应的过程数据。物流跟踪系统接收上级系统的生产计划,实际的产品原料匹配生产计划中的原料信息,接收生产现场各类检测元件信号,完成物料自动移动操作,采集实际的生产数据、设备数据及质量数据,同时将组合好的实时数据按要求上传到上级系统,完成各信息点与上、下级的数据自动交互。经过整个生产流程后,生产出最终的产品,并完成此产品的相关数据收集,形成数据的闭环。

　　目前在物流系统中,与互联网的结构联系最紧密的就是物联网了。物联网虽然与互联网联系紧密,但是物联网是一个独立的系统,且拥有自己的特定结构组成。物联网的核心技术之一就是射频识别技术(RFID)。物联网架构的系统简单来说就是在人与事物或者人与人、事物与事物之间建立属于自己的特色通信系统，这种系统可以将网络化的信息数据传递到生活中来。物联网主要是通过监视和管理技术来实现在物流领域的跟踪，这种作用是基于网络的跟踪记录中心的。研究表明，物联网还涉及许多其他的技术，还需要进行进一步的研究

4.3.2 物流跟踪技术一： RFID 技术

(1) RFID 技术简介

射频识别系统是一种非接触式的自动识别系统，通过射频无线信号自动识别目标对象，并获取相关数据，通常由电子标签、读写器和计算机网络构成。射频识别系统以电子标签标识物体，电子标签通过无线电波与读写器进行数据交换，读写器可将主机的读写命令传送到电子标签，再把电子标签返回的数据传送到主机，主机的数据交换与管理系统负责完成电子标签数据信息的存储、管理和控制。

(2) RFID 基本原理

RFID 系统的基本工作原理是：读写器通过发射天线发送特定频率的射频信号，当电子标签进入有效工作区域时产生感应电流，从而获得能量被激活，使得电子标签将自身编码信息通过内置天线发射出去；读写器的接收天线接收到从标签发送来的调制信号，经天线的调制器传送到读写器信号处理模块，经解调和解码后将有效信息传送到后台主机系统进行相关处理；主机系统根据逻辑运算识别该标签的身份，针对不同的设定做出相应的处理和控制，最终发出信号，控制读写器完成不同的读写操作。

从电子标签到读写器之间的通信和能量感应方式来看，RFID 系统一般可以分为电感耦合（磁耦合）系统和电磁反向散射耦合（电磁场耦合）系统。电感耦合系统通过空间高频交变磁场实现耦合，依据的是电磁感应定律；电磁反向散射耦合系统采用雷达原理模型，发射出去的电磁波碰到目标后反射，同时携带回目标信息，依据的是电磁波的空间传播规律。

电感耦合方式一般适合中、低频率工作的近距离 RFID 系统；电磁反向散射耦合方式一般适合高频、微波工作频率的远距离 RFID 系统。

(3) RFID 工作流程

RFID 系统有基本的工作流程，其一般工作流程如下：

① 读写器通过发射天线发送一定频率的射频信号。

② 当电子标签进入读写器天线的工作区时，电子标签天线产生足够的感应电流，电子标签获得能量被激活。

③ 电子标签将自身信息通过内置天线发送出去。

④ 读写器天线接收到从电子标签发送来的载波信号。

⑤ 读写器天线将载波信号传送到读写器。

⑥ 读写器对接收信号进行解调和解码，然后送到系统高层进行相关处理。

⑦ 系统高层根据逻辑运算判断该电子标签的合法性。

⑧ 系统高层针对不同的设定做出相应处理，发出指令信号，控制执行机构动作。

由工作流程可以看出，RFID 系统利用无线射频方式在读写器和电子标签之间进行非接触双向数据传输，以达到目标识别、数据传输和控制的目的。

（4）RFID 应用举例

基于 RFID 的商品物流跟踪与仓储管理系统是一种不同于传统物流跟踪与仓储管理系统的新生管理系统，其是将新兴的 RFID 无线射频技术融入物流仓储行业的产物。基于 RFID 的商品物流跟踪与仓储管理系统也不是第一个区别于传统条码扫描系统的概念。

1）系统整体设计

商品物流跟踪与仓储管理系统可以分为硬件设置和系统功能两个模块。其中，硬件设置模块可以分为串口选择、波特率设置与读写器功率设置三个小模块，而系统功能模块可以分为商品识别、物流跟踪、商品入库、商品盘点、商品出库以及销售记录六个小模块。具体的系统功能如图 4.31 所示。

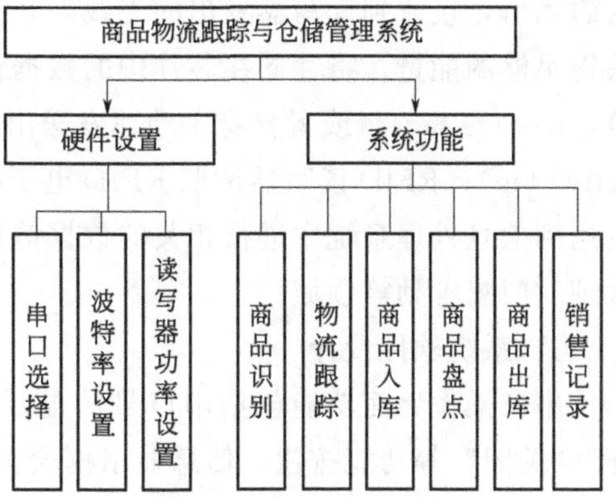

图 4.31　系统功能图

2）系统硬件设计

RFID 技术是一种无线通信技术，该技术能够通过无线电信号识别一些特定的对象，并且能够对其中的信息进行读写操作。无线射频识别技术类似于条形码扫描技术。条形码扫描技术是将已经制作完成的条形码粘贴在确定的物体上，并使用专门的条形码扫描读写器将条形码中的信息读取出来，该读写器读取的信息由光信号来传递。而无线射频识别技术的扫描识别用的是专门开发的 RFID 读写器，使用的标签也是专门制作的、能够附着在物体上面的电子标签，该扫描识别技术是使用频率信号将标签中的信息由标签通过天线传到射频识别读写器中。从结构上来说，无线射频识别技术是一种比较简单的无线系统，由两个基本器件组成。RFID 系统可以用来检测物体、控制物体以及跟踪物体。该系统是由一个询问器和多个应答器组成的。

无线射频识别技术可以不接触对象物品，只通过无线射频信号来识别目标物品的信息，并获取其中的有关数据。该系统工作时不需要人工操控，恶劣的环境不会对其工作造成影响，并且操作方式方便、简单、快捷。RFID 读写器必须与RFID 天线配合才能够正常工作并读取标签中的数据信息。图 4.32 所示为 RFID 在系统中常见的工作流程。

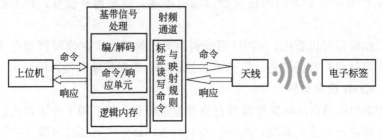

图 4.32 RFID 系统工作图

RFID 读写器工作的基本原理并不复杂：RFID 标签进入 RFID 读写器产生的磁场后，接收到读写器发出的无线射频信号，凭借在标签线圈产生的感应电流获得足够的能量，将存储在芯片中的数据信息发送给读写器（无源标签或被动标签，passive tag），或者自身主动地发送出模-频率的信号（有源标签或主动标签，active tag）；RFID 读写器读取 RFID 电子标签中存储的相关信息，进行解码后，发送到信息处理系统中进行相关的数据信息处理。其主要应用在物流跟踪、仓储管理、门禁考勤等领域。

3）系统软件设计

串口操作界面功能包括串口号的显示和串口波特率的显示，并添加了"打开""关闭"等功能按钮。信息显示框会显示操作过程中的反馈信息，而且在信息框中，可以点击"清空"按钮，对信息框中的信息进行清空操作。商品物流跟踪与仓储管理系统的串口操作界面如图 4.33 所示。

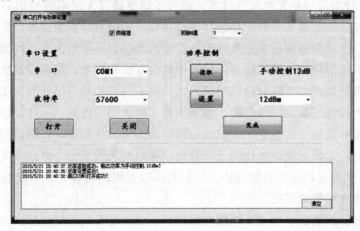

图 4.33 串口操作界面

物流跟踪与仓储管理界面包含的功能主要有"商品识别""物流追踪""入库""盘点""出库""销售记录"等。

物流跟踪是当贴有电子标签的物品进入到物流中转站时，点击记录物流信息，该物品经过的中转站信息就会被记录到数据库中。之后可以在入库、出库中看到物品经过的物流中转站，具体如图 4.34 所示。

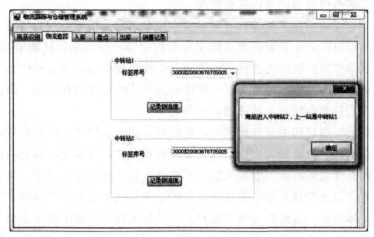

图 4.34　物流跟踪界面

4.3.3　物流跟踪技术二：二维条码技术

(1) 二维条码技术的概念

二维条码又称二维码，主要是指在水平以及垂直方向存储信息的一类条码。常见的二维条码有 QR Code、PDF417、Code 49、Code 16K 等类型。二维条码根据条码的编写原理不同，主要分为线性堆叠式二维码、矩阵式二维码和邮政编码三种类型。相比于一维条形码来说，二维条码具有更加显著的应用优势。在二维条码技术中，每一种条码都有特定的字符集，而每一个字符都会有规定的宽度，并且还另外带有校验功能。除此之外，二维条码技术在应用的过程中还具有信息自动识别以及图像处理功能。二维条码能够准确地显示出中文、英文、数字、符号和图形等不同类型的信息，在应用时具有存储数据量较大的特性，只要仓储管理员进行扫描，就可以直接读取出二维码中的信息数据。与此同时，二维码本身还具有保密性较高的特性，尤其是对于最高安全级别的二维码，就算产生了部分缺损，也可以通过扫描读取完整的信息。不同的二维条码在应用的过程中也具有不同的特征和优势，例如，QR Code 二维码在应用的过程中，具有识别速度较快的特征，并且能够通过不规则的表面进行全方位的识读，可在二维码中存超大的信息量，具体表示为中国汉字的形式；PDF417 条码在应用的过程中，具有较强的纠错能力，即使在条码部分损坏的状况下，还是能够通过扫描将原始的数据信息准确地进行传递，在应用的过程中，具有安全可靠的特性。PDF417条码经常被使用在电子生产厂商的部分元件中。根据不同的物资存储情况，对于条码的类型选择也大不相同，因此，在仓储管理过程中，必须根据物资的形状和大小等，采用合适的二维条码进行编码。

（2）二维条码技术应用的主要作用

传统的一维条码在读取信息时只能够表示数字以及字母等一般信息，但二维条码在展示信息时，不仅能够表示出字母和数字等一般信息，还能够显示图像、声音、指纹等更加广泛的内容信息，同时，二维条码在应用的过程中具有数据存储量较大以及纠错能力强的特征，这种条码能被广泛地应用在保密、盘点、车辆管理等与人们日常生活息息相关的各行各业中。

随着企业发展过程中业务规模的不断拓展，现代仓储作业以及仓库的管理工作十分复杂，通过传统的人工登记以及人工处理方式，根本无法满足当前库存量急剧增长的时代发展特征。如果无法按照准确的数量进行进货登记、货物验收处理、质量登记以及发货处理，就可能引发库存积压或延迟发货等问题，从而降低客户的服务体验感，最终失去市场客户。仓库作为物流管理中最为重要的构成部分，其管理内容涉及仓库资源以及空间的综合利用和优化，合理的库存管理手段以及库存分布结构，有利于库存运作的高效运转。而有效的存货控制和管理手段是确保企业能够按时交货和发货的前提条件，在保障存货、控制质量的同时，只有尽可能地提升存货工作的管理效率，才能符合当前快节奏的物流业务发展模式。条码技术在仓库物流管理中的广泛应用，为解决上述问题提供了可行的渠道。目前，条码技术在我国仓储管理工作中已经得到了广泛的应用，条码可以对应仓库中的每一种货物以及货物摆放的位置，方便仓库管理人员定期对仓库区域进行盘存和位置的调整，同时，也能够大幅降低传统人工盘货记录方式下带来的错误率，通过条码技术进行库存管理基本上能够将盘货的错误率降为零，同时，还能在短时间内快速采集仓库中有关货物存储的大量数据信息。条码技术在库存管理中的具体应用主要是将仓库视为若干个库房，而每个库房中又分有不同的库位，以此来确认不同货物的存货空间位置。按照仓库的库位记录仓库货物的库存状态，在产品入库时，就需要将表示产品库位的条码号与产品的条码号进行统一对应，然后在入库系统中进行采集入库处理，与之相对应的货物的出库、移库以及盘库数据等都采用同样的方式，这种条码技术的应用，也使仓库管理人员在盘货时对仓库货物的库存状况以及库存位置更加明确。

（3）基于条码技术的现代仓储管理系统设计方案

在仓储管理的过程中，应用编码以及条码技术能够对仓库中的物资进行信息编码，同时也为后台中心系统进行数据处理提供了有效的数据支持。条码技术本身并不是一套完整的系统,而是一种有利的识别工具,这种工具能够作为仓储管理系统的准确数据来源,并且能将仓库中不同的数据信息设计成独有的形式,为仓储管理过程中数据的项目管理提供清晰和简单的定义。仓储管理系统在物流管理工作中占据十分重要的地位,仓储管理系统主要包含仓储系统的整体布局设计、库存最优控制方案、仓储作业的操作三个部分。

目前,仓储管理系统在我国物流管理中的应用主要可以分为三大类。第一类是能够实现典型配送中心业务的应用系统,这种仓储管理系统被应用于销售物流中。第二类是以仓储作业技术的整合为主要目标的仓储管理系统,该系统的主要功能就是解决采用各种类型自动化设备的信息系统之间的数据整合与优化问题。第三类是以仓储业的经营决策以及未来的战略规划为重点的应用系统。这种仓储系统的鲜明特征就是具有更加灵活的计费方式,能够准确且快速地核算,并且更好地满足大客户的仓储管理需求。

仓储管理系统的应用能够大幅度提升企业仓库的运作效率。首先,仓储管理系统能够实现对仓储货物的实时控制:该系统可以通过条码自动识别技术实现对货物状态的无纸化记录以及信息控制,同时,还能够随时统计库存状况,并对仓库现有的人力资源进行合理调配,确保仓库货物能够准时交付。其次,仓储管理系统能够实现配送作业完成最优化:作业完成系统会根据任务规划安排工作流程以及工作任务,这些工作任务甚至精细到了能够实现按照收货以及拣货量自动补货、系统指引上架拣货、货物包装、同区域订单合并以及循环盘点。第三,仓储管理系统能够有效地将仓库空间利用起来,实现仓库内部货物的随机储存以及对空间的合理应用,切实地提升仓库内部的空间利用效率。第四,仓储管理系统还能够建立起联动式的信息共享平台,在系统中能够将货物供应商、货主以及客户三方连接起来,通过信息的交互共享,建立供应商战略联盟伙伴关系,最终实现共赢。有关资料统计显示,采用仓储管理系统后的仓库配送能力相比于传统的仓库管理模式来说效率提高了20%以上,同时,库存管理以及发货的正确率都超过了99%。

1)物资信息编码

物资编码主要是将物资按照不同的内容进行分类,并且对物资进行有序地排列,利用简单的文字、符号或者字母代替物品的名称、类别以及关于物品的其他相关参数。物资信息编码是物资仓储管理系统实现功能最为基础的环节。在这一环节中,要对仓库中的物资进行统一编码,并且利用基层的物资仓储管理系统,能有效地提升仓库内物资信息的准确性,提升仓储系统信息录入的效率以及质量,为仓储信息后期的核查提供便捷。在对仓库中的物资进行编码的过程中,必须要遵循三条基本原则:必须要考虑在仓储管理过程中对不同物资的精细化分类;对录入的信息类型进行选择;考虑以上两种信息在管理系统不同环节的功能实现问题。信息编码的过程其实就是在仓库内收集信息以及整理信息的重要过程，在编码技术中，常用的分类方法主要有线分类法、面分类法以及混合分类法等，这些分类方法目前在仓储管理系统的信息编码中已经发展较成熟，在应用的过程中，需要根据不同制造企业物资存储的实际状况，结合不同的物资存储类型，选择更加合适的信息编码技术。

2）业务功能模块设计

无线条码仓储管理系统的硬件系统包括扫描设备、无线数据传输设备、个人计算机、后台服务器和条码打印设备等，而管理系统的软件系统主要是指一套较为完整的条码仓储管理系统，除此之外，还包括扫描仪器的应用系统以及与其他服务类型接口的系统，如扫描枪接口服务系统、物资管理系统、接口服务系统等。无线条码仓储管理系统能够与物资管理系统的接口对接，完成仓库的存储管理服务功能，在应用的过程中，能够实现对仓储数据的双向同步传输。

3）物资入库环节的条码管理系统设置

当仓库的物资到货时，可以根据采购的订单以及其他凭证在系统中录入物资的名称、规格型号、到货时间等，并且制作成相应的物资标签。与此同时，还可以将入库物资的其他相关信息，如供应商的名称、物资的出厂日期、采购日期等输入到物资管理系统的采购收货模块中。当仓储管理员对货物进行扫描验收后，就需要根据不同货物的信息明细，打印出相应的二维条码，并且粘贴在物资上，仓储保管人员用扫描设备扫描物资的不同条码，并且根据扫描条码得到的物资存储位置信息，在系统中自动生成入库单并上传到无线条码仓储管理系统中，最终完成货物的入库流程。

4）货物的出库管理

当仓库中的货物需要出库时，首先无线条码仓储管理系统可以通过接口服务器得到仓库中货物的发货通知单，然后按照通知单，结合使用单位提出的其他需求，以及目前仓库中该物资的存储状况进行配货工作，最终将已经确定的供货物资的精细化信息发送到扫描枪的接口服务系统中，这时仓库管理员就可以根据扫描枪系统中存在的待出库物资的存储位置以及库存数量对货物的条码进行二次扫描，完成物资的下架工作，至此，也就完成了物资的配置出库流程。在物资出库的过程中，不仅要对物资上现有的二维码进行扫描，同时还必须及时地更新物资在仓库的存储状况，尤其是在物资出库交接的过程中，使用单位的仓储管理员必须要现场收货，根据扫描设备的准确信息，核对出库数量是否与现场货物的数量一致，确认无误才能最终完成出库流程。

5）物资的盘点查询

在对物资进行盘点查询的过程中，首先必须要在无线条码仓储管理系统中，按照仓库的不同区域位置以及所要盘点的物资种类制作相应的盘点规划内容，计划设置完成后，扫描设备系统就可以通过接口服务自动获得待盘点物资的详细信息，库存管理员就可以按照扫描设备指示的待盘点物资的库存位置以及现有的货物数量，对物资的条码进行扫描，完成盘点工作后需要将盘点信息录入并且上传到无线条码仓储管理系统，然后与系统中原有的数据进行比较，最终生成盘点单。

4.4　智慧物流系统的构建及仿真

4.4.1　基于 Petri 网的物流系统建模

(1) 物流配送流程概述

一般情况下，物流配送系统的业务流程主要包括订单处理作业环节、拣货作业环节、分货作业环节、送货作业环节。具体来说，主要包括备货、存储、订单处理、流通加工、分拣配货、配载、运送、送达服务、车辆回程等基本功能要素。在物流配送业务中，配送作业的具体工作步骤是：配送管理部门接收到用户订单之后，工作人员会对订单进行分析处理，如审核用户信誉度、核查订单是否合格等，然后会将订单信息传给运输部门和仓储部门，车辆调度和分拣配货同时进行，具体流程如图 4.35 所示。

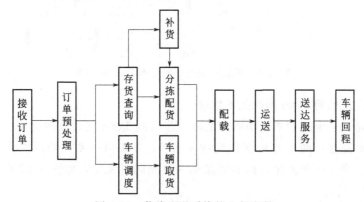

图 4.35　物流配送系统的业务流程

(2) 系统的基本 Petri 网模型

在配送系统中，车辆与货物同时准备就绪，才能保证整个配送流程的顺利进行，尽可能最大化系统性能。为了清楚描述车辆取货与分拣配货过程的并发同步性质，建立物流配送系统的 Petri 网模型，如图 4.36 所示，其中各变迁所表示的事件的含义见表 4.1。

表 4.1   模型中主要变迁和库所的含义

符号	含义	符号	含义	符号	含义	符号	含义
t_1	接收订单	t_4	补货	t_7	车辆取货	t_{10}	送达
t_2	处理订单	t_5	分拣配货	t_8	配载	t_{11}	车辆回程
t_3	查询库存	t_6	车辆调度	t_9	运送	t_{12}	无需补货
p_1	初始状态	p_5	准备分拣配货	p_{10}	配载完成	t_{13}	确认库存
p_2	接收订单成功	p_6	分拣配货完成	p_{11}	运送完成	t_c	控制变迁
p_1/p_2	订单处理完成	p_8	车辆调度完成	p_{12}	送达过程完成	p_{c1}	准备控制状态
p_4	库存查询完成	p_9	车辆取货完成	p_{13}	车辆返回完成	p_{c2}/p_{c1}	控制结束状态

如图 4.36 所示，该模型中包含库所、变迁、弧等，因此，若将系统的每个功能环节进一步细化，系统将变得非常庞大而难以分析。

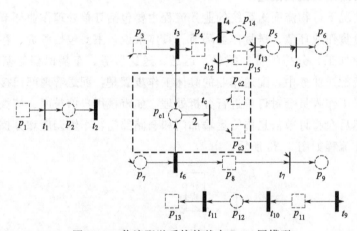

图 4.36   物流配送系统的基本 Petri 网模型

(3) 同步时间 Petri 网模型的优势

下面通过一个例子来说明所定义的同步时间 Petri 网模型的优势。首先给出问题的简单描述：两个并行事件流程 a 和 b，分别由一系列顺序发生的事件构成，其中 a 和 b 同步发生，即需要在某一时刻同时发生，如图 4.37 所示，假设 a 和 b 必然发生。

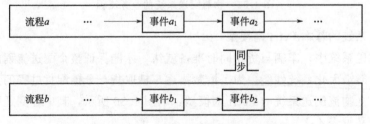

图 4.37   实例：并行事件流程中的事件同步

（4）基于 OOPN 的冷链物流追溯系统建模

1）冷链物流追溯系统业务流程分析

冷链物流涉及冷链产品的生产、贮存、运输、销售、到消费者手中的各个环节，流程众多，是一项大规模的、复杂的系统工程。其中最重要的两个环节是运输和贮存，在这两个环节中均起重要作用的无疑是冷链物流企业。因此，构建的冷链物流追溯系统主要关注冷链物流企业在冷链产品流通中的业务流程，对业务流程进行模块化划分，将各个模块看作一个对象的子网模型，再考虑各个对象间的信息传递建立冷链物流追溯系统的 OOPN 模型。

冷链物流企业的业务流程有：业务部门接收冷链托运单，评估通过后提交给运输部门；运输部门进行冷链运输设备的调度，上门揽货，对验收合格的冷链产品进行全程冷链运输，并将产生的监测数据传递给冷链追溯平台，入库预约信息传递给内部或外部的仓储部门；仓储部门做入库准备，验收合格后入实时监控的冷藏库并形成下次运输的单据，将监测数据传递给冷链追溯平台，运输单传递给运输部门。

根据业务流程分析及其发生的先后顺序，冷链物流追溯系统可抽象出六个对象：外部系统对象 O_1，冷链物流企业的业务部门对象 O_2，冷链物流企业的运输部门对象 O_3，冷链物流企业的仓储部门对象 O_4，冷链追溯平台对象 O_5，外部系统仓储部门对象 O_6。

2）冷链物流追溯系统 OOPN 模型

根据业务流程以及抽象出的对象，可建立冷链物流追溯系统 OOPN 模型，如图 4.38 所示。该模型赋予冷链物流企业运输部门和仓储部门更多的责任——在冷链产品运输或存储前进行验收。不仅要保证冷链产品流通量的一致性，还要保证冷链产品流转到该环节仍处于冷链状态，且之前的流转过程中不存在"断链"现象。这种层层追溯排查的机制有助于及时发现冷链异常情况并及时解决，

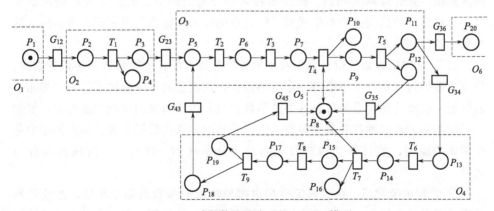

图 4.38　冷链物流追溯系统 OOPN 模型

降低"断链"风险和经济损失。

图 4.38 中，库所元素代表的含义为：P_1—外部系统发来的冷链托运单；P_2—业务部门接收的冷链托运单；P_3—承接的冷链托运单；P_4—未承接的冷链托运单；P_5—运输部门接收到的运输单；P_6—冷链设备调度完成；P_7—揽收到的货物；P_8—冷链追溯信息；P_9—合格的货物；P_{10}—不合格的货物；P_{11}—入库预约单；P_{12}—监测数据；P_{13}—仓储部门接收到的入库预约单；P_{14}—收到的货物；P_{15}—合格的货物；P_{16}—不合格的货物；P_{17}—在库的冷链货物；P_{18}—运输单；P_{19}—监测数据；P_{20}—外部系统接收到的入库预约信息。变迁元素代表的含义为：T_1—托运单承接评估；T_2—冷链运输设备（冷藏车、冷藏箱、冷链航空等）调度；T_3—揽收；T_4—验收；T_5—全程冷链运输/监测；T_6—入库准备；T_7—验收；T_8—入库存储/暂存；T_9—冷藏库实时监测/编制运输单。部门变迁代表的含义为：G_{12}—外部系统将托运单发送给冷链物流系统的业务部门；G_{23}—业务部门将承接的订单发送给运输部门；G_{34}—运输部门将入库预约单发送给仓储部门；G_{43}—仓储部门将运输单发送给运输部门；G_{36}—运输部门将入库预约单发送给外部系统；G_{35}—运输部门将监测数据发送给冷链追溯平台；G_{45}—仓储部门将监测数据发送给冷链追溯平台。

4.4.2　基于 FlexSim 的物流系统仿真

(1) 物流系统仿真的步骤

物流系统可分为连续系统和离散事件系统，连续系统的仿真和离散事件系统的仿真是相似的，它们都包括确定仿真目标、信息数据收集、物流系统建模、选择仿真算法、建立仿真模型、确认检验模型、运行仿真模型等。

① 确定仿真目标　同一个物流系统可以有多个仿真目标，所以需要确定最想要的是哪一个仿真目标。比如，针对同一个物流配送中心，可以分析很多种不同的问题，如管理调度问题、配送流程人员分配问题等。管理者关心的问题不同，虽然建立的是同一个系统模型，但设定的输入和输出变量不同，得出的目标结果也是不同的。

② 信息数据收集　信息数据收集的对象是基于仿真建模需要而必备的数据。仿真建模的过程是一个不断循序渐进的过程，在建模的每个阶段都需要收集相关的数据。收集的物流系统数据的种类和数量与所仿真对象的复杂程度有关，复杂的系统相应的数据种类和数量往往是数以千计的。这些数据还包括仿真模型中各类实体的属性，如订单到达时间间隔及其分布规律、处理工作时间及其分布规律。

③ 物流系统建模　仿真系统模型由模型和模型参数两部分组成。系统模型的形式可以是多样的，有文字表述型、流程图型、数学符号型。离散事件系统最

常用的是建立仿真系统的流程图模型，常称为流程模型。

④ 选择仿真算法　离散事件系统的模型往往不能用某种规范的形式写出，通常采用流程图或者网络图的形式定义实体在系统中的各种活动，采用何种方式建立起系统各类实体之间的整体逻辑联系，是离散事件系统仿真系统建模的重要内容。

⑤ 建立仿真模型　建立系统模型仅仅是对系统的抽象化描述，是管理者对系统逐渐了解的必经过程，但是这些模型只能被人脑所接受和理解，不能在电脑上实践运行，因此需要进一步建立电脑可运行的仿真模型。仿真模型其实就是将系统模型实现规范化和可执行化的过程。

⑥ 确认检验模型　这个环节是对建立的仿真模型进行验证，保证使用仿真软件建立的系统模型能够尽可能真实准确地反映目标系统模型。模型的验证标准为检验所建立的物流仿真模型能否为可执行的模型。

（2）物流系统仿真实例

按照规划设计，某企业生产车间要加工生产 4 种类型的产品，上述 4 种类型的产品分别由 4 台特定的机床加工，所有的产品加工完成后，都送到一个共有的检测台上进行质量检测，质量合格的产品送到下一车间，质量不合格的产品则送回相应的机床设备进行再加工。

通过收集材料，系统数据为：平均每 3s 到达一个产品，到达间隔时间服从指数分布；产品平均加工时间 10s，加工时间服从指数分布；产品检测固定时间为 5s；产品合格率为 90%；暂存区容量为 5000；仿真时间为 10000s。

① 构建模型布局并定义物流流程　根据仿真需要构建如图 4.39 所示的仿真

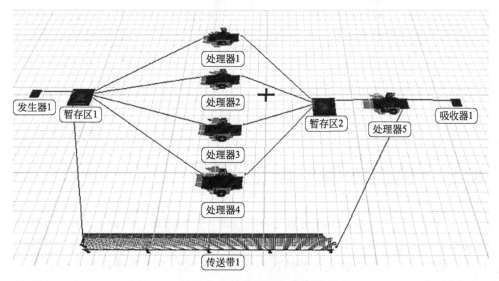

图 4.39　物流系统仿真模型

模型，固定实体之间用 A 键连接，移动实体与固定实体用 S 键连接。首先连接发生器 1 到对应的暂存区 1，然后连接暂存区 1 到后面的 4 个处理器，再连接 4 个处理器到后面的暂存区 2，连接暂存区 2 到后面的处理器 5，连接处理器 5 到吸收器 1 和传送带 1，再连接传送带 1 到暂存区 1。

② 设置对象参数　根据实体的特性要求设置不同实体的参数。首先设置发生器 1 的参数，打开发生器 1 的属性对话框窗口。在"发生器"选项卡中，设置到达时间间隔，选择"exponential(0,3,1)"进行时间设置。另外设置实体类型和颜色为"duniform(1,4)"。处理器 1 到处理器 4 的设置相同，将加工时间设置为 10s。处理器 5 设置：将处理器"加工时间"设置为 5s，选择"临时实体流"选项卡，单击"发送至端口"后的按钮，再选择"随机端口"，在选项组中选择按百分比设置。

③ 运行仿真并优化　运行上述物流仿真模型并查看仿真结果，从结果看出产品检验设备即处理器 5 始终处于高负荷运转状态，利用率非常高，但是处理时间受到限制，存在整个系统窝工现象，可以增加 1 台产品检验设备，承担产品检验作业。优化后，第一个产品检验设备即处理器 5 的利用率如图 4.40 所示。

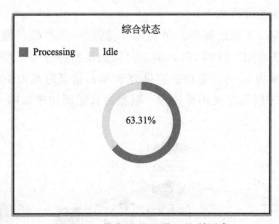

图 4.40　优化后处理器 5 的利用率

4.5　仿真案例应用及分析

在智能工厂中，生产系统仿真是方案设计、产线布局、产品工艺和物流优化等诸多方面必不可少的重要环节，是避免过度投资的有效途径之一。对于智能工厂生产物流系统而言，物流任务的执行需在众多可行方案中选择最为合适的一个，通过仿真对物流方案进行实时预设计，全面模拟工作环境，综合考虑工作过程中的影响因素，评估资源配置的合理性，实现物流方案规划的经济性和时效性。本节基于前面的分析和研究，以 H 电气公司为对象，通过 FlexSim 对其生产物流系统进行部署，将经验原则与优化模型算法和模拟仿真结合，提高物流方案的可靠性，实现物流系统规划的可预见性。

4.5.1 仿真资源与仿真环境

(1) 仿真实例对象

生产物流系统实例仿真以 H 电气公司为建模原型。H 公司共有 6 个制造车间和 1 个总仓库，所有车间均部署有传感器系统，智能 AGV 小车共有 29 辆，车间成品经 AGV 小车运输至仓库，其车间布局如图 4.41 所示。

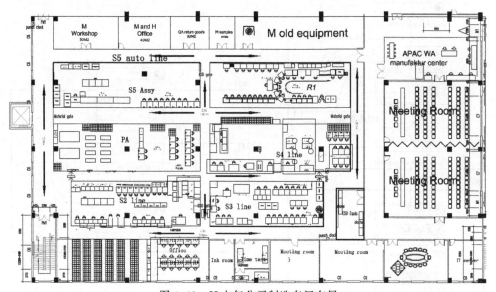

图 4.41　H 电气公司制造车间布局

(2) 仿真环境

仿真建模环境为 AMDRyzen5 1600 Six-Core Processor @ 3.2GHZ，RAM 为 8GB，操作平台为 Windows 10 专业工作站版 64 位系统。

4.5.2 生产物流系统仿真过程

(1) 运行逻辑设计

本模型将"VRP❶＋避碰"工艺流程作为 AGV 的控制逻辑之一，主要包括

---

❶　VRP（vehide routing problem）即车辆路径规划问题。

任务再规划的控制工艺流程和 AGV 路口避碰的工艺流程，通过工艺流程即可完成 AGV 在行驶过程中的任务再规划和路口避碰。

图 4.42(a) 所示为 AGV 任务再规划的工艺流程。首先工位点向 AGV 发布需求信息，可利用的 AGV 将接受该任务，行驶至需求工位点，再向工位点获取装载资源，进而执行装载触发，装载触发机制如图 4.43 所示，装载完即向目的地行驶，过程中同时检测是否有新的工位点发布需求信息，如果 AGV 能满足需求信息则接受该任务，同时执行消息触发机制，新需求点发送消息，消息触发机制如图 4.44 所示，若不能满足新任务需求则继续执行当前任务，在向目的地行驶过程中可继续检测新任务信息的发布情况。在 AGV 的当前任务结束后，等待检测是否有可继续执行的新任务，若没有，则 AGV 完成一个循环的工艺流程。

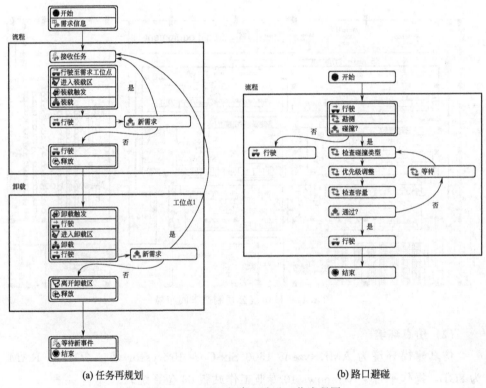

(a) 任务再规划　　　　　　　　　(b) 路口避碰

图 4.42　VRP 和路口避碰工艺流程图

图 4.42(b) 所示为 AGV 路口避碰的工艺流程。AGV 在通过有交叉节点的路口时，首先系统根据行驶信息勘测 AGV 行至交叉路口的碰撞情况，若不会发生碰撞，则直接通过当前路口，若勘测到有碰撞发生，则先判断即将发生碰撞的类型，再执行动态优先级调整流程和路径剩余容量检测流程，经以上流程综合判断 AGV 是否可通过当前路口，若不能通过则继续执行路口勘测流程，直至

AGV通过该路口，则完成一个循环的路口避碰工艺流程。

工艺流程与三维仿真模型的连接能有效减少实体控制以及规则设计的繁琐过程，能直观地展示出实体的工艺过程和运行逻辑，且条理清晰。

```
AGV - OnLoad
 1 /**Custom Code*/
 2 Object item = param(1);
 3 Object current = ownerobject(c);
 4 Object station = param(2);
 5 treenode que1=node("/que1",model());
 6 treenode que2=node("/que2",model());
 7 treenode que3=node("/que3",model());
 8 treenode que4=node("/que4",model());
 9 treenode que5=node("/que5",model());
10 treenodearray que=makearray(5);//创建一个长度为5的数组
11 fillarray(que,que1,que2,que3,que4,que5);//写入数组中的五个元素
12 int nextque=getlabel(currnet,"nextque");
13 if(content(current)==6)
14 {
15     treenode ts=createemptytasksequence(current,1,0);
16     for(int i=1;i<=5;i++)
17     {
18         if(getprocessflowvar==i)
19         {
20             inserttask(ts,TASKTYPE_TRAVEL,que[i],NULL);
21             for(int j=2;j<=6;j++)
22             {
23                 treenode item=rank(current,j);
24                 inserttask(ts,TASKTYPE_FRUNLOAD,item,que[i]);
25             }
26         }
27     }
28     dispatchtasksequence(ts);
29 }
```

图4.43　AGV装载触发机制代码模块图

(2) AGV 导航器编译

AGV导航器即FlexSim中的AStar模块，也可称为A*模块，通过实体内部的导航算法，为模型中任务执行器的行驶提供优化。为提高模型导航模块的精准性和完善AGV的"交流"机制，在导航器的内部新增代码，如图4.45所示，主要用于增强AGV路径规划功能的稳定性和在交叉路口避碰的决策可靠性。

4.5.3　数据管理与监测设计

为获取模型中AGV的实时行驶数据和保存、提取模型数据，创建仿真模型与SQL Server数据库连接的代码模块。为打通不同数据库之间的"沟通"渠道，以实现AGV数据的流通及可见，本模型采用开放数据库连接AGVRun数据源

113

和 FlexSim 数据源。

```
AGV - OnMessage
1  /**Custom Code*/
2  Object current = ownerobject(c);
3  int msgtype=msgparam(1);
4  if(msgtype==1)
5  {
6      treenode box=msgsendingobject();
7      treenode ts=createemptytasksequence(current,0,0);
8      inserttask(ts,TASKTYPE_TRAVEL,centerobject(current,1),NULL);
9      inserttask(ts,TASKTYPE_DELAY,NULL,NULL,1,STATE_BUSY);
10     inserttask(ts,TASKTYPE_FRLOAD,box,centerobject(current,1));
11     dispatchtasksequence(ts);
12 }
13 if(msgtype==2)
14 {
15 treenode item=msgsendingobject();
16 treenode ts=createemptytasksequence(current,0,0);
17 inserttask(ts,TASKTYPE_DELAY,NULL,NULL,5,STATE_BUSY);
18 inserttask(ts,TASKTYPE_FRLOAD,item,centerobject(current,2));
19 dispatchtasksequence(ts);
20 }
21 if(msgtype==3)
22 {
23 treenode item=msgsendingobject();
24 treenode ts=createemptytasksequence(current,0,0);
25 inserttask(ts,TASKTYPE_TRAVEL,centerobject(current,3),NULL);
26 inserttask(ts,TASKTYPE_DELAY,NULL,NULL,5,STATE_BUSY);
27 inserttask(ts,TASKTYPE_FRLOAD,item,centerobject(current,3));
28 dispatchtasksequence(ts);
29 }if(msgtype==4)
30 {
31 treenode item=msgsendingobject();
32 treenode ts=createemptytasksequence(current,0,0);
```

图 4.44　AGV 消息触发机制代码模块图

```
Navigator for collision - OnMessage
310     switch (FUNC)
311     {
312     case 1:absbound = 100.0; break;
313     case 2:absbound = 10.0; break;
314     case 3:absbound = 100.0; break;
315     case 4:absbound = 100.0; break;
316     case 5:absbound = 30.0; break;
317     case 6:absbound = 100.0; break;
318     case 7:absbound = 1.28; break;
319     case 8:absbound = 500.0; break;
320     case 9:absbound = 5.12; break;
321     case 10:absbound = 32.0; break;
322     default:
323         break;
324     }
325     vmax = absbound*0.15;
326     for (w_change_method = 1; w_change_method <= 4; w_change_method++) {
327         for (j = 0; j < 100; j++) {
328             initialize();
329             evaluate(FUNC);
330             for (int i = 0; i < MAXINTERATION; i++) {
331                 update(i, w_change_method);
332                 evaluate(FUNC);
333                 fit();
334             }
335             double evalue = evalfunc(gBest);
336             if (evalue == 0) {
337                 j--;
```

图 4.45　AGV 导航器代码图

在 SQL Server 中建立 AGVinfo 数据库和 AGVRun 数据表，在数据表中建立统计表，表中包括 AGV 的名称、AGV 通过的路径控制点、模型时间点和 AGV 实时的装载状态。

在仿真模型中，为实现 AGV 工作过程的监测，对 AGV 路径网络的属性进行编码设计，实现对模型中 AGV 状态的实时监控，即通过开放数据库连接实现 FlexSim 与 SQL Server 的数据连接，并对数据进行管理，连接代码如图 4.46 所示。

```
AGVNetwork - Way Point Logic
1
2 /**Custom Code*/
3 Object agv = param(1);
4 Object currentCP = param(2);
5 string agvname = getnodename(agv);
6 string cpname = getnodename(currentCP);
7 double datetime = time();
8 string state;
9 //读取AGV的实时状态
10 int state_num = getstatenum(agv);//以数字形式返回agv的状态
11 switch(state_num)
12 {
13     case 1:state = "IDLE";break;
14     case 4:state = "BLOCKED";break;
15     case 14:state = "travel empty";break;
16     case 15:state = "travel load";break;
17     case 16:state = "offset travel empty";break;
18     case 17:state = "offset travel load";break;
19 }
20 //更新数据库
21 string queryupdate ;
22 if(agvname == "AGV1")
23 {//将agv所有状态的字符组合成字符串并返回
24     queryupdate = concat("UPDATE AGVrun SET cpname='",cpname,"
25 }
26 dbopen("AGVRun","SELECT * FROM AGVrun",0);//选择flexsim脚本模式
27 dbsqlquery(queryupdate);//数据写入SQL AGVCTL数据表中
28 dbclose();//关闭DBOC数据库
29 //更新全局表
30 if(agvname=="AGV1")
31 {
```

图 4.46　FlexSim 与 SQL 连接代码图

仿真模型与数据库的打通，可以实现仿真模型中 AGV 的运行数据实时显示在 SQL 数据表中，可以实现仿真过程中对 AGV 位置和状态的监测。

4.5.4　仿真结果对比分析

仿真模型运行时间设置为 H 公司单个工作日的工作时长 8h，即 28800s，模型预热时间设置为 2880s。为减少仿真偏差与提高仿真结果的可靠程度，通过实

验器对模型进行快速仿真，仿真次数为 18 次，如图 4.47 所示，同时进行 AGV 优化前后的效果评估，即体现运行逻辑设计的有效性与优越性。

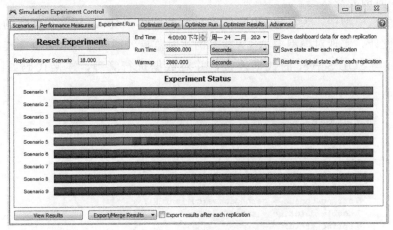

图 4.47　实验器仿真运行图

模型的统计结果如图 4.48 所示，主要对模型中 AGV 各自选取最稳定的一次导航器优化后数据进行综合计算后统计，包括对 AGV 利用率、AGV 行驶过程数据以及 AGV 导航器预测散点数据进行统计。

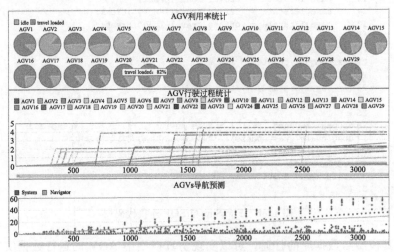

图 4.48　Dashboard 模块综合数据统计图

参 考 文 献

[1]　张红丽.数控机床自动上下料装备技术发展现状及分析 [J].中国高新科技，2022.

[2]　郑泽钿，陈银清，林文强，等.工业机器人上下料技术及数控车床加工技术组合应用研究 [J].组合

机床与自动化加工技术，2013.

［3］　李大伟. 冲压机床自动下料系统结构设计与实现［J］. 工业控制计算机，2021.

［4］　王厚英，张清辰，蓝春枫. 基于 PLC 的工业机器人自动生产线实训设备系统的设计［J］. 装备制造技术，2022.

［5］　张颖川. 数字化技术驱动智慧物流提速——2021 全球物流技术大会侧记［J］. 物流技术与应用，2021.

［6］　方泳，吴超，易曲峰. 创新智慧物流技术装备——实现柔性化绿色制造［J］. 制造业自动化，2013.

［7］　王响雷.5G 时代的智慧物流发展与物流技术变革［J］. 物流技术与应用，2021.

［8］　宿彭伟，吕俊瑞，冯驰，等. 基于 TCP Socket 通信在物流跟踪系统的应用研究［J］. 信息与电脑（理论版），2021.

［9］　严盈盈. 基于物联网技术的储运物流信息实时跟踪系统［J］. 中国储运，2021.

［10］　张旭，崔涛. 基于条码技术的现代仓储管理系统设计［J］. 数字通信世界，2022.

［11］　曹炯清. 一种基于 Petri 网的物流配送系统建模方法［J］. 物流技术，2014.

［12］　王娟，秦江涛. 基于面向对象 Petri 网的冷链物流追溯系统建模研究［J］. 经济研究导刊，2021.

［13］　周晓杰.FlexSim 软件在物流系统仿真中的应用［J］. 无线互联科技，2022.

［14］　朱智鹏. 智能工厂生产物流优化研究［D］. 绵阳：西南科技大学，2020.

第**5**章

产线系统智能感知与动态监控技术

5.1 产线智能感知系统整体设计

5.1.1 产线数据实时采集系统框架设计

生产车间产线既有大量智能化设备，也有大量人工工位，当前任何一种数据采集方式都不可能覆盖车间所有数据类型采集，因此生产车间产线必定采用多种数据采集综合使用的方式。在进行数据采集系统需求分析时，还需遵循一些原则，以保证车间数据的成功采集，为车间管理提供有效基础数据，实时采集系统框架设计方案如图5.1所示。

基于实时监控系统体系架构及车间数据的多源异构性规划以下数据采集方式。

（1）RFID 数据采集

采用 RFID 技术，利用 RFID 可读可写、信息准确的特性及以序列号采集的形式进行车间物流、物料供应管理及生产制造和装配管理（如刀具管理、设备智能诊断、产线混线生产管理）。实现的方式为：在数据采集的工位安装 RFID 读取装置，并在人员、物料、刀具、工装设备上绑定 RFID 电子标签，通过 PLC 或者板卡的形式连接到自动化工位的控制系统中，实现车间以序列号替代工序卡片来管理生产。在 RFID 数据采集基础上，建立成品追溯体系，以唯一的 RFID 编码形成零部件与产品的一一对应关系，进行产品的追踪溯源。与此同时，RFID 具有无线、实时、简单直接的特性，是当前发展物联网的主推技术，利用

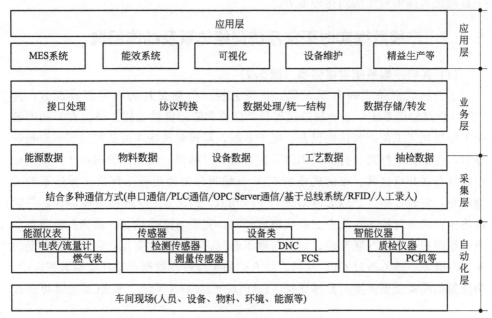

图 5.1　实时采集系统框架设计方案

此技术在生产车间形成一套车间级物联网，以支持车间实现数字化升级。

(2) PLC 数据采集

在生产车间中，使用 PLC 的工位占大多数，可以利用这一特性进行车间数据的有效采集。通过 PLC 采集数据有两种方式：使用 PLC 主机或者子模块作为可提供多种接口（如 RS-232/RS-485、RJ45、WI-FI）的网关，与数控机床或者其他设备所提供的多类型接口进行通信，采集出机床及其他设备内部的加工数据或加工日志（如机床加工时间、主轴转速、试漏数据、拧紧力矩值），上传至车间数据库；将 PLC 主机及 PLC 子模块（如模拟量模块、数字量模块）所提供的 I/O 口作为数据采集的接口，并在离散车间非智能化设备或者不易数据采集的位置安装特定的智能传感器，直接接入或者通过变送器间接接入到 PLC 的 I/O 位置进行数据采集，而这一数据采集方式可对智能设备本身无法实现采集的数据进行进一步采集与补足。

(3) 人工辅助采集方式

在车间一些人工工位（如发动机装配工位、整理线）和半自动化工位（如缸体衬套压装工位）无法配置自动化信息采集设备且 RFID 也无法进行物流信息采集的情况下，可以使用条码扫描仪、手机上报、人工填表、手持终端等来采集车间生产过程状态信息、人员信息、单号信息等。虽然手工采集的方式实时性差，但作为车间数据采集的辅助方式降低了车间数据采集的成本投入，且很好地弥补了自动化数据采集无法到达的地方。

5.1.2 产线数据实时采集系统网络体系及结构组成

(1) 实时采集系统网络体系 (图 5.2)

工业物联网是实现数据采集、状态监控、信息交互的必要组成部分，为 CPS（信息物理系统）生产制造过程自动监测和管控提供支撑。通过在车间的各个工序级加工工位配置读码设备、电子看板，实现对现场质量数据的实时采集和显示，在需要进行激光打标的工序，配置激光打标机，使工件标识在生产全流程中始终存在并可追溯。车间现场的 PLC 可编程控制器是整个网络支撑体系的关键枢纽，它通过串口、以太网口融合 Profibus、Profinet 等现场总线协议，并通过将生产线布置的多台工业交换机组成环网，实现与读码设备、激光打标设备以及现场制造设备的互联互通，以及与电子看板进行数据的交互，同时完成数据的采集和处理，然后通过 OPC 接口，将有效的生产过程数据存储在质量数据库中，为质量追溯系统提供实时数据支持。ERP 系统、MES 系统、SCM 系统等可通过

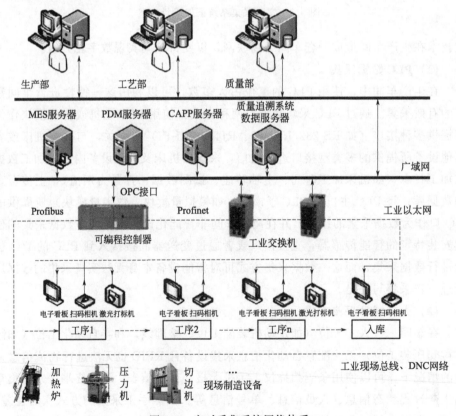

图 5.2　实时采集系统网络体系

调取质量数据库中的相关数据来完善各自系统中的内容，为企业的产品资源管理、供应链管理、零件的设计和优化、生产和管控提供数据支持。数据采集系统应具有良好的兼容性和通用性，所以，完善的采集网络架构是数据采集的基础，保障车间内数据流的畅通。

（2）采集系统结构组成

数据智能实时采集系统由三部分组成，包括设备端、采集端和分析端。组成结构如图 5.3 所示。

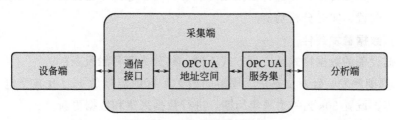

图 5.3　采集系统结构组成

① 设备端　设备端主要完成系统与数据源之间的原始数据采集，根据现场硬件设备的通信接口实现与采集端之间的数据交换功能。

② 采集端　采集端是整个数据采集系统的中间层，其核心功能是数据接收、格式转换、打包封装和向 OPC UA 服务器地址空间映射。数据接收模块需要接收和处理来自生产线所有硬件设备的数据，并根据业务需求完成配置工作，将采集的数据统一转换成标准格式，再通过数据库访问技术、OPC 技术、XML 技术、Socket 网络技术等完成数据的封装，最后映射至统一的 OPC UA 地址空间，形成统一的 OPC UA 服务器，为上位机分析端提供统一便利的数据源。采集端实施架构如图 5.4 所示。

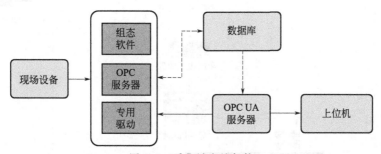

图 5.4　采集端实施架构

③ 分析端　分析端主要进行各种维度的流量数据分析。很多内容其实和 BI 分析系统有重叠，比如流量路径分析、留存分析、归因分析等，还有很多基础的监控报表。

5.1.3 产线制造生产过程数据采集及映射

(1) 数据采集接口

根据锻造车间采集数据的类型，数据采集系统包含多种接口，兼容多种数据的采集。本系统包含 OPC UA 协议采集接口、Modbus RTU 协议采集接口、Modbus TCP 协议采集接口、关系数据库采集接口等，自动完成从锻造设备至关系数据库的数据转储，在进行数据处理和分析后，通过采集接口即能实现采集监控、动态配置、实时分析功能。

(2) 数据触发条件

根据设备的数据格式和产生方式不同，共分为两种触发条件。

① 周期触发　针对加热炉、固溶时效炉炉区的温度数据以及各个电表的能耗数据等，设置 30s 为一个采集周期，进行数据采集和数据更新。

② 条件触发　针对设备状态、单件工序参数等数据。当这类数据发生变化时，对相关数据进行采集，以固定格式分类存储。

(3) 数据传输路线

通过对现场的数据类型和采集接口进行特征分析、比对后，设计车间整体数据传输路线，如图 5.5 所示。首先，遵循相关设备的通信方式和数据类型，根据

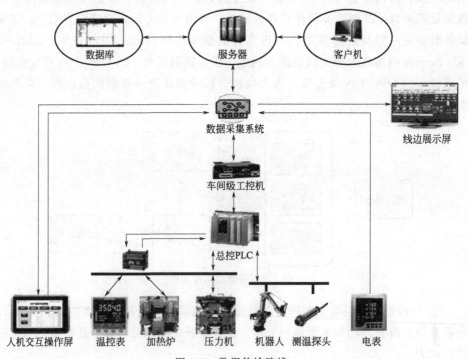

图 5.5　数据传输路线

不同的通信协议选择相应的采集接口；然后，利用 C♯ 语言完成数据采集和传输程序的搭建，通过系统中的协议转换器将各类数据转换成 C♯ 语言的数据类型，服务器中采集脚本经由核心交换机实现数据存储；最后，调取和整合数据库中的信息，实现数据分析和相关报表的统计。

5.2　产线生产动态监控系统总体设计

5.2.1　生产信息动态监控流程

生产信息动态监控可分为制订计划、把数据录入数据库、生产信息采集、信息分析及反馈四个步骤。

（1）制订计划

利用制造产品所需要的零部件以及各零部件的加工工艺、顾客订单、设备的可利用状况等数据，将顾客对产品的需求转换为企业对外购件或自制件的需求。其内容有综合生产计划、主生产计划、粗能力计划、物料需求计划、细能力计划、车间作业计划。

在计划制订前首先要制订被加工件的路线单，说明被加工件的工艺路线，以工序为单位，包括加工工序、加工车间、加工工具、额定加工时间、加工质量等。路线单是制订生产计划、安排生产调度和下达车间作业计划的依据。

（2）把数据录入数据库

这一步的主要任务是把上一步制订好的各种计划的数据信息录入数据表中。数据表中的信息有两方面的作用：其一是供数据采集应用；其二是对采集到的数据进行分析，把分析结果反馈到计划制订层做对比应用。

（3）生产信息采集

生产信息采集主要利用读写器来实现，对物料加工过程中的加工进度信息进行采集，实现对物料的实时跟踪。企业人员通过这些信息掌握生产运行情况，可为下一步的分析提供实时数据。另外要在关键工位设置质量检测点，利用质量检测器对半成品或者成品的质量进行检测。

（4）信息分析及反馈

这一步的主要任务是对上一步采集到的加工进度信息进行分析，如果出现了和生产计划不相符的情况或其他情况，则要利用反馈结果对生产计划做出相应的调整，以使整个生产过程实现最优化。另外，还要通过质量数据分析软件对质量数据进行分析，对分析结果进行反馈，企业人员根据质量问题产生的原因采取纠正措施，防止生产出更多的不良品，并制止不良品流入下一道工序，保证产品质量，节约生产成本。

5.2.2 生产信息动态追踪系统的数据信息

生产信息跟踪是从生产计划下达开始，对每件产品进行生产全程的跟踪记录，直至产品生产完成入库。生产跟踪模块跟踪的是整个生产流程中的信息，包括从原材料入厂到产品入库的各个生产环节。生产过程跟踪功能模块能够将生产现场的各项生产数据提供给其他功能模块，是 MES 制造执行系统中最基础的功能模块。

生产信息跟踪要跟踪记录的要素主要有产品的原料信息、生产车间、生产设备、加工人员信息、入库时间等。生产跟踪系统将有关产品要素的各方面信息进行了全部记录串联。

(1) 能源类数据采集

离散锻造车间主要的能源是水、电和天然气。利用离散锻造车间中央配电系统配置智能仪表，通过配置串口服务器，采用串口转换为标准 TCP/IP 协议的传输方式实现能源数据的采集。

(2) 设备状态和关键参数类数据

设备类数据主要是设备运行时产生的设备状态等数据，综合利用多种采集方式来对这类数据进行采集。主要是基于设备控制系统和总线控制系统，进行各种传感器数据的收集，结合触摸屏、PLC 控制器与数据采集系统进行标准 OPC Server 通信，实现采集。

(3) 工艺类数据采集

针对温度数据，采用支持串口网络或者现场总线网络的传感器进行工艺数据的检测。基于这种采集方式，实现信息收集。

(4) 抽检数据采集

抽检数据主要是离散锻造车间对半成品或成品进行尺寸及性能检测的数据，为了实现质检结果等数据的采集，可采用配置手持终端通过人工录入方式，将检测数据传输至数据库，实现数据采集。

(5) 物料数据

原材料、半成品或成品件在各个工位进行流转的生产过程中，所具有的工艺数据和参数通过人工扫描编码标签方式对编码内容进行读取，传输至实时数据库，实现物料数据的采集。

(6) MES 系统应用数据

数据采集系统集成了各种数据，包括生产线设备状态数据、物料数据、能源数据等。MES 系统根据功能需求调用或访问实时数据库内的数据源，进行分析和统计，并将分析和统计结果在 PC 机客户端或车间电子看板上进行展示，以便工作人员可实时掌握车间整体运行情况。

5.2.3　生产信息动态监控数据库结构模型设计

根据数据要求和数据的处理要求进行需求分析，写出需求说明书，并根据企业的概念模式进行概念设计，根据数据库的特征对该数据库进行逻辑设计以及存储模式设计，这一步设计至关重要。最后根据数据库的应用性能要求、使用频率与周期进行存储模式评价，这样一个完整统一的数据库系统就得以实现了。图 5.6 为数据库的结构设计流程。

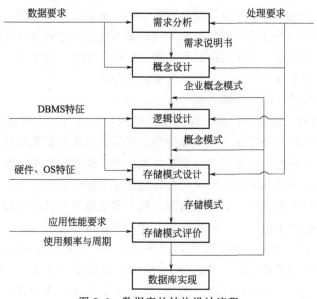

图 5.6　数据库的结构设计流程

（1）表的建立

表结构其实就是定义一个表的主键、外键、类型、字段和索引，这些基本的属性组成了数据库的表结构。主键是表中的一列或列的组合，其值能唯一地标识表中的每一行，通过它可以强制表的实体完整性。由于主键约束确保唯一数据，所以经常用来定义标识列。外键用于保持数据一致性、完整性，使两个表形成关联。

表是数据库中数据存储的主要载体，也是储存数据的逻辑载体，而表中的数据则是数据库的基本组成部分，数据库中的表通常具有以下特点。

① 在一个具体的数据库中，表名是唯一的，在一个具体的表中，列名是唯一的，但是在不同的表中列名可以相同。

② 表是由行和列组成的，表的一行称为一条记录，表的一列称为一个字段，行和列的次序是任意的。

③ 在表中数据行是唯一的，在同一个表中，不能够有两个完全相同的数据

行。任何一个数据库中都包含一个或多个表，表包含了数据库中所有的对象，是用来存储与系统有关的各种各样的信息的。创建一个表分为两步，首先是要定义一个数据表的结构；其次是向所创建的数据表中添加数据。

（2）表中字段的建立

数据库中的所有表都由一些相关的列组成，列也叫作字段；数据表通常是由公共的列值实现关联关系的，公共列也叫作关键字。

（3）实体关系建立

数据库中实体关系的建立是设计数据库的基本方法，实体关系显示了数据库的结构以及表之间的约束关系。建立数据表时，通常会增加约束，这是为了限制表中数据的冗余，并且关系型数据库之间的联系也是通过约束实现的。约束关系包含主键和外键约束，主键约束就是在表上创建一个唯一的索引，而外键约束就是与一个定义了主键的表中的一列或者多列相关联。

（4）数据库的存储与读取方式

① 数据校验　数据校验是为保证数据的完整性进行的一种验证操作。本系统的数据校验由两部分组成。第一部分是从采集接口到采集系统的数据校验，检验不同协议接口转换的数据是否与设备数据一致，若数据类型和数据长度不符则会报错。第二部分是从采集系统至服务器数据库的数据校验，检验脚本程序是否能将数据成功存入数据库，如果数据表列数与采集数据存在个数差异或数据类型不一致，则会弹出报错信息，导致数据不能进行正常存储。

② 数据存储　数据校验后需要对其进行分类，并存储至相关数据表中。考虑系统的兼容性和采集需求，采用 SQL Server 数据库，其具有操作简单、事务处理能力强与可集成度高等优点。因此，在服务器中安装数据库，通过编写采集脚本程序将不同设备的主键、数据名称、数据类型、记录时间、设备编码等数据上传，存入规定好名称和格式的数据表格中。对于大量数据同时并发存储的现场情况，系统将数据库进行水平拆分，对数据表进行分表存储，明确拆分规则，减少高并发的性能瓶颈，提高系统的稳定性和负载能力。

③ 数据读取　数据读取是有目的地筛选数据并将其运用到相关位置，本系统中有两种读取方式：直接读取，即从采集接口直接读取 PLC 数据，通过编写网页脚本进行 Web 发布，将 PLC 数据根据需求在操作屏实时展示；指令调取，即通过语句指令调取数据库中列表数据，进行统计计算，得到分析结果并展示。

5.3　智能生产感知与动态监控应用案例

目前，围绕大型环锻件小批量、多品种的生产模式，针对工艺设计周期长、工艺路线复杂的问题，以及在成形过程中高温合金与钛合金等材料的成形工艺窗口窄、成形性能难以控制的现状，国内外先进的航空航天锻件锻造生产线普遍集成了工艺设计 CAPP 系统、生产线调度控制系统、质量检测系统和实时反馈调控系统，相对独立地解决从上层到底层系统包括工艺设计、生产组织、质量检测和过程控制所面临的问题，但是缺乏一个完善的生产管理体系来集中管控，以便使生产过程中产生的人、机、料、法、环数据在管理体系里面流动，并通过产生的物料、工艺、质量、能源、设备数据不断优化和推动各个子系统功能趋于完善。

5.3.1　锻件信息动态监控系统总体设计

（1）锻件信息动态监控系统的体系结构

锻件信息动态监控系统的体系结构如图 5.7 所示，主要包括基于激光打标、视觉读码和基于虚拟码的生产线信息采集层、系统核心功能层、接口集成层、系统平台层以及用户界面层。

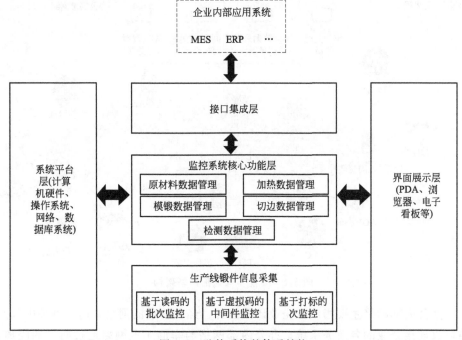

图 5.7　监控系统的体系结构

基于虚拟码和基于激光打标、视觉读码的生产线锻件信息采集层主要靠分布在车间现场的现场总线控制系统、激光打标设备和读码设备的集成，实现协同控制、监控管理、数据集成和产品追踪等功能，实现批次扫码、单件统计、批次打码全流程动态监控的基础平台，实现对车间制造质量数据全面采集的目标。采集数据通过 OPC 或工业以太网传输至系统平台层，同时利用配置的现场终端、电子看板等设备，实现生产过程状态的可视化、透明化。

（2）生产线通信网络架构

锻造过程涉及大量的制造设备、多变的工艺因素，因而它包含了复杂的环境和状态信息。要实现民用航空锻件制造过程的智能化，除了与系统控制、管理等技术相关外，制造过程的状态采集也显得至关重要。只有采用有效的信息采集技术，充分、实时、准确地获得制造过程中的各种状态信息，并以此为基础实现对制造过程的有效控制和管理，才能提高整个系统的柔性、强健性和故障处理能力。智能车间通信网络架构主要包括办公内部网络与车间工业以太网两大部分，如图 5.8 所示。

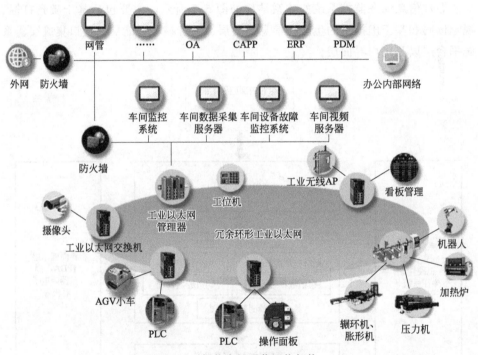

图 5.8　智能车间通信网络架构

办公内部网络主要指涉及企业研发设计、经营管理的网络，通过办公内部网络可以连接企业的各业务系统。办公内部网络与车间工业网络通过防火墙隔离，保证了生产数据的安全与防干扰。

车间环形工业以太网是指为保障智能制造车间数据传输和交互而建设的工业网络，环形以太网主干采用环形搭建，大大降低了网络断开的风险，保证了网络的通畅。主干网配置具有管理环网功能的三层交换机。现场所有的智能设备与生产线主控 PLC，同时还包括视频设备、车间终端、车间显示装置通过主干交换机接入车间环形以太网。数据采集服务器、设备监控系统、视频监控系统也将通过主干交换机接入环网。车间底层的现场总线主要是将生产现场底层的未接入环网的设备以及主控 PLC 与从站 PLC 进行连接。

（3）动态监控系统的模式

利用各种关键追溯技术如视觉读码、数据上传来实现产品信息的采集和管理，是当今生产环境下产品信息动态监控技术研究的焦点。本系统的动态监控模式如图 5.9 所示。利用标签扫描技术，构建基于物联网的锻件信息链动态监控网络，以实现生产过程各个环节在任何时间、地点通过互联网和产品的表面标识查询相关的基本数据，如生产日期、出库日期和质量数据等。在物联网技术的支撑下，通过对产品表面的二维码标识进行识别和读取就可以将产品信息彼此交互传递，将所采集的信息存储至各自的数据库中。通过这种追溯模式，极大地提高了产品数据的交互效率，以及产品信息动态监控的准确性。

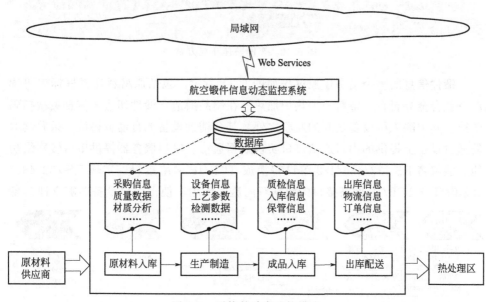

图 5.9　系统的动态监控模式

该模式中的主要组织环节包括原材料供应环节和锻件锻造环节，所以信息监控的主体分别是原材料数据和锻件锻造数据。根据各个主要单元的产品信息监控需求，材料供应环节应提供原材料的供应商数据、长度、重量、出厂日期。锻件锻造环节包括加热信息、模锻信息以及切边信息等。各个环节应根据生产需求将相关数据储存在数据库，使产品数据更具有整体性和一致性。通过该信息监控模式，当生产中的主体一旦发现产品存在问题时，可以准确、及时地分析判断产品出现问题的原因，并快速定位该产品出现问题的环节。通过监控到的相关信息，可以及时地对有问题的产品进行召回处理，避免造成更大损失。

（4）硬件布局与连接

分析模锻成形加工工艺过程，结合各种类型环件的生产需求，车间整体布局方案如图 5.10 所示。

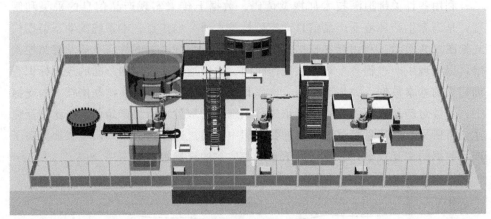

图 5.10　车间整体布局方案

锻件信息的整个动态监控过程如图 5.11 所示，包括原材料坯料框标识码读取→钛合金棒料自动整料→加热炉加热→在制品锻造→锻件切边→信息关联扫码下线。其中除主机设备之间的互联之外，其余辅助设备如自动整料机、条码读取器通过设备上提供的串口通信接口实现数据通信。串口服务器提供串口转网络功能，能够将 RS-232/485/422 串口转换成 TCP/IP 网络接口，实现 RS-232/485/422 串口与 TCP/IP 网络接口的数据双向透明传输，使得串口设备能够立即具备

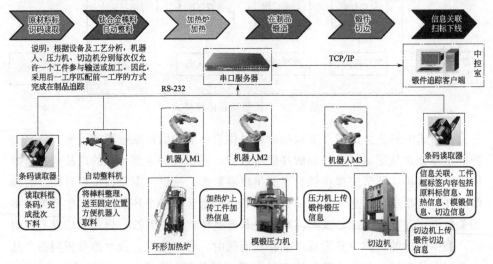

图 5.11　锻件信息的动态监控过程

TCP/IP 网络接口功能，连接网络进行数据通信，极大地扩展串口设备的通信距离。

（5）动态监控的流程

锻件信息的动态监控流程如图 5.12 所示，生产开始时，坯料框经过扫码将棒料统一下料，扫码记录棒料的原材料信息，包括供应商信息、材料型号、材料长度、材料重量等。扫码下料完成之后，整料机进行棒料整理，整理好的棒料在指定位置由机器人送入加热炉。加热完成后，对于出炉的棒料进行温度检测，温度不合格的进行甩料处理，合格的棒料进入压力机进行锻造，并记录加热数据。在锻造过程中，如出现生产异常，进行故障分析后，判断是否可以人工进行矫正，可以人工矫正的锻件继续锻造，无法人工矫正的锻件甩料。生产正常的锻件顺利完成锻造工艺，并记录锻压数据。锻造完成后，锻件进入切边机，在切边过程中，如出现生产异常，进行故障分析并判断是否可以人工进行矫正，可以人工矫正的锻件继续切边，无法人工矫正的锻件甩料，并记录切边数据。对于完成整个生产过程的锻件，在切边结束之后归入锻件框，并将锻件的批次信息与框上的条码关联，标签包含信息包括原材料数据、加热数据、模锻数据、切边数据。

当锻件发生甩料时，对甩料工件进行计数。例如，在加热炉下线后进行温度检测，当温度不合格时发生甩料，此时数据记录只包括原材料信息、加热信息，并记录本批次甩料工件的总数目。

5.3.2　数据库结构模型设计

数据库设计是软指针标签存储的保证，为所监控的锻件提供存储、组织、修改、查询等服务。航空难变形材料构成的锻件在制造过程中具有长流程、多工序、多检测等特点，因此需要监控提取的数据量是庞大的，需要建立一种适用的数据库模型来为其质量数据做支撑。数据库结构模型包含概念模型和逻辑模型两个部分。

（1）概念模型

概念模型设计是数据库设计的基本阶段，概念设计以数据库的实体对象为基础，设计出数据库中包含的实体对象种类、实体对象所包含的属性以及实体对象之间的关系等必要内容。通过对航空锻件制造工艺进行分析，总结出锻件信息，动态监控系统的数据库实体对象及其包含的属性信息，如图 5.13 所示。

（2）逻辑模型

数据库的逻辑模型给出了各个实体的数据表结构，主要包括字段、数据类型、数据长度、主键等信息，描述了数据表的结构，可以为数据库中对象的物理存储提供重要依据。

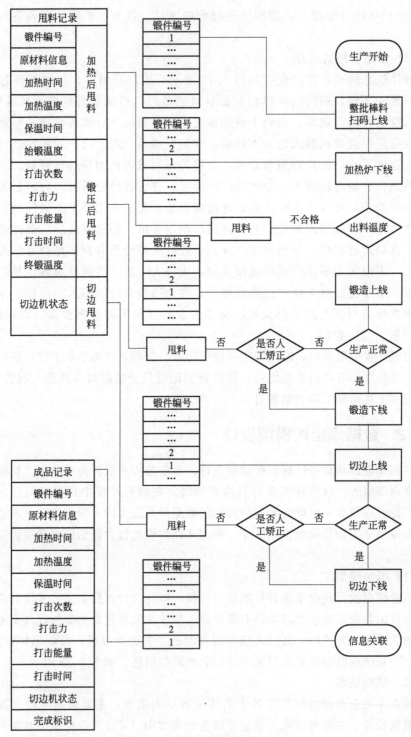

图 5.12　锻件信息动态监控流程

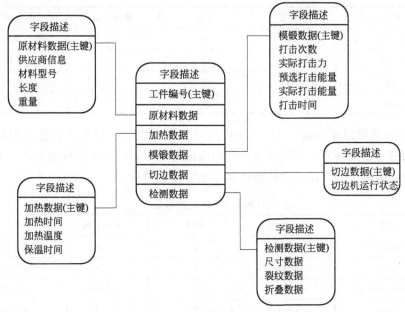

图 5.13　数据库概念模型图

① 工件信息表（表 5.1）

表 5.1　工件信息表

字段	数据类型	主键	数据长度	字段描述
workpieceid	int	是	32	工件编号
Materialid	int	否	32	原材料编号
heatingid	varchar	否	32	加热信息
forgingid	varchar	否	32	模锻信息
Trimmingid	varchar	否	32	切边信息
detectingid	varchar	否	32	检测信息

② 原材料数据表（表 5.2）　在原材料库区，设置读码设备，采购来料时，如果棒料有识别码，则读码入库；如果棒料没有识别码，则需要用标码工艺，然后再扫描条码完成入库。原材料信息主要包括厂家、直径、长度、重量、材质、出厂日期等。生产需要物料时，通过读码完成棒料出库，同时记录要运往的生产线等信息。

表 5.2　原材料数据表

字段	数据类型	主键	数据长度	字段描述
Materialid	int	是	32	原材料编号

字段	数据类型	主键	数据长度	字段描述
Supplier	varchar	否	128	供应商编号
length	varchar	否	256	长度
weight	varchar	否	256	重量
date	varchar	否	256	出厂日期

③ 加热数据表（表 5.3）　坯料通过整形机整形、扫码之后进入加热炉加热，通过基于现场总线控制系统开发的虚拟码程序记录单件物料的入炉、工位绑定、出炉顺序，确保跟入炉前的棒料二维码信息对应。

表 5.3　加热数据表

字段	数据类型	主键	数据长度	字段描述
heatingid	varchar	是	32	加热信息
htime	varchar	否	128	加热时间
htemperature	varchar	否	256	加热温度
itime	varchar	否	128	保温时间

④ 模锻数据表（表 5.4）　物料经过模锻工序后，同样通过现场总线控制系统定制开发的虚拟码程序来实现物料的唯一性，确保二维码信息的对应，锻件监控信息包括打击力、锻造温度等。

表 5.4　模锻数据表

字段	数据类型	主键	数据长度	字段描述
forgingid	varchar	是	32	模锻信息
strikes	int	否	16	打击次数
force	varchar	否	256	实际打击力
forceset	varchar	否	128	打击力设定值
forcevalue	varchar	否	256	打击力实际值
stime	varchar	否	128	打击时间

⑤ 切边数据表（表 5.5）　切边机在对锻坯模锻成形后，在切边下线位置配置激光打标设备，将工件 ID 所唯一匹配的二维码标刻在锻件表面，系统自动采集的过程质量数据包括切边机状态信息。

表 5.5　切边数据表

字段	数据类型	主键	数据长度	字段描述
Trimmingid	varchar	是	32	切边信息
state	nvarchar	否	256	切边机状态

⑥ 检测数据表（表 5.6） 检测过程位于生产线的最后位置，锻件经过风冷/水冷装置，直到锻件完全冷却至室温，在检测区进行锻件检测。进入检测区，首先通过扫码设备确定锻件基本信息，再将检测数据逐一记录下来。

表 5.6 检测数据表

字段	数据类型	主键	数据长度	字段描述
detectingid	varchar	是	32	检测信息
size	varchar	否	256	尺寸数据
crack	varchar	否	256	裂纹数据
fold	varchar	否	256	折叠数据

本系统以工件唯一码（workpieceid）为主键，工件 ID 与加工数据一一对应，利用数据库的主外键进行关联索引，将与产品相关的大量数据存放于数据库中，可以大大简化物理形式的二维码所携带的数据内容，对提高激光打标节拍以及二维码读取的识别率有重要意义。

5.3.3 实施应用

以航空钛合金模锻生产线为应用案例，针对钛合金锻件在金属流动及高温条件下动态监控困难的问题，通过对锻造生产线工艺流程分析，拟采用基于软指针标签的锻件信息动态监控方法，研究用于智能模锻生产线的锻件信息动态监控技术，以实现航空钛合金锻件生产线在批次生产及单件生产时的全流程信息动态监控过程。

（1）航空锻件生产线现场总线控制系统

影响钛合金锻件最终产品力学性能的主要是原材料材质和锻造区域的成形工艺参数，因此模锻区域的数据信息采集是实现动态监控的重要环节。锻件信息动态监控系统对模锻成形区域制造设备的数字化和自动化程度要求较高，通过FCS 系统实现生产设备的互联互通、生产设备的网络化、生产数据的可视化、生产过程的透明化，为锻件信息的动态监控提供基础保障。

航空锻件生产线现场总线控制系统采用两层网络结构，如图 5.14 所示。上层采用工业以太网络，下层采用 Profibus-DP 现场总线，其中 Profibus 现场总线用于现场设备层的控制，以太网用于信息监控层。采用双层网络结构（图 5.14），其特点是控制网络独立分层、分段，功能区分管理。利用 DP-DP 耦合器将设备 PLC 网段与自动化生产线控制 PLC 网段相连进行信息互锁控制；利用以太网，将单层控制网络分成信息监控层和设备控制层，人机界面可以与PLC 站通信，PC 可以对生产线任何设备节点进行监控。

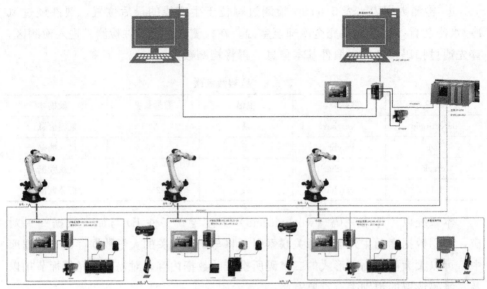

图 5.14　生产线现场总线控制系统图

将加热、模锻、切边生产线中的棒料自动整形机、加热炉、压力机、切边机、工业机器人和智能测温传感器等连接起来，搭建工业自动化网络平台，实现与车间各个单机设备的互联互通，从而保证各个设备的状态信号和生产工艺参数的实时交互，主要包括动作流程信号、设备运行的过程参数、状态参数等。

(2) 软指针标签的概念

在计算机概念中，软指针是指针，并不直接指向对象，而是指向对象的引用。软指针标签是指在追溯过程中，由于金属流动性与加工温度的影响，数据流不直接与物理层面的锻件标签相关联，而是指向与锻件直接相关联的虚拟编码。

(3) 批次监控

条码读取器是整条航空锻件自动化生产线的首台数据采集设备，锻件批次的编码自此开始，当系统接收到棒料批次的原材料信息信号时，将触发锻件编号模块，为锻件赋予虚拟的、唯一的工件编号，在为锻件赋予编码的同时，将棒料的原材料信息与工件绑定，并将棒料的原材料信息作为工件信息表的第一个字段进行存储，并为此锻件在监控系统中建立该指针，指针指向该锻件的第一个工艺过程数据块。

锻件进入加热炉后，指针下移至加热工艺过程数据块，记录加热炉加热数据。

根据工艺分析，压力机与切边机每次仅能对一个锻件进行加工，因而采用后一工序与前一工序绑定的方式实现锻件信息动态监控。例如，1 号工件完成加热，系统指针指向 1 号工件的工艺数据块，并记录 1 号工件的加热工艺数据，记录完成后锻件进入压力机,由于指针在记录加热数据时指向 1 号工件,因此,此时系统指针也指向 1 号工件的工艺数据块,并记录 1 号工件的模锻工艺数据。同理,若压力机中此时加工的为 2 号锻件,则在模锻之后的下一工序指针指向 2 号锻件,即后一工序只与前一工序进行绑定。绑定流程如图 5.15 所示。

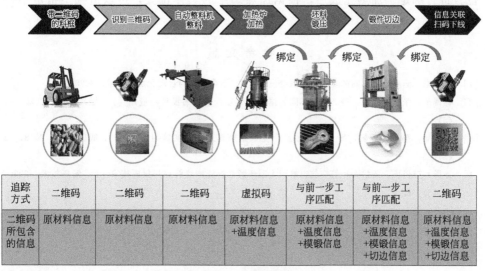

追踪方式	二维码	二维码	二维码	虚拟码	与前一步工序匹配	与前一步工序匹配	二维码
二维码所包含的信息	原材料信息	原材料信息	原材料信息	原材料信息+温度信息	原材料信息+温度信息+模锻信息	原材料信息+温度信息+模锻信息+切边信息	原材料信息+温度信息+模锻信息+切边信息

图 5.15 绑定流程图

(4) 单件追溯

单件追溯时,在模锻示范线末端加装激光打标机。设备连接如图 5.16 所示。激光打标机由总控端控制,由总控设备传递系统为每一锻件生成唯一的锻件标识

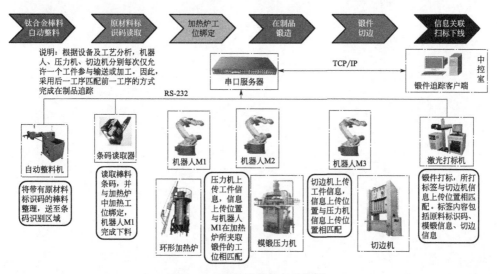

图 5.16 单件追溯设备连接图

码，在锻造结束时完成信息关联打标，之后可通过扫码实现单个锻件的生产信息追溯。

为了解决加热温度带来的监控限制，当锻件进入加热炉时，首先将单件在环形加热炉中实现工位绑定，将锻件的唯一标识虚拟码与环形加热炉中的唯一指定位置进行绑定，加热完成后，根据加热炉中的具体位置，可以追溯至指定唯一锻件。

参 考 文 献

[1] 时运来. 面向生产车间的实时监控系统设计 [J]. 组合机床与自动化加工技术，2020.

[2] 林博宇，张浩，孙勇，等. 锻造车间数据采集与分析系统的设计与应用 [J]. 锻压技术，2020，45（5）：5.

[3] 鄞亚楠，孙勇，苏畅，等. 离散锻造企业数据采集系统的实施与应用 [J]. 锻压技术，2018，43（5）：5.

[4] 孙勇，李付国，梁岱春，等. 航空航天大型环锻件智能产线管控与集成技术 [J]. 锻压技术，2020，45（5）：6.

第 **6** 章

制造产线智能管控系统开发技术

随着信息技术与工业技术的发展，面向制造的生产线进行智能生产管控系统升级，可以提高企业效率，在企业信息化的浪潮中，促进制造企业的信息化转型升级，加快企业发展，增强企业在整个市场的竞争力。

6.1 管控系统架构

传统的车间管控系统主要由制造执行系统、数据采集与监控系统、产线控制系统、单元控制系统组成，以实现管理的信息化和生产的自动化为核心目标，生产决策还主要由技术专家来做，软件系统只起辅助决策作用。智能工厂要求管控系统能够在制造过程中进行智能活动，尽可能地取代技术专家在制造过程中的脑力劳动，使生产管控变得更加智能化、柔性化和高度集成化。传统车间管控系统相比智能工厂对车间管控系统的要求，主要存在以下问题：缺少仿真分析和自主决策机制，并且在传统信息化体系架构下，很难融入仿真分析和自主决策机制；缺少车间信息模型和仿真分析模型，既不能有效支撑生产过程仿真分析，又不能以模型为载体形成工业大数据；传统车间管控系统耦合度高，不具备柔性生产管控能力，不易于新一代信息技术的融入；生产过程可视化程度不高。本节针对传统车间管控系统的问题，提出了不同种类的制造产线智能管控系统架构。

6.1.1 单机管控系统架构

美国 Gartner Group 公司在 1990 年初首次提出 ERP（enterprise resource planning，企业资源计划）的概念，ERP 是在 MRPII 的基础上发展而来的，是

一套旨在整合大型企业管理理念、疏通生产业务流程、管理基础数据、降低生产成本的企业资源管理系统。随着计算机技术和信息网络的飞速发展，ERP 除了传统 MRPII 系统的功能外，逐步融入了其他功能，如人力资源管理、质量管理和多部门之间的协同决策支持能力等。制造执行系统（MES）作为连接计划层和控制层的中间层，在车间生产调度、设备维护、质量管理、工艺参数优化等方面起着非常重要的作用。20 世纪 90 年代初，美国的 ARM 公司首次提出 MES 的概念，MES 产生的目的是把 ERP 指定的相关计划下达给车间级现场控制层，MES 是作为中间层而存在的。不管是 ERP 技术还是 MES 技术，都属于单机管控系统架构，它们只能独立运行，并不能有效地串联，在车间信息化建设条块分割、信息孤岛现象严重情况下，没有将工业互联网理念、数字化制造技术、行业制造知识、现场操作常识和软件的设计规划相结合，缺乏一个整体的智能制造的规划。

6.1.2 工业互联网体系结构

工业互联网平台体系包括四个层次：感知识别层、网络连接层、平台汇聚层和数据分析层，如图 6.1 所示。

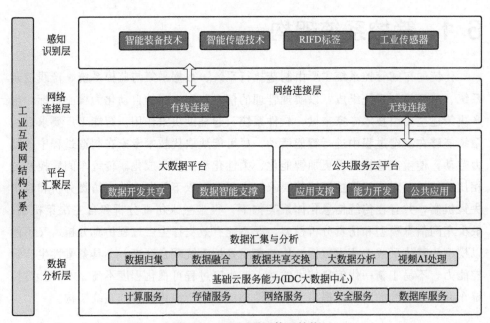

图 6.1　工业互联网体系结构

感知识别层负责收集现场智能设备的数据，它的内核在于智能装备技术和智能传感技术，通过智能设备和智能传感技术实现对物理信息世界数据的采集，通过智能传感技术采集智能设备的各项工业数据。

网络连接层负责连接感知识别层和平台汇聚层，作为两个层次的中间层，解决数据的输送问题。选择性地通过有线或者无线的方式将智能设备接入互联网体系中，实现生产数据传输到互联网平台。

平台汇聚层负责汇聚体系下所有的工业数据信息，提供数据的存储和运算分析服务，是整个工业互联网平台体系的"大脑"。对感知识别层汇聚的数据进行接收存储，并给数据分析层提供强大算力。

数据分析层负责对数据进行深入分析和优化，在这个信息体系内，主流的工业软件系统包括 SCADA、MES、ERP。作为工业互联网平台的工具，通过工业互联网平台提供的强大算力可以高效地对感知识别层收集的工业数据进行分析优化，使生产管理达到更有智慧的目的。

6.1.3 基于云计算的管控系统架构

随着云计算技术的发展，基于云平台进行深度的数据分析、预测和挖掘，成为工业互联网发展的趋势。对于云端的管控系统而言，主要设计目标就是管理和控制。管理是对数据的管理，控制是对设备的反向控制。在工业互联网数据不断膨胀的趋势下，现有的管控系统存在多方面的不足，主要体现在：数据量增长导致数据传输层冗余严重，传输效率不足；数据类型增长导致数据整合层要处理异构数据，缺少动态解析；传感设备增长导致管控系统反向控制效率低下。为了更好地解决上述问题，工业互联网管控系统的需求总结如下。

① 数据传输层 对工业互联网传感数据进行高效合理的数据压缩，以便在数据规模不断扩大的趋势下，保证数据的高效传输，并进行规范化的数据传输管理，增强系统的可扩展性。

② 数据整合层 对不断增长和变化的异构工业传感数据进行动态的、可配置化的解析和存储，并且能够提供低错误率的数据告警服务。

③ 应用服务层 实现高效的设备反向控制功能，提高反向控制的执行效率和状态追踪，提供设备注册、配置等基本管理后台和用户交互界面。

根据需求分析，管控系统针对数据传输层，对常见的线性缓慢变化的工业传感数据针对性地提出了一种高效的压缩算法，此外，网关到云平台部分采用消息队列的数据交互方式，定制了传输规范和鉴权系统。针对数据整合层，分别对解析、存储和告警进行功能实现。最后针对应用服务层，提供了人性化的Web界面和高效的反向控制机制。考虑到功能较多，相互之间耦合性较低的特点，将各部分功能封装成微服务，并进行模块化设计。系统功能构架如图 6.2 所示。

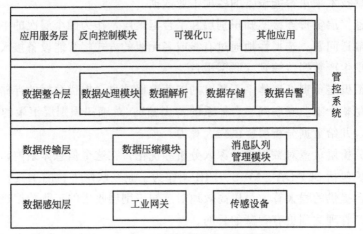

图 6.2　基于云计算的管控系统结构图

6.2　数据库技术

6.2.1　数据库简介

数据库是存放数据的仓库，它的存储空间很大，可以存放百万条、千万条甚至上亿条数据。数据库并不是随意地将数据进行存放，而是有一定规则的，否则查询的效率会很低。当今世界是一个充满着数据的互联网世界，到处充斥着大量的数据，可以说互联网世界就是数据世界。数据的来源有很多，比如出行记录、消费记录、浏览的网页、发送的消息等。除了文本类型的数据，图像、音乐、声音等都是数据。

数据库是一个按数据结构来存储和管理数据的计算机软件系统，数据库的概念实际包括两层意思：

① 数据库是一个实体，是能够合理保管数据的"仓库"，用户在该"仓库"中存放要管理的事务数据，"数据"和"库"两个概念结合成为数据库。

② 数据库是数据管理的新方法和技术，它能更合适地组织数据、更方便地维护数据、更严密地控制数据和更有效地利用数据。数据库作为最重要的基础软件之一，是确保计算机系统稳定运行的基石。

就软件的系统而言，数据库的技术属于数据管理的高级程序；就发展方面来看，数据库源于文件管理（数据库技术通过数据储存概念，其可以使数据规范化、具有组织性，还可以利用存储设备对数据进行存储，使数据集中）；就特性来说，数据库通过最佳的形式为相应的结构提供程序应用。对数据库而言，其必须具备处理数据以及维护数据的功能，也就是能够增减数据以及修改、查询数据等，并且掌握相应功能的管理。近年来，配件库存管理与 IT 技术发展迅速，相关部门为了业务的进步与用户的需求，需要对用户数据进行实时搜集。诸如电子商务与决策系统以及数据仓库、DSS、CRM 等概念已广为流传，这些新技术对于库存管理系统来说，不仅带来了系统规划的决策工具，还为库存管理系统的发展提供了新方向，就配件库存管理来说，也有了新的发展市场，出现了新的业务领域，可以为企业带来全新的收益。但是要实现这些系统构想，就必须有很强的数据库作基础。对于系统来说，数据不仅是基础，更是灵魂。

6.2.2　数据架构设计模式

数据库是系统数据安全有效、长期稳定存储的基石，是系统实现的底层依据，数据库表的设计应保证设计规范化，表中应只包含自身的基本属性字段，非自身属性字段抽离形成其他的数据库表，且应通过主键和外键实现数据库表之间的关联，保证数据的合法性，一定程度减少数据的冗余。因此，基于系统的业务流程架构设计数据库表结构与依赖关系。

基于 X 公司的模具制造流程确定数据关联结构的起点为订单数据，以订单数据为基础进行后续流程。考虑到数据结构的复杂度和使用过程中的便捷性，设计一个订单仅能包含一种类型的 N 套模具；基于订单数据的复杂度及单一职责原则，对订单数据进行分表设计，通过订单 ID 关联主附表；单独抽离全部的文件数据，其他数据通过文件 ID 进行索引。一个订单包含一种类型的 N 套模具，以达到简化冗余数据的目的，针对模具、零件、加工工序、装配工序、加工程序抽象化模板层，模板层数据（模具模板、零件模板、装配/加工工序模板、加工程序模板）和业务层数据（模具、零件、装配/加工工序）均逐层向上依赖直至订单，业务层数据的模具、零件、装配工序数据同时对应依赖模板层数据，构成双重约束结构，其中业务层数据中的加工工序数据依赖加工工序模板、程序模板和零件数据，构成三重依赖。

6.2.3　管控系统架构设计

生产管控系统技术架构基于 IaaS、PaaS、SaaS 概念，结合需求和开发、运维、稳定、容错等因素综合考虑，采用多层架构，由基础平台层、基础服务层、应用程序层和用户终端层构成，如图 6.3 所示。

(1) 基础平台层

基础平台层部署在计算硬件设施之上，为系统提供私有服务。通过统一的容器化引擎，为整个系统提供运行环境。数据库引擎为系统提供关系型数据和非关

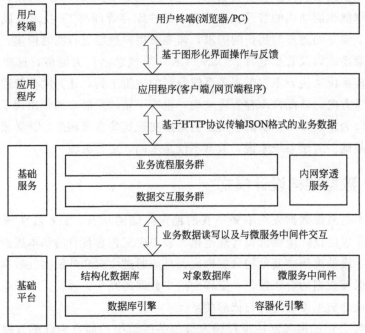

图 6.3　总体技术架构

系型数据的运行环境，提供高效率的数据存储、更新、删除、查询服务。微服务中间件服务群为在应用容器化引擎之上部署的服务治理相关中间件，包括服务配置中心、服务注册中心、API 网关及其他为保障微服务系统的高可用性、高可靠性所需的中间件，共同治理该生产管控系统的微服务后端。

（2）基础服务层

基础服务层采取微服务架构，将传统的一体式的系统服务划分成不同层次、不同粒度的微服务，并根据调用关系与具体功能划分为业务逻辑服务群（服务消费者）和数据交互服务群（服务提供者），服务消费者对外提供 HTTP 协议的 RESTful 形式的访问接口，服务消费者与服务提供者按照相应的业务逻辑与需要提供的功能进行组合，满足功能设计需求并对外提供访问接口。设置单独的内网穿透代理服务，用于在内外网之间进行数据通信，在公有云计算中心有相关业务数据更新时同步到私有计算中心。

（3）应用程序层

应用程序层通过前端技术和客户端技术，基于对业务服务层提供的服务接口的调用，将接口按照所需功能组合搭配形成应用程序，结合多端统一的打包技术，输出相应平台使用的应用程序。其中生产监控程序应用射频识别技术，实现加工零件的流转状态等参数的监控。

(4) 用户终端层

用户终端层是用户访问系统的基础入口，用户可通过浏览器、PC 等多种终端基于图形化操作界面访问并使用该系统。

6.3　开发环境、开发语言及微服务技术

软件开发环境（software development environment，SDE）是指在基本硬件和数字软件的基础上，为支持系统软件和应用软件的工程化开发和维护而使用的一组软件。它由软件工具和环境集成机制构成，前者用以支持软件开发的相关过程、活动和任务，后者为工具集成和软件的开发、维护及管理提供统一的支持。

6.3.1　开发环境

集成开发环境（integrated development environment，IDE）是用于提供程序开发环境的应用程序，一般包括代码编辑器、编译器、调试器和图形用户界面工具，集成了代码编写功能、分析功能、编译功能、调试功能等一体化的开发软件服务套。所有具备这一特性的软件或者软件套（组）都可以叫集成开发环境，如微软的 Visual Studio 系列，Borland 的 C++ Builder、Delphi 系列等。该程序可以独立运行，也可以和其他程序并用。IDE 多用于开发 HTML 应用软件。

6.3.2　开发语言

C#（C Sharp）是微软（Microsoft）为 .NET Framework 量身定做的程序语言，C# 拥有 C/C++ 的强大功能以及 Visual Basic 简易使用的特性，是第一个组件导向（component-oriented）的程序语言，和 C++ 与 Java 一样，亦为对象导向（object-oriented）的程序语言。主流 IDE 有 Visual Studio（Visual C#）、SharpDevelop 等。应用方面，.NET 框架可以用于企业应用程序开发，跟 J2EE 有很大的相似性。同时 C# 也可以开发 ASP.NET 的动态网页程序，用来实现 Web 网站开发。

6.3.3　微服务技术

微服务是一种软件开发技术，是面向服务的架构（SOA）的一种变体，它提倡将单一应用程序划分成一组小的服务，服务之间互相协调、互相配合，为用户提供最终价值。每个服务运行在其独立的进程中，服务与服务间采用轻量级的通信机制互相沟通（通常是基于 HTTP 的 RESTful API）。每个服务都围绕着具

体业务进行构建，并且能够独立地部署到生产环境、类生产环境等。

微服务（或微服务架构）是一种云原生架构方法，其中单个应用程序由许多松散耦合且可独立部署的较小组件或服务组成。通常这些服务具有：有自己的堆栈，包括数据库和数据模型；通过 REST API，事件流和消息代理的组合相互通信；按业务能力组织等特点。

6.4 开发框架

设计基于 .NET Core 开发框架且面向制造行业进行服务划分的微服务架构，以提高系统的可用性，搭建基于代理服务的内网穿透架构，增强系统的可访问性，构造结合网关的分布式认证架构，保证系统的安全性以及优化负载分布。

该生产管控系统的后端服务采用微服务架构进行设计，将整体应用分解为多个功能独立的业务服务，并对外提供接口，各个服务之间通过服务网关进行统一的接口调用，并通过容器对微服务进行实例化封装，使其独立运行，可解决传统式单体结构存在的问题，保证管理系统的高可用与高性能。

6.4.1 开发框架

该微服务架构选取基于 C# 开发语言且原生支持微服务的 .NET Core 框架作为整体开发框架，基于系统的开发框架对微服务架构的支撑中间件进行设计与选型，具体架构如图 6.4 所示。

6.4.2 服务治理中间件

微服务系统中包含的服务众多，各个服务的容器实例的部署位置（IP：Port）是系统动态分配的，结合服务更新、容器拓展、异常宕机等导致的容器实例位置变化问题，需要一个统一的服务注册中心进行服务注册、服务发现、容器实例健康检查等。服务注册为服务启动时将自身信息和部署位置注册到服务注册中心，服务注册中心以 K-V 形式保存至服务列表中，实现服务注册；服务发现用于服务间调用，有客户端发现和服务端发现两种主要服务发现模式，客户端发现为服务调用者自身直接从注册中心获取目标服务位置，不需要代理的介入，而服务端发现则依赖代理服务进行转发，又增加了系统复杂度，因此，选择更加适合该系统框架的客户端发现模式；健康检查为注册中心以心跳的形式向注册的服务进行心跳请求，连续 n 次无法收到响应则判定为服务宕机，从服务列表中将该地址移除。

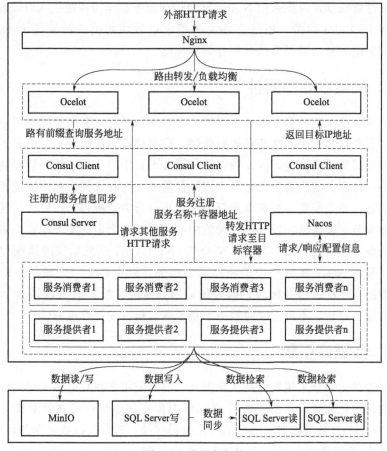

图 6.4　微服务架构

结合与 .NET Core 开发框架的适配程度和实际生产环境综合考虑，选取 Consul 作为该微服务架构的服务注册中心来治理众多服务，在满足上述服务注册、服务发现、健康检查等功能设计的基础上以牺牲部分性能为代价保证数据的一致性，更加适应工厂生产情况。

微服务系统中包含大量的容器实例，如果所有容器实例都直接对外暴露访问端口，则无法适应微服务的拓展以及拓展时引起的服务地址变更等问题，客户端开发也会因为服务地址变更需要修改配置甚至源代码。基于以上问题，该架构采用 API 网关模式，采用统一的 API 网关对外提供访问，通过解析 HTTP 协议请求的路由地址前缀匹配待访问的服务名称，结合服务注册中心服务注册信息检索对应服务的地址，并根据负载均衡策略路由到指定服务实现服务的访问，以减少暴露的端口、便于前端及其他系统访问、支持服务拓展等。结合与 .NET Core 开发框架的适配程度选取 Ocelot 作为 API 网关，负责请求的转发、过滤以及授权等。但是 API 网关作为整个系统统一的入口，有着很高的负载，极易导致单点故障或性能瓶颈，因此采用 Nginx 反向代理服务器作为系统主入口，在 Nginx 下部署多个 Ocelot 网关，通过 Nginx 将请求以轮询的模式转发各个 Ocelot 网关，实现负载均衡，以提升该微服务架构性能。

6.4.3　配置中心中间件

由于微服务系统的服务拆分，需要针对每个服务有一套服务配置信息，做服务升级、服务迁移、中间件迁移等操作时，需要修改相应配置，会造成大量的重复工作甚至需要系统停运，因此独立部署服务配置中心，用于统一管理功能服务和部分中间件服务的配置信息，各个服务仅需要在配置文件中配置该配置中心的地址等信息，通过配置中心获取最新的配置再进行后续流程，运维人员通过配置中心发布服务配置信息，发布后由配置中心广播至各个服务实现配置的更新，进一步减少服务重启的时间与消耗。结合与 .NET Core 开发框架的适配程度和使用难度，采用 Nacos 配置中心的动态配置服务，以中心化、外部化和动态化的方式管理所有环境的服务配置，因各种原因导致配置变更时可以通过 Nacos 对服务配置进行更新，不再需要对服务重新部署，提高配置管理的效率。

6.4.4　数据库引擎

数据持久化部分采用混合持久化模式，混合使用多种数据持久化服务，以适应不同的持久化数据。本系统采用 MinIO 对象存储系统进行文件对象存储，采用 SQL Server 关系型数据库进行结构化数据存储，充分发挥数据库各自的功能，相应的服务提供者则分别基于 MinIO 自身 API 和 EF Core 对 MinIO 和 SQL Server 进行调用。其中，SQL Server 数据库采用一主多从的结构，读操作在从数据库，写操作在主数据库，通过读写分离的模式保证系统性能，基于数据库引擎的事务发布与订阅进行主从数据库的数据同步。

6.5　智能生产信息管控服务

X 公司是一家从事塑料模具制造的企业，内部计算机普及率比较高，员工的工作也比较依赖计算机，其中模具的模型设计、工艺分析、程序代码编写等更是高度依赖计算机的辅助，但是目前仍旧依赖人工管理的是包括订单数据、生产数据在内的绝大部分数据，从订单的承接到后续针对订单的模型设计、工艺分析、编程、加工等操作的数据均未实现全面的信息化管理，且主要以 Excel 文件为主，虽然实现了部分数据的电子化，但是用 Excel 对数据进行管理会导致公司内的信息反馈速度慢，部门、岗位之间的沟通协作实时性较差，难以全面掌握公司的实际生产情况，容易造成工作安排不均衡、不合理，不能按时完成设计、生产任务导致订单交货期滞后等严重结果。

针对 X 公司的问题，本节将基于总体架构并结合生产管控的关键技术进行详细设计与实现，包括生产管控系统交互设计系统的整体交互设计、生产管控系统开发架构设计以及生产管控系统主要功能实现。

6.5.1　生产管控系统交互设计

该生产管控系统的浏览器端采用后台管理系统的通用交互模式，能够使系统使用人员更加快速地掌握系统的基本操作，对系统的使用能够快速熟悉，同时减少不必要的开发工作量。其页面框架如图 6.5 所示，具体页面示例如图 6.6 所示。

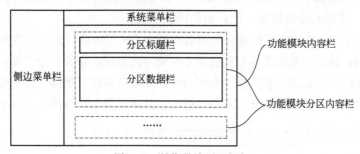

图 6.5　浏览器端页面框架

图 6.6　浏览器端页面示例图

① 侧边菜单栏　置于页面的左侧部分且支持折叠，采用下拉多级菜单的形式模块化集成全部功能，作为各个模块下各个功能页面的入口，通过点击菜单及

下拉选项进入相应功能的操作页面。

② 系统菜单栏　置于页面最顶端，显示当前功能页面的模块所属关系，包含登录、注销、全屏等系统基础通用操作的按钮，用于系统全局操作。

③ 功能模块内容栏　功能模块内容栏是置于上述两个菜单栏之外的剩余区域，根据该功能模块交互所需的子内容划分为一个或多个分区内容栏，在各个分区内容栏内显示功能模块的具体内容与操作控件，如分区标题栏和分区数据栏等，用于系统与用户的高效交互。

分区标题栏置于功能模块分区内容栏的顶部位置，用于显示当前功能模块的具体名称以及该模块功能的操作流程进度等其他模块全局性提示信息。

分区数据栏置于分区标题栏下方，用于放置功能分区的内部功能操作按钮以及相关参数选择或填写的输入框，显示所在功能分区的具体数据性内容，如查询到的数据、需要上传的数据、统计出的图表等。

系统的 RFID 监控客户端部分采用桌面端方式进行访问，采用与管理部分相似的布局结构，将主要功能菜单以侧边菜单栏的形式呈现，主要功能交互内容在右侧以功能分区的形式展示，使其交互形式与管控部分的系统性增强，便于使用人员快速掌握基础操作。其页面框架如图 6.7 所示，具体页面示例如图 6.8 所示。

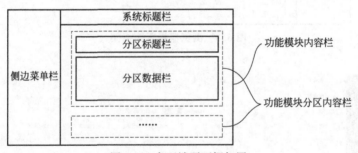

图 6.7　桌面端页面框架图

6.5.2　生产管控系统开发架构设计

系统开发架构对于一个系统的开发效率以及系统的可维护性等都有重要的影响，由于系统整体采用微服务架构，导致系统结构复杂度提升，系统的开发架构变得更加重要，因此为系统开发规划如图 6.9 所示的架构。

架构图中的虚线框表示引用的第三方库/包，实线框为系统的实际项目。该架构以 Dependencies 项目作为开发工程的核心，基于 .NET Core 的依赖传递特性，通过 Dependencies 项目将各个微服务项目通用的第三方依赖以及自定义的通用类库集成到一个项目中，在各个微服务项目中通过引入一个依赖管理项目，即可实现全部通用依赖的引入，便于在项目中进行依赖的统一管理。

图 6.8　桌面端界面示例图

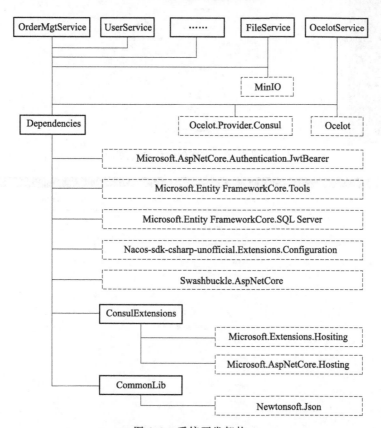

图 6.9　系统开发架构

6.5.3 生产管控系统主要功能描述

基于系统需求并结合前述的相关技术对系统进行了实现，下面对系统的主要功能进行介绍，包括系统的部分界面及其简要的操作流程。

（1）订单承接

订单承接部分主要实现向系统内添加订单的功能，分为面向公司客户的外部创建订单和面向公司内部员工的内部创建订单，进入页面后填写相关信息并上传相关附件，然后点击创建订单按钮即可实现订单的创建，内部创建订单页面和外部创建订单页面分别如图 6.10 和图 6.11 所示。

图 6.10　内部创建订单页面

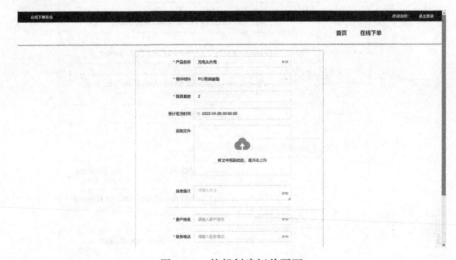

图 6.11　外部创建订单页面

（2）订单管理

订单管理部分主要面向订单管理人员和公司管理人员，包括订单的审核、订单的进度管理、订单的加工进度监控。订单审核功能用于对订单承接部分创建的订单进行具体内容的人工审核以及重要信息的回访确认等，订单审核员在了解订单的具体信息后需要对订单信息进行填写更新，并人工变更订单状态为审核完成，订单审核页面如图 6.12 所示。订单进度管理主要面向管理者，可以通过时间和状态对订单信息进行检索，展示订单当前的设计、分析进度、加工进度等信息，订单进度管理页面如图 6.13 所示，图中部分用户信息已隐去。

图 6.12　订单审核页面

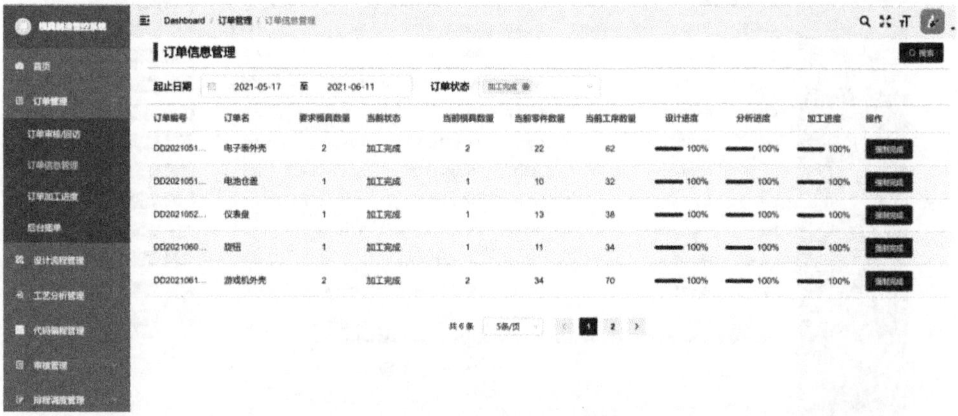

图 6.13　订单进度管理页面

（3）数据统计管理

该部分主要面向管理者，用于对系统内的订单、工件等数据进行统计，并以可视化的形式进行展示。选择要统计的数据类型以及统计的范围后，点击数据统计按钮即可以图表的形式展示统计的数据，订单统计页面如图 6.14 所示。

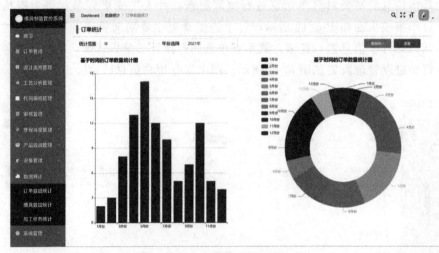

图 6.14　订单统计页面

（4）资源及系统管理

该部分主要面向系统维护人员，包括设备/工位管理（图 6.15）及加工/装配单元管理（图 6.16）、人员管理、日志管理（图 6.17）等功能，用于设置系统的基础信息以及对系统的维护与检查。在设备管理页面，点击查询按钮可查询系统的机床信息，点击表格中的编辑按钮可弹出编辑窗口，用于修改机床信息；点

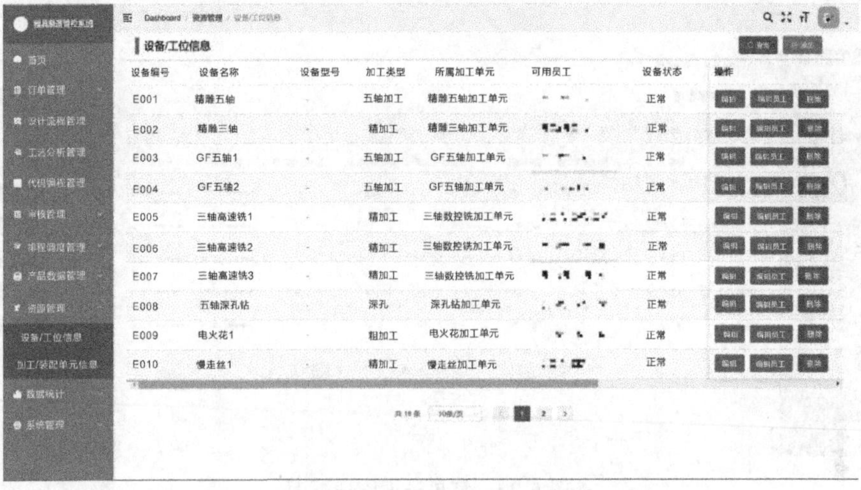

图 6.15　设备/工位管理页面

154

击编辑员工按钮可编辑当前机床可以使用的员工；点击添加按钮可弹出窗口用于创建新机床。在加工单元管理页面，点击查询按钮可查询系统的加工单元信息；点击编辑按钮可弹出编辑窗口用于修改加工单元信息；点击添加按钮可弹出窗口用于创建新加工单元。在员工管理页面，点击查询按钮可查询系统员工信息，点击表格中的编辑按钮可弹出编辑窗口用于修改员工信息，点击添加按钮可弹出窗口用于创建新用户。在日志管理页面，设置起止日期和服务模块后点击搜索按钮可查询对应参数的日志信息，用于管理人员的系统维护。图中部分用户信息已隐去。

图 6.16　加工/装配单元管理页面

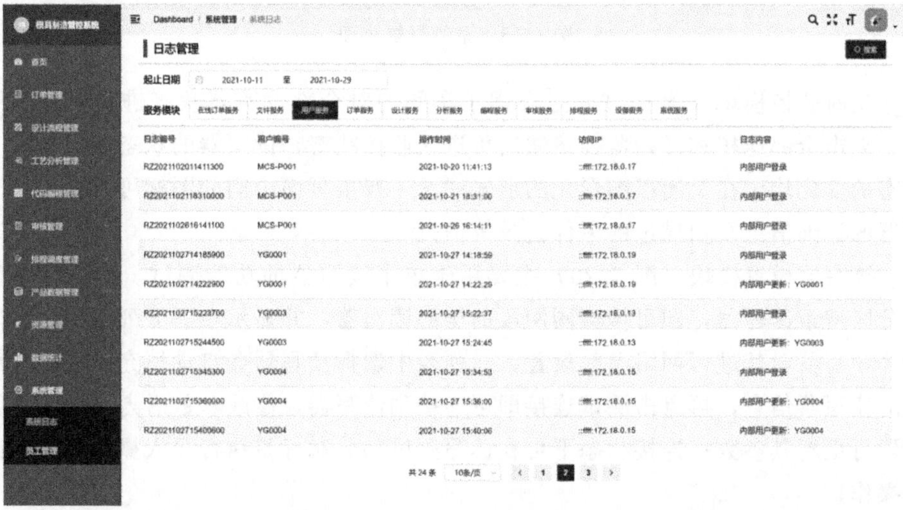

图 6.17　日志管理页面

155

（5）RFID 监控

该部分主要面向车间员工，包括系统设置（图 6.18）、实时监控、读写器设置、零件标记四个主要功能模块，其中 RFID 监控客户端部署在各个车间的边缘计算中心，用于监控车间内零件的流转并同步到生产管控系统的监控服务。系统设置模块用于读写器与车间内各个设备之间的绑定。选择车间后列表会更新当前车间的全部设备，选择设备后再从读写器绑定下拉选框选择读写器，然后保存即可完成设置，重启后生效。

图 6.18　系统设置页面

实时监控模块（图 6.19）主要用于车间内对全部读写器状态进行监控与统计。点击全部连接和开始监控按钮后可进入监控状态，读写器的状态变化及加工状态的变化均会在页面以图形化的形式展示，双击页面中间的图标可以显示该读写器的详细信息及扫描过的零件记录等信息。

读写器设置模块（图 6.20）主要用于单个读写器的功能测试。点击网络设置分区搜索读写器，即可搜索同网段的全部读写器，并显示在下方列表中，可以选择读写器对其进行网络参数设置；在列表中选择读写器会自动填充高级设置部分的读写器信息，再点击测试连接即可连接到读写器，修改参数后点击更新高级设置可更新其参数；连接状态下可在读写测试部分对标签执行写入操作和循环读取操作。

零件标记模块（图 6.21）主要用于将零件信息写入到零件毛坯的固定标签。

图 6.19　实时监控页面

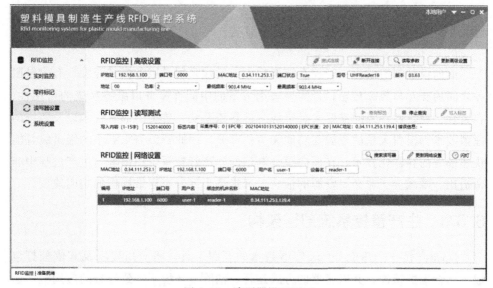

图 6.20　读写器设置页面

点击连接读写器进行进度连接，点击查询零件可从生产管控系统后台查询到全部待加工的工件信息，选择零件后点击写入标签可将该零件的编号写入连接的读写器的扫描范围内的标签中，实现标记操作。

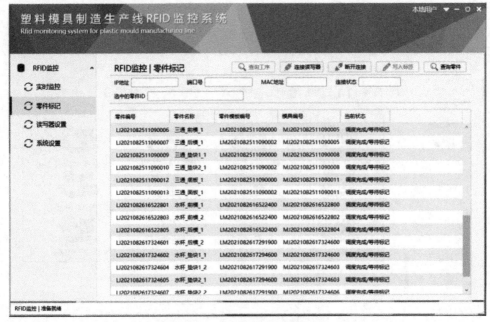

图 6.21　零件标记页面

6.6　生产管控系统部署

面向模具制造的生产管控系统架构中，后端采用微服务模式开发，有大量服务之间的交互与数据传输，且需要采用大量的中间件服务以维持系统的可用性、容错性、稳定性，因此需要大量资源来部署该系统。传统的部署技术以及传统的虚拟技术都浪费大量的资源在功能无关的部分，因此资源需求更小的轻量级且能快速部署的容器化技术，在面向模具制造的生产管控系统的部署与生产过程中非常适用，既减少了非必要资源的浪费，又提高了部署、运维操作的响应速度。

6.6.1　生产管控系统部署架构

Docker 是一个基于 Linux 容器技术的开源工具，将应用程序及其依赖打包成一个标准的镜像，并以容器的方式运行，消除了环境不一致导致的应用程序运行风险，做到"一次封装，到处运行"。Docker Swarm 是一个使用标准 Docker API 的官方集群工具，以节点的方式组织集群，同时每个节点上面可以部署一个或者多个服务，每个服务又可以包括多个容器。用户可以把集群中所有 Docker 引擎整合进一个虚拟引擎的资源池，通过执行命令与 Docker Swarm 管理节点交互，实现对集群的统一管理。

结合系统具体需求、访问量、容错率、数据安全性、经济性等方面的要求综合考量，对部署架构进行设计，具体如图 6.22 所示。

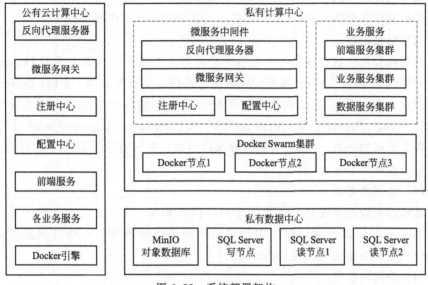

图 6.22　系统部署架构

① 公有云计算中心　采用单节点模式，将容器化引擎和数据库引擎部署在该单节点上，并分别在其上部署应用服务的容器实例和微服务中间件，提供对外访问服务，充分考虑系统经济性。

② 私有计算中心　采用多节点模式，基于 Docker Swarm 集群管理架构将各个 Docker 节点集群化，通过集群进行整体管理。在其上部署中间件及业务服务，通过 Docker Swarm 对各个业务服务、数据服务、中间件服务的容器实例进行节点分配调度和故障转移等操作，以保证系统的高可用、高性能。

③ 私有数据中心　采用多节点模式，将 MinIO 和 SQL Server 分别部署，采用 MinIO 存储系统的文件等信息，SQL Server 采用一主多从的模式，主节点用于数据写入，从节点用于数据检索，通过读写分离提高整体数据库的综合性能。

6.6.2　生产管控系统部署流程

Dockerfile 是用来构建镜像的结构化文本文件，通常一行由一个命令及对应的参数组成，可通过 Docker build 命令调用创建镜像。Docker Compose 是 Docker 官方的开源项目，用于通过基于 YAML 语法的模板文件对 Docker 容器集群实现快速编排，在安装 Docker Compose 后通过 Docker Compose up 命令运行模板文件，即可基于 YML 文件中的配置创建并启动所有容器实例。

（1）程序准备

将测试通过的源代码通过 IDE（Visual Studio）输出各个微服务应用的发行版，编写构建镜像所需的指令到 Dockerfile 文件中，编写三个 Docker Compose 容器编排文件，分别对应 Consul 集群、其余中间件和应用程序。

（2）引擎部署

通过远程连接软件连接私有计算中心的各个节点后，在其上部署 Docker 引擎，并配置 Docker Swarm 集群管理系统，选择主节点配置为 Docker Swarm 的管理节点。通过远程连接软件连接私有数据中心的各个节点后，在其上部署 MinIO 和 SQL Server 引擎。通过 SSMS（SQL server management studio）工具连接各个节点的 SQL Server 引擎进行基础测试。在公有云计算中心的单节点按照上述步骤部署 Docker 引擎。

（3）数据库部署

通过远程数据传输软件将数据库副本传输到各个节点，基于 SSMS 工具将数据库副本附加到上述数据库引擎节点，并进行相关测试；通过浏览器访问 MinIO 的管理界面创建指定的 bucket。

（4）中间件部署

在 Docker Swarm 的管理节点运行 Consul 部署脚本，并等待部署完成。通过远程数据传输软件将 Ocelot 的发行版程序传输到 Docker Swarm 的管理节点，从 Docker 远程仓库拉取 Nginx、Nacos 的镜像，再执行 Ocelot、Nginx、Nacos 的部署脚本，通过中间件搭配的 UI 界面查看部署情况验证是否成功。公有云计算中心采用相同的方法进行部署。

（5）微服务应用程序部署

通过远程数据传输软件将各个服务的发行版程序传输到 Docker Swarm 的管理节点，并运行应用服务部署脚本。公有云计算中心采用相同的方法进行服务的部署。

参 考 文 献

[1] 隆国强. 制造业是立国之本、强国之基 [J]. 中国发展观察, 2019 (23): 16-17.

[2] 姜红德. 智能制造的新支点 [J]. 中国信息化, 2018 (02): 7.

[3] 马绪鹏, 赵慧, 周京, 等. 京津冀模具行业智能制造转型升级高职人才需求调研分析 [J]. 模具工业, 2020, 46 (08): 76-80.

[4] 李伯虎, 张霖, 王时龙, 等. 云制造——面向服务的网络化制造新模式 [J]. 计算机集成制造系统, 2010, 16 (01): 1-7.

[5] Dragoni N, Giallorenzo S, Lafuenteal. et al. Microsevers: Yesterday, today and tomorrow [M] // Present and ulterior software engineering. Springerm, cham, 2017: 195-216.

第 **7** 章

智能模锻产线开发及应用

纵观全球，大数据分析以及机器人的普及应用，掀起了新一轮的产业革命浪潮，推动制造业向智能化和信息化发展，在这样的智能浪潮下，各个国家都将智能制造列为发展重点。锻件在装备制造领域属于重要的承力基础零部件，随着我国由制造大国向制造强国转变，锻造行业迫切需要向智能制造方向发展。

锻造行业是我国制造业的重要组成部分，目前我国在锻件产量上已跃居世界第一，但是仍然以人工锻造为主，随着我国由制造大国向制造强国的方向转变，迫切需要对传统的锻造技术与装备进行升级换代，推动锻造行业向自动化、数字化和智能化的方向发展。

7.1 模锻加工工艺分析

7.1.1 模锻加工工艺发展历程

锻造技术不仅是机械装备、能源电力装备、石油化工装备、钢铁冶金装备、船舶车辆等制造业不可缺少的基础技术，而且是国防建设及其他制造行业不可缺少的基础技术。

锻件质量决定着装备的制造质量，锻件质量极大地依赖锻造技术，在漫长的发展历程中，改善锻件组织、提高锻件性能，节约材料、降低成本，减少后续切削加工量一直是锻造技术发展的方向与追求的目标。为满足零件形状日益复杂的要求，从自由锻造技术发展到了模锻技术；为了完成复杂锻件的成形及防止锻件流线暴露于零件表面，提高特殊环境下零件的抗应力腐蚀能力，并进一步提高材料利用率、减少后续的切削量，提高机械制造的生产效率，锻造技术又从模锻工艺发展到了多向模锻工艺，图 7.1～图 7.3 分别表示自由锻、模锻和多向模锻加工。

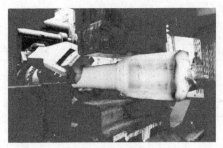

图 7.1　自由锻加工

图 7.2　模锻加工

图 7.3　多向模锻加工

目前多向模锻技术以其特殊的成形方式和较好的生产效果，使锻件更好地满足了国民经济各行业发展和国防建设发展的需求，逐渐成为锻造技术家族中一个有良好发展前景的分支。与普通模锻及分模模锻相比，它具有以下技术经济特点。

① 能使结构形状复杂的锻件成形，显著提高材料利用率和减少机械加工工时。实践证明：多向模锻可获得形状高度复杂、尺寸精确、无飞边、无模锻斜度并带有孔腔、形状和尺寸最大限度地接近成品零件尺寸的锻件，从而显著提高零件的材料利用率，减少机械加工工时和大幅降低锻件成本。图 7.4、图 7.5 所示的球阀体和泵车油缸均为多向模锻加工件。

图 7.4　多向模锻加工件——球阀体　　图 7.5　多向模锻加工件——泵车油缸

② 有助提高其力学性能。从大量多向模锻件的低倍检验结果看出，多向模锻件的金属流线沿锻件轮廓分布，有助于锻件力学性能的提高。此外，多向模锻不产生飞边，也就没有因为切边而产生流向末端外露的问题，这对零件的抗腐蚀性能尤为重要。多向模锻工艺的应用范围扩大到温度较窄和塑性较低的材料锻造。温度较窄和塑性较低的材料在普通锻造时，可能会存在拉应力的状态而使锻

件产生裂纹导致报废，然而在多向模锻时，由于坯料始终处于三向应力状态，金属的塑性较高，即使难变形的金属材料亦有可能承受锻造变形。

③ 模具结构简单，使用寿命长，制造成本低，使用维护方便，模具冷却与润滑效果好，因而多向模锻的模具使用寿命相对较高，这不但有利于提高生产效率，同时也使锻件生产成本降低。

随着制造业节能节材及对机器本身性能要求的不断提高，对多向模锻技术的需求将进一步增加。一方面表现为锻件的形状更加复杂，另一方面表现在对锻件的组织性能要求更高。为满足上述需求，未来还需要对多向模锻设备与工艺进行进一步的创新与改进。

7.1.2　模锻成形质量关键因素分析

正确认识影响模锻件质量的主要因素，对于模锻产品的采购及使用具有非常重要的意义。

（1）原材料缺陷

在一些大型设备中，承力、传力结构的重要件和关键零件一般需要进行锻造。航空锻件在锻压行业中属于技术含量最高、质量要求最严、价格最为昂贵的一类锻件。其中大型航空锻件所用材料和成形技术是彰显国家综合国力的标志之一。航空锻件一般选用高比强度、比刚度的材料，大型航空锻件用材料主要包括钛合金、超高强度钢、铝合金三大类。

锻件的质量需求对加工原材料提出了比较高的要求，作为原材料的坯料不应该存在缺陷，如钢锭或钢材不能存在残余的缩孔、气泡、疏松、夹杂等，因为这可能导致锻件开裂，对锻件质量造成影响。冶金原因引起的锻造裂纹，其高倍检验特征通常是伴有大量的氧化物、硫化物、硅酸盐等夹杂。高碳、高合金钢的原材料，容易存在严重的碳化物等第二相偏析，如果锻造时未能予以击碎并使其分布均匀，则会降低锻件的力学性能，热处理时可能导致锻件开裂或畸变。原材料表面若存在刮伤、结疤、折叠等，都会给锻件带来缺陷。因此，为了避免劣质模锻件的产生，在模锻生产中必须对原材料进行检验，图 7.6 所示为劣质模锻件。

（2）加热规范

锻造大型模锻件、合金钢模锻件时，若加热速度太快，内外层温差大，则温度应力和组织应力将导致中心部分出现裂纹。

图 7.6　劣质模锻件

加热温度过高、保温时间较长引起轻微过热时，将产生有光泽、呈结晶状、沿晶断裂的粗晶断口。轻微过热的粗大晶粒可以通过退火或正火处理，经过重结晶加以纠正。严重过热时，将产生萘状断口或石状断口。萘状断口的特征是呈现鱼鳞状的亮点，穿晶断裂；萘状断口产生的原因是粗大的奥氏体晶粒形成晶内织构，稳定性极高，在冷却过程中转变为铁素体时，仍会保留织构的特征。石状断口有明显粗晶，表面无金属光泽，色灰暗，沿晶断裂；石状断口的产生原因是过热温度下非金属夹杂溶解度增大，而在冷却过程中，非金属夹杂又从过饱和的粗大奥氏体中析出，包围奥氏体晶粒形成脆性晶壳。过热严重的锻坯，其力学性能极差。萘状断口可以通过高温正火消除晶内织构，而石状断口难以用热处理方法纠正，模锻件成形后，一旦发现石状断口就无可挽救了。

锻造加热温度低，未热透时，可能产生穿晶扩展的裂纹，尾端尖锐，无后续加热工序时，裂纹表面无氧化脱碳现象。

对于合金结构钢，如果终锻温度过高，终锻后奥氏体仍将继续长大，乃至超过原来的晶粒度。断口检验可以看到粗晶断口，高倍观察则出现魏氏体组织。如果终锻温度过低，钢处于双相区，夹杂沿毛坯主变形方向分布，从奥氏体中析出的铁素体优先附着在夹杂表面，形成带状组织。魏氏体组织和带状组织使锻件的力学性能下降，尤其是冲击韧性的下降更为明显。为了细化晶粒、改善组织、提高力学性能，对于具有此类组织的钢材，必须经过完全退火使之产生重结晶，图 7.7 所示为热处理后的模锻件。

图 7.7　热处理后的模锻件

(3) 模锻工艺

采用不同的模锻变形方式，例如开式模锻、闭式模锻、挤压、顶镦、高速模锻、辊轧等，其实质就是通过相应的模锻设备和模具，对毛坯施加不同形式的热学、力学条件，使其产生不同的物理场和组织性能演变过程。同一个锻件，变形方式的选择是否合理或最优，则模锻件的质量会有很大不同，错误的选择可能使成形过程不能实现，不甚合理的选择则会使成形困难，容易出现诸多的质量缺陷。

变形温度、变形速度、变形程度等模锻工艺参数，显然直接关系到模锻件的质量。例如，对于铸锭或某些材料，需要通过变形来压实组织、细化晶粒，如果模锻变形量小，则不能得到预期的效果；某些有色金属，特别是高强铝合金、镁合金等，要求小的变形速度和适当的变形程度，并适宜在压力机上成形，这样有助于避免产生裂纹，图 7.8 所示为锻件裂纹。

模锻件质量还与锻件设计、锻模设计有关。加工余量和锻造公差的选择要从实际出发，规定过小时，由于表面缺陷和尺寸误差，机械加工后很容易造成废品；锻件的分模面、模锻条腹、圆角半径、连皮尺寸和飞边结构等设计是否合适，都会影响金属的流动充填质量；忽视设置锁扣时，会因上下模错移导致锻件尺寸超差。此外，锻模的安装紧固、预热、冷却等

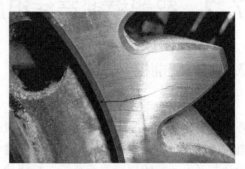

图 7.8　锻件裂纹图

都应遵守规范，并随时检查，及时纠正违章现象。

(4) 模锻设备

20 世纪 60 年代至 90 年代，国内主要锻造设备为锤设备，如 1MN 对击锤、0.4MN 对击锤、0.16MN 锤、0.10MN 锤、0.05MN 锤等，结合设备，主要靠传统经验及试错方式对锻件进行生产分段（锻件长度不超 2m，投影面积小于 0.7m²），设计 1 套模具，靠多火次小变形来制造锻件，首试制如成形不足或性能不满足要求，再通过修整进行二次或多次试制，直到满足要求为止，该方式锻件余量大、制造周期长、制造成本高。进入 21 世纪，国内出现了以 800MN 大型模锻压机为代表的大型锻压设备，同时配合数值模拟技术，使锻造技术进入快速创新迭代阶段，锻造技术进入"可预测、可创新、可重复、可追溯"四可阶段，即技术人员利用可控压机设备和数值模拟软件可提前预测锻件成形和进行组织性能预判，精化锻件余量，不仅缩短了生产周期，降低了制造成本，而且进一步提高了锻件质量，形成了短流程绿色形性协同成形技术，并突破了一系列关键核心技术。

目前，我国模锻设备品种较多，模锻成形设备主要包括以螺旋副传力机构为特征的（摩擦式、离合器式和电动式）螺旋压力机、以曲柄连杆传力机构为特征的（温）热模锻压力机、以锤头传力机构为特征的模锻锤、以油缸传力机构为特征的液压机和以旋压成形为特征的辊锻机、辗环机等，其中螺旋压力机所占市场份额最大，占 40% 左右，螺旋压力机制造已发展成为我国模锻装备制造中一个举足轻重的行业。随着社会化大生产的逐步形成，热模锻压力机适合自动化、批量化生产的特点必将成为今后产品升级转型改造的重要装备之一。模锻锤是一种有限能量的模锻设备，打击速度快，冲击力大，有利于垂直变形件的锻造，但振动和噪声等缺点限制了其发展。

7.2 智能模锻产线组成分析

7.2.1 智能模锻产线布局设计

模锻制造生产企业按照"管理数字化，制造智能化"的发展思路，重点优化环状锻造生产线，实施数字化和智能化制造生产。基于新一代信息技术和智能制造技术的发展，以数字化指导生产贯穿整个制造过程，通过智能生产管控、智能设计与开发、智能制造执行系统、智能检测与控制实现企业生产运行的全过程。以某公司模锻生产线为例，对其锻压流程展开研究分析，模锻生产线平面布局如图 7.9 所示。

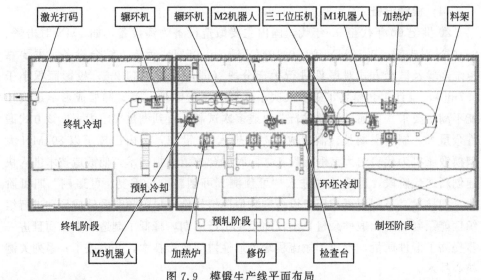

图 7.9 模锻生产线平面布局

通过分析模锻成形加工工艺过程，结合各种类型环件的生产需求，根据实际情况，将生产线分为三个阶段：制坯阶段、预轧阶段、终轧阶段。模锻生产线由3 台机器人代替人工搬运来实现自动化生产。各个阶段使用运输机器人完成生产连接，生产线按照一定的节拍进行生产，各个工位的工艺节拍又是相互独立的。

根据制坯阶段的工艺要求，从加热、镦粗、冲孔、检查等工艺流程出发，机器人 M1 位于加热炉和压力机之间，用于将加热出料后温度合格的工件从加热炉夹持到压力机的第一工位上。机器人 M2 负责将夹持工件在压力机上完成镦粗，并由 M2 抓取工件放到第二工位进行冲孔，再由 M2 抓取工件在第三工位完成毛边的剪切。

预轧阶段，机器人 M3 位于在辗环机与加热炉之间，处于压力机左侧。M3 从压力机取下工件，由检查人员目视检测，存在表面缺陷的由传送带 2 转入修伤区。合格的工件由 M3 转入加热炉，加热完成后将工件转入辗环机。终轧阶段中，机器人 M3 从辗环机中取出工件到传送带 3 上，由检查人员目视检测，存在表面缺陷的转入修伤区。合格的工件再一次由 M3 机器人夹持放入加热炉中加热，加热后的工件经过 M3 的夹取进入辗环机中，后由 M3 机器人夹取到胀型机进行胀型，最后放入终轧冷却区。

7.2.2　车间智能生产设备介绍

模锻生产线的主要由辗环机、工业机器人和加热炉等设备组成，下面对组成模锻生产线的主要设备进行介绍。

（1）辗环机

辗环机是用于生产各种形状和尺寸的无缝环形锻件的设备，按机架的形式与环形件所处的位置，辗环机分为立式与卧式两种。多数中小型辗环机，为了操作方便，采用倾斜立式，而大型辗环机从工件平移、传动方便出发，多采用卧式。

按工艺方式，辗环机分为闭式与开式辗环机。闭式辗环机将加热并冲有小孔的坯料套在芯辊上，靠辗压辊的内缘带动坯料旋转，实现坯料厚度的减薄与直径的扩大。这种工艺方式对结构等有限制，已较少采用。开式辗环机将加热并冲有小孔的坯料套在芯辊上，靠辗压辊的外缘带动坯料旋转，实现坯料厚度的减薄与直径扩大的轧制成形。这种工艺方式无论进出料，还是辗环的直径与机器结构都比较合理适用，所以被广泛采用，图 7.10 所示即为辗环机。

图 7.10　辗环机

（2）工业机器人

工业机器人是广泛用于工业领域的多关节机械手或多自由度的机械装置，具有一定的自动性，可依靠自身的动力能源和控制能力实现各种工业加工制造功能。工业机器人被广泛应用于电子、物流、化工等领域中，可以是固定式的也可以是移动式的。操作机又定义为"是一种机器，其机构通常由一系列相互铰接或相对滑动的构件组成。它通常有几个自由度，用以抓取或移动物体（工具或工件）。"所以，对工业机器人可理解为：拟人手臂、手腕和手功能的机械电子装置；它可把任一物件或工具按空间位姿（位置和姿态）的时变要求进行移动，从而完成某一工业生产的作业要求，图 7.11 即为工业机器人。

图 7.11　工业机器人

（3）加热炉

加热炉是将物料或工件加热到轧制、成形、锻造温度的设备，加热炉包括连续加热炉和室式加热炉等。金属热处理用的加热炉另称为热处理炉。初轧前加热钢锭或使钢锭内部温度均匀的炉子称为均热炉。加热炉应用遍及石油、化工、冶金、机械、建材、电子、制药等诸多行业及领域。

在锻造和轧制生产中，钢坯一般在完全燃烧火焰的氧化气氛中加热。采用不完全燃烧的还原性火焰（即"自身保护气氛"）来直接加热金属，可以达到无氧化或少氧化的目的。这种加热方式称为明火式或敞焰式无氧化加热，成功地应用于转底式加热炉和室式加热炉，图 7.12 所示即为锻造加热炉。

图 7.12　锻造加热炉

（4）激光打码机

激光打码机按照标识形式的不同，可以分为刻划式和点阵式两种。市场中出现的激光打码设备大多是刻划式的，而马肯的激光打码设备则采用新型点阵技术——点阵驻留技术。划线式激光打码机主要是将要标识的字符的轨迹完全刻划出来，而点阵式的激光打码机则是将要标识的字符的一些重要轨迹点刻划出来。因此，在同样能量的情况下，新型点阵式的激光打码机打印速度更快。

激光打码设备的工作原理是将激光以极高的能量密度聚集在被刻标的物体表面，通过烧灼和刻蚀，使其表层的物质气化，并通过控制激光束的有效位移，精确地灼刻出图案或文字。图 7.13 所示即为激光打码机。

图 7.13　激光打码机

（5）螺旋压力机

螺旋压力机是使一组以上的外螺栓与内螺栓在框架内旋转产生压力形式的压力机械的总称。螺旋压力机产生压力有两种方式，一种是向螺栓上施加扭矩而产生静压，另一种是通过螺栓上固定飞轮的旋转能量集中一次用于成形的方式。只要通过螺旋结构使滑块产生上下成形扭矩的压力机，均视为螺旋压力机的一种。

图 7.14　螺旋压力机

一般螺旋压力机的下部都装有锻件顶出装置。螺旋压力机兼有模锻锤、机械压力机等多种锻压机械的作用，万能性强，可用于模锻、冲裁、拉深等工艺。此外，螺旋压力机，特别是摩擦压力机结构简单，制造容易，所以应用广泛，图 7.14 所示即为螺旋压力机。

7.2.3　模锻成形生产车间建模

FlexSim 模型是考虑加工、排队和运输等因素而建立的，包括系统中临时实体上的加工时间、上游的到达速率超过下游的加工速率时出现的排队现象、临时实体从一个工位移动到另外一个工位的过程等。FlexSim 建模仿真过程中通常应用固定资源类实体、任务执行类实体、网络类实体、图示类实体、临时实体等，将实际问题转换成系统三维模型表示出来，并进行优化分析。FlexSim 是针对离散时间进行仿真的软件，由构造元素系统化地建立仿真模型，并通过三维显示功能显示出来。FlexSim 提供了三维虚拟现实的模拟环境、模型导入、程序输入、模型背景导入等功能进行模拟仿真，从而使模拟过程更接近真实情况。结合内置的统计功能，对模型实施数据采集，从而实现对模型的优化分析。

以锻压生产线实际布局为依据，对物流模型进行简化和假设，将工厂实际生产线进行同比例缩小，将对应的模型对象从左侧对象库中拖入仿真模型窗口中，布置在各设备的实际位置，保证建立的模型可以正确地把实际系统描述出来。根据模锻成形的加工要求，模型建立需要发生器 1 个、暂存区 2 个、处理器 21 个、操作员 6 个、机器人 3 个、叉车 2 个。根据生产过程实际情况，对模型对象名称进行设定，还可以对模型对象属性进行设置，并通过空间坐标确定模型对象的位置。发生器设定为产生工件的订单，暂存区设定为料架和缓冲区，处理器设定为生产过程中的加工设备，传送带设定为生产线中用于传送待加工工件到下一工位的传送装置，吸收器设定为工件加工完成流入下一车间，临时实体代表待加工工件。

为保证工件在各设备间按生产工艺顺序加工，对相邻工位的设备进行 FlexSim 中的 A 连接，对机械臂、操作员进行 S 连接，加工过程中的特殊工序采用程序编译进行工件流向的控制。各设备连接完成后，锻压生产线 FlexSim 仿真模型如图 7.15 所示。

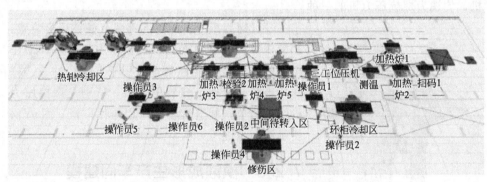

图 7.15　锻压生产线 FlexSim 仿真模型

7.3　智能模锻产线功能系统

7.3.1　智能模锻产线生产仿真设计

(1) 模锻生产线生产工艺介绍

对某公司模锻生产线的锻压流程进行研究，锻压线共有 23 道工序、20 个工位，其中整个生产加工过程存在同型号设备的并行工序和通用设备的循环加工工序。锻压生产线标准加工工艺流程如图 7.16 所示，加工时间及其他参数如表 7.1 所示。

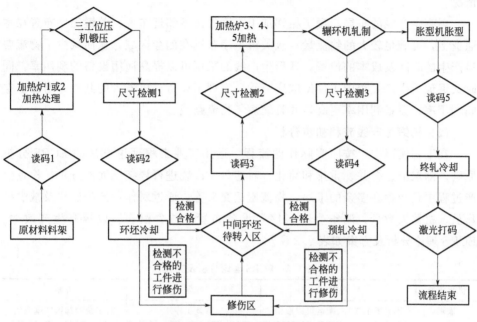

图 7.16 标准加工工艺流程

表 7.1 加工时间及其他参数

工位	加工时间/s	运输时间/s	容量	工位	加工时间/s	运输时间/s	容量
料架	0	6	60	检验 2	20	50	1
读码 1	2	36	1	加热炉 3、4、5	5400、3600	36	2
加热炉 1、2	10800	32	6	辗环机	300、120	36	1
压机	300	20	1	检验 3	20	50	1
检验 1	20	50	1	读码 4	2	300	1
读码 2	2	300	1	冷却 2	28800	300	60
冷却 1	28800	300	60	胀型机	120	15	1
修伤	3600	300	60	读码 5	2	15	1
待转入	0	0	60	冷却 3	28800	15	60
读码 3	62、2	70	1	打码	30	—	1

根据锻压件加工工艺特点，充分利用加热炉等资源，车间生产线采用复合循环、并行的流水线布局。复合循环主要体现在工件首先经过加热炉 3 或 4 或 5 加热后进行第一次辗环，经过尺寸检测平台 3 检测后，合格的工件再次经过加热炉加热，并进行第二次辗环，最后进入胀型机胀型。并行工序主要体现在工件在加

热工序可以进入任意加热炉加热，实现加热炉资源的合理配置。由于加热炉加热时间较长，通过并行加工不会出现上游工件堆积待加工、下游工序供料不足的情况。

现有生产线的布局实现了相邻加工工序的设备邻近布置；关键工序布置在主通道上，可满足较大的物流量；次关键工序布置在侧旁区域，从而减少了物流搬运产生的时间及成本的浪费。环形生产线的采用可以提高通用设备的利用率，同时又保证了生产过程中工件的顺序流动，实现了设备、机器人的共用，增加了空间利用率，设备利用率更高，并且缩短了物流路线。

（2）模锻生产线流程初步分析

在工程实际中，按照实际作业流程，运用工业工程理论方法的 ECRS 分析原则，即取消、合并、重排和简化，对整条生产线进行详细全面的分析，检查生产过程中是否存在多余的工序、物流搬运交叉等。通过对作业流程优化及减少操作员、机器人数量，调整生产工序及设备布置，减少浪费，以提高生产效率。ECRS 理论分析及方案如表 7.2 所示。

表 7.2　ECRS 理论分析及方案

优化策略	内容	措施	方案
取消	不必要的工序、搬运可以取消	重复工序	对多余冷却区实施取消
合并	无法取消的必要设备及人员	多个设备进行合并	对集中分布的操作员合并
重排	取消和合并无法满足优化要求	调整工序	调整工件检查顺序
简化	以上方式均不能使用时	采用先进设备及简单方法	采用加热效率高的设备

①"取消"不必要的生产工序和设备　审查加工工艺流程图中的每一项工序，确认其保留的必要性，凡是涉及的工作、工序、操作取消后不影响工件加工的便可取消。如果不能全部取消，可以进行部分取消，取消是改进、优化的最高原则。

②"合并"不能取消的必要工序和设备，考虑能否合并　对流程图上的搬运及检验工序，考虑是否可以相互合并。在保证质量、提高效率的前提下，将两个或者两个以上的对象变成一个，能够有效地消除重复现象，取得较大的改善效果，当生产线中设备利用率不高、空闲时间占比较大时，就需要考虑将相应的工序或设备进行调整或合并。

③"重排"所必需的工序　对流程图上的生产加工序列进行宏观分析，考虑重新排列的可行性和必要性，对设备或工序重排或许就能够实现生产效率的显著提高。通过重排改变生产流程中的加工顺序，使加工的先后顺序重新组合，从而达到改善生产的目的。

④"简化"所必需的工作环节　对生产加工流程的改进还可进行必要的简

化，将复杂的流程简化，每道工序也可以进行简化，这种简化是对加工内容和处理环节本身的简化，也可以考虑能否采用最简单的方法和设备代替繁重的工作和复杂的设备、工具。

对生产线进行工序寻优分析，寻找设备、操作员、机器人协调工作的契合点，再结合 5W1H 工作分析法，可以找到生产流程的改善方向，构建新的工作流程。经理论方法分析可知生产线目前存在的问题：模锻件加热炉加工时间过长，出现其他设备处于空闲状态，基于加热炉的加工特点———一次加工完成多个工件，加热完成后，又会造成下游生产线设备的拥堵，资源分配不合理是瓶颈出现的主要原因，已影响整条产线的生产能力；机器人 M2、M3 搬运任务量分配不合理，M3 搬运次数多、路线长，存在超负荷工作，搬运的存在不仅增加了机器人的任务量，还增加了产品生命周期，所以应该减少搬运距离及时长；预轧和终轧阶段通用设备处理能力有限，造成一定的工件堵塞。

（3）Petri 网建模基础

模锻生线的生产加工分为多个工序，为保证工件生产活动的正常运行，需要以工艺顺序为约束条件构建模型的运行逻辑。根据 Petri 网的基本理论，将库所和变迁这两个元素与生产线中的固定设备和加工过程一一对应，然后以工位为基本建模对象，按照生产线的生产规划将库所和变迁元素合理安排在相应的位置，使生产活动按预设的工艺顺序从第一个工位依次进行加工处理。

为保证仿真模型更接近实际生产物流系统，在建模之前，设定一些必要的假设对模型进行合理的简化。

① 根据客户实际需求以及加热炉的单次加热容量，采用小批量生产的方式，一次加工 60 个工件；本着节能的原则和考虑环形模锻生产线的特殊性，一批工件加工完成前实现不间断作业，故生产作业模式采用三班倒，操作员采用轮岗制，每班工作时长为 8h。

② 生产过程中各个工位加工的工件运送时间（也就是运送毛坯或半成品在各个工位之间的时间）用时间延迟表示，也就是生产的预置时间。

③ 将实际生产时间进行处理器处理，假设生产线上不同的原材料将转化为不同类型的临时实体。

④ 由于实际锻压生产线功能区设置较多，生产系统较复杂，所有功能区都模拟难度较大，故对生产线做出简化，只对生产线加工过程涉及的设备进行建模，操作间等辅助设备暂不考虑。

⑤ 生产线上每台生产设备和原材料投料的准备时间为零，保证所有设备能立即进入加工状态，并且各种原材料资源充足，保证生产线上第一道工序的正常开始。根据实际生产情况，假设该模型不会出现残次品，各种生产设备也不会出现故障。

（4） Petri 网模型的建立

根据标准加工工艺流程，锻压生产线属于典型的流水线生产，包括制坯阶段、预轧阶段、终轧阶段，其中生产过程中存在并行加工工序和循环加工工序。通过 Petri 网中的库所和变迁元素将实际生产物流系统中的功能在模型中表示出来。

根据锻压生产线加工工艺流程，将库所和变迁元素与生产工位和加工过程联系起来，建立了能够表达系统逻辑特性、物理特征和几何特征的 Petri 网模锻生产线物流系统模型。首先，将 Petri 网扩展为了具有输入输出的开放系统，使其能够描述由信息和实体混合而成的层次复杂的系统。其次，采用面向对象的方法将生产线物流系统分解为了子研究对象。最后，对研究对象之间的关系进行了分析，并给出了每个事件发生的前提条件和后续条件。

（5） 建立 Petri 网的动态模型

运用 Petri 网建模可以更加直观地反映事件的动态情况，表达出生产系统中的并行、冲突、顺序等关系。图 7.17 表示了生产物流 Petri 网模型。

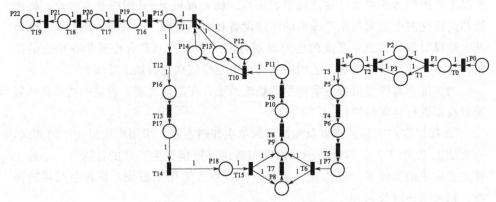

图 7.17　生产物流 Petri 网模型

图 7.17 中各库所与变迁在模型中的含义如表 7.3 和表 7.4 所示。

表 7.3　库所在模型中的含义

库所编号	库所含义	库所编号	库所含义
P0	毛坯存放处	P6	锻压后的毛坯读码
P1	毛坯读码	P7	冷却锻压后的毛坯
P2	供毛坯加热的加热炉 1	P8	毛坯或环坯的缓冲区
P3	供毛坯加热的加热炉 2	P9	对毛坯或环坯进行修伤
P4	三工位压机	P10	冷却后的毛坯读码
P5	对锻压后的毛坯尺寸检测	P11	冷却后的毛坯尺寸检测

续表

库所编号	库所含义	库所编号	库所含义
P12	供毛坯或环坯进行加热的加热炉 3	P18	冷却环坯
P13	供毛坯或环坯进行加热的加热炉 4	P19	对环坯进行胀型
P14	供毛坯或环坯进行加热的加热炉 5	P20	对胀型后的环坯读码
P15	将毛坯辗成环坯	P21	对胀型后的环坯冷却
P16	对环坯尺寸检测	P22	激光打码
P17	对环坯读码		

表 7.4　变迁在模型中的含义

变迁编号	变迁含义	变迁编号	变迁含义
T0	M1 搬运毛坯	T10	M3 搬运毛坯或环坯至加热炉
T1	读码后经 M1 转运到加热炉	T11	M3 搬运毛坯或环坯至辗环机
T2	将加热后的毛坯经 M1 转移到压机	T12	M3 搬运环坯
T3	M2 搬运毛坯进行检测	T13	环坯经传送带转运
T4	检测后的毛坯经传送带转运	T14	人工转运环坯进行冷却
T5	读码后的毛坯经人工转运	T15	冷却后的环坯人工转运到修伤
T6	冷却后的毛坯经人工转运	T16	M3 搬运环坯至胀型机
T7	修伤后的毛坯或环坯经人工转运	T17	M3 搬运环坯进行读码
T8	毛坯经传送带转运进行读码	T18	吊车转运环坯进行冷却
T9	人工转运毛坯或环坯进行检测	T19	吊车转运环坯进行激光打码

（6）Petri 网模型到 FlexSim 仿真模型的映射

通过对模锻生产线的生产工艺流程以及 Petri 网模型进行分析，可以得出整个系统中各资源的运行逻辑关系，包括生产线的功能、加工工艺、上下游工位的衔接等，但是对于系统的仿真还需要明确生产线的设备利用率、工位加工时间、生产线节拍等。系统的 Petri 网模型虽然能清晰地反映整个生产过程，但上述仿真优化要求无法单独完成。为了更好地模拟实际生产系统，实现对生产线的仿真，需要建立面向生产对象的仿真模型，提供一个三维可视化的建模环境和形象直观的人机交互界面。FlexSim 是一个功能强大的仿真分析工具，具有良好的3D 效果、仿真容量大、扩展性好、个性化强等特点，能够快速创建系统模型，设置模型参数，通过编程建立内部逻辑关系，可以将模型直观地展现出来，还可以导出系统运行的数据报告，通过动态仿真，能在较短时间内找出系统问题，制订优化方案。

Petri 网模型与 FlexSim 仿真模型之间的映射规则为：在仿真模型中，用FlexSim 模型中的暂存区代替 Petri 网中各种资源的库所元素；用处理器代替变迁元素，FlexSim 仿真模型中的每个端口对应于 Petri 网中的控制弧；FlexSim 模型中的生成器生成各种有色临时实体，代替分层有色 Petri 网模型中的各种有色托盘；转换时间从 Petri 网模型到 FlexSim 模型，将变迁中的时间赋予到相应的处理器时间参数中。

7.3.2　智能模锻系统过程控制优化

以航空锻造过程为例，在航空锻造中，主要关注生产过程、关键设备以及产品质量，下面主要就其进行论述。

(1) 基于数字孪生的锻造过程在线监控

航空锻造单元多为多品种、小批量的生产模式，在实际生产中存在不确定因素多、扰动大等困扰，难以对生产进行实时调控，急需提高对生产状态的实时掌握程度，降低甚至消除生产线的"黑箱"现象，从而增强对生产计划和资源配置的动态调整能力，提升生产效率。为此，可以采用数字孪生技术，从几何、行为、物理、规则等多维度对实际生产过程进行实时映射，以达到对锻造单元生产状态、锻件流动信息以及设备工作状态的实时掌握。

以某航空锻造单元为对象的数字孪生实时三维可视化监控界面如图 7.18 所示，依托现场的多源数据感知与融合系统，生产过程数据将实时驱动模型的运行，实现对生产过程的实时映射。在此基础上，管理人员能够直观地对锻件加工流程进行在线追踪。此外，对生产过程的监测还集成了异常报警的功能，提醒管理人员及时处理生产过程的异常情况。

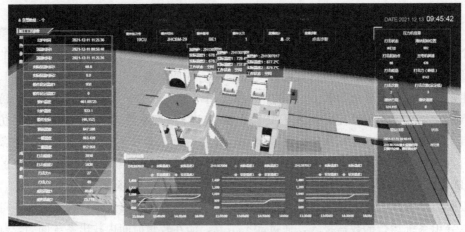

图 7.18　航空锻造单元的数字孪生实时三维可视化监控界面

(2) 基于数字孪生的锻造设备故障预测与健康管理

除了锻造生产过程，生产设备也是数字孪生应用的重要场景。压力机等锻造关键成形装备具有造价昂贵、结构复杂、工作环境恶劣等特点，一旦出现故障，需要耗费大量的时间精力去排查和处理，除设备本身维修费用外，长期停产也将给企业带来巨大的经济损失。此外，设备的健康状态直接关系着锻件的成形质量，有必要对设备的工作情况采取科学的管理方式。目前，航空锻造企业对于设备的维护仍主要采用定期点检，即预防性维护的方式，甚至只有发生故障之后才进行维护（事后维修）。因此，实现关键锻造装备的故障预测和健康管理（prognostics and health management，PHM），建立关键设备的预测性维护机制，对保证重资产装备的高效、可靠、安全运行具有重要意义。

以锻造生产的核心设备压力机为例，基于数字孪生的压力机 PHM 整体框架如图 7.19 所示，主要流程为：首先结合设备运行的机理以及实际的设备初始相关参数和数据，从多角度以及采用多方法构建对应的数字孪生模型，该模型将根据设备的实时状态动态地进行更新与修正，以实现对设备状态的实时映射；设备工作前，信息空间的设备数字孪生模型将同步感知设定参数，并且通过模拟仿真得到关键特征参数的预测值；将数字孪生模型模拟仿真得到的特征参数预测值与从设备感知的实际值进行分析比较，综合分析结果得到故障诊断信息和设备的健康状态，同时将本次分析结果作为样本，进一步对数字孪生模型进行优化。

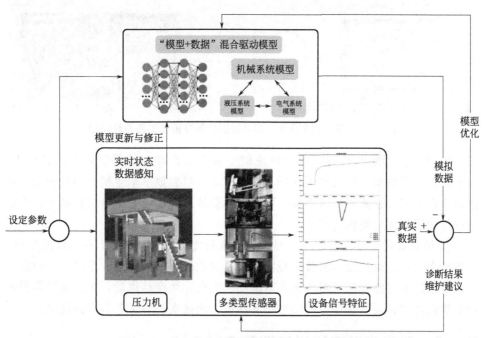

图 7.19　基于数字孪生的压力机 PHM 整体框架

(3) 基于数字孪生的锻件质量分析与工艺参数优化

航空锻造结构件对生产质量具有非常严格的要求，并且单件成本往往较高，如果加工过程中频繁出现由工艺参数导致的不合格品，不仅会影响产品的及时交付，而且会导致较大的直接经济损失。基于数字孪生的锻件质量分析与工艺参数优化可以将锻件关键部位形状标准尺寸作为目标，对成形温度、成形速度、成形高度、打击力、打击能量、打击偏载、润滑喷雾量（由喷雾时间表示）以及模具使用次数等参数进行综合分析和优化控制。图 7.20 为整个分析和优化流程，在构建质量分析数字孪生模型时多与人工智能技术和有限元仿真技术相结合，通过不断积累的历史数据对质量分析模型进行更新、修正和完善，持续提升模型的仿真程度。从功能上看，该应用主要分为锻件成形质量分析与工艺参数优化两部分。

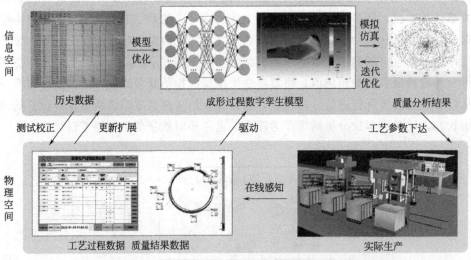

图 7.20　基于数字孪生的锻件成形质量分析与工艺参数优化

① 锻件成形质量分析　针对传统航空锻造生产存在的质量监控滞后性大、效率低、高度依赖人工管理等问题，在构建成形过程数字孪生模型的基础上，通过对生产工艺过程数据实时感知，可以在线获取锻件成形的质量分析结果，为航空锻件的质量优化提供支撑。

② 锻件成形工艺参数优化　对工艺参数的优化从时间维度上看可以拆分为 3 个方面来实现：生产前，对预先设定的工艺参数进行仿真优化；生产时，依靠对生产数据的实时感知实现对工艺参数的动态优化；生产结束后，可以通过累积的历史数据持续提升数字孪生模型的仿真程度，间接实现对工艺参数的优化。

7.3.3　智能模锻产线供应链系统

(1) 智慧物流供应链概述
信息技术是智慧物流供应链的基础，在传统物流供应链的基础上，相关环节产生的数据能够依托信息网络进行传递，由此，大数据技术的优势得到发挥，通过对物流供应链数据的搜集、整理和分析，对物流供应链中不同环节进行监管，从而提高物流供应链的整体运营效率，降低运营成本，这就是智慧物流供应链。相比较来说，智慧物流供应链实现了计算机系统对物流数据的整合管理，智慧物流供应链使原本复杂的物流供应链更加简单、智能。

（2）智能制造背景下智慧物流供应链建设现状

智能制造是利用计算机软件技术，根据特定的逻辑实现对特定输入信号的反馈，从而提高制造效率与精度，这与智慧物流供应链建设目标不谋而合。

1）智慧物流供应链市场规模增加

随着社会经济转型发展，结合现阶段产业结构调整的相关要求，传统物流行业体制庞大、业务分散、效率低下等问题逐渐暴露出来，精细化、集约化与高效化的物流供应链体系成为现阶段社会发展的重要保障。依托互联网技术的发展，智慧物流供应链已经从理论走向实践，且规模在持续扩大。据统计，2019 年我国智慧物流供应链市场规模达到了 4500 亿元，预计到 2025 年，将超过 10000亿元。

智慧物流供应链市场规模的增加得益于我国城镇化转型的持续推进，网络零售业务的开展使端到端的物流供应链体系得到重视，智慧物流供应链可以最大限度地进行零售业务数据的整合与分析，从而制订最佳配送方案，由此，能够大大提高物流供应链效率，在满足消费者需求的同时，也从某种程度上降低运营成本。

2）智慧物流供应链智能化水平提升

智慧物流供应链的核心是人工智能技术，这与传统意义上的自动化技术有着本质的区别，在简单信息反馈、数据存储等技术的基础上，利用工业机器人、光学识别、大数据、计算机软件等技术实现对物流供应链的智能控制，具体如图 7.21 所示。近年来，科学技术的快速展，促进了智慧物流供应链智能化水平

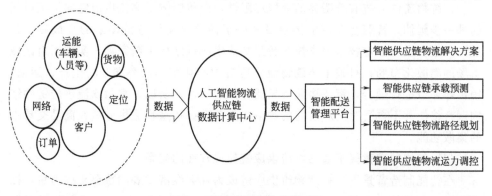

图 7.21 智慧物流供应链系统

的持续提升，完成了智慧物流供应链端到端的管理，从而保证了物流供应链各环节数据的可控、可查、可追溯等。

以物流冷链为例，依托人工智能技术，智慧物流供应链建设能够根据产品类型、物流运输方式、保险时限等相关要求，选择最佳配送方式，并制订最优配送路线。

3）多数据平台信息融合

智慧物流供应链建设需要庞大的数据作为支撑，智能制造背景下的信息系统日趋完善，在此情况下，在制订统一数据通信协议的基础上，相关平台之间实现数据共享成为可能，并且对应平台可根据自身需要提取相应数据，进而完成数据融合，在此基础上，智能制造背景下的智慧物流供应链的信息化、智能化成为可能。例如，智慧物流供应链与交通管理系统进行数据融合，物流企业可以实时接收交通管理系统提供的道路信息数据，并结合物流供应链的配送任务，适时调整物流供应链各节点设计，从而提高物流供应链配送效率。

智慧物流供应链建设服务需求碎片化，针对传统实体经济发展的需要以及信息技术水平的限制，早期物流供应链主要解决批量化、系统化、集中化的服务需求，但是"最后一公里"的问题依然未能得到解决，消费者对物流供应链的服务需求得不到满足。然而，在现代电子商务快速发展的过程中，物流供应链服务的对象呈现出明显的离散化特征，物流供应链的发展开始面向消费者，服务需求的碎片化成为现阶段智慧供应链物流的建设趋势。所谓碎片化，是指传统供应链物流的大宗货物集中管理现象不断减少，客户较为分散的小装物流数量明显增加。传统物流供应链模式不仅成本较高，且无法满足庞大的客户需求。智慧物流供应链能够满足庞大的服务需求，对大宗货物与碎片化服务需求有着相同的承载能力，可实现对物流供应链中各关键点位信息的精准管理，随着物流供应链需求碎片化程度的不断加深，智慧物流供应链的优势将更加明显。

4）智慧物流供应链结构调整

传统物流供应链有着明显的地域局限性，严重影响了物流供应链向下沉市场的进一步延伸，智慧物流供应链建设解决了传统物流供应链体系的"最后一公里"问题。以大数据技术为支撑的智慧物流供应链结构不断完善，实现了对区域市场的离散化布局，打破了传统物流供应链中心化结构的弊端，将生产、运输、销售等环节进行融合，赋予多元市场泛化流通属性。所以，智慧物流供应链的结构调整将使其不再受时间和空间的约束，充分发挥智慧物流供应链在商品交易中的集散功能。

(3) 智能制造背景下智慧物流供应链建设存在的问题

在智能制造背景下，智慧物流供应链成为社会经济发展的重要支撑力量，社会各领域对智慧物流供应链建设形成了高度统一的认识。然而，受多种因素制约，现阶段智慧物流供应链建设存在体系不健全、标准化缺失、适应性人才不足等问题。

1) 体系不健全

相比于传统物流供应链建设要求，智能制造背景下的智慧物流供应链建设需要更加广泛的产业协同，强调各环节中相关企业的合作共赢。从实际执行情况来看，智慧物流供应链建设需要多行业、多领域企业共同参与，由于不同企业在信息化建设方面存在差异，导致无法完成智慧物流供应链的体系化建设，企业之间在可公开的数据方面并未做到透明化，最终影响智慧物流供应链体系的完善。

以食品物流供应链为例，原材料采购、运输、产品加工、销售等相关环节涉及多个企业，若其中某一企业信息化水平无法达到智慧物流供应链对数据共享的要求，将导致相关风险增加。

2) 标准化缺失

目前，智慧物流供应链建设中的标准化问题普遍存在，由此导致智能制造背景下智慧物流供应链建设规模与效率无法达到预期，具体表现在以下三个方面。

① 企业商品信息化标准体系建设存在不足　智慧物流供应链的数据共享缺乏统一标准，限制了智慧物流供应链建设的数据输入，整个智慧物流供应链体系中出现大量"信息孤岛"。

② 政府在智慧物流供应链建设方面并未推出强制性行业标准　相关企业根据自身实际情况，从成本控制的角度考虑，在选择相应标准时就存在一定的倾向性，忽略了标准差异给物流供应链带来的影响，最终限制了智慧物流供应链优势的发挥。

③ 国内智慧物流供应链建设中基础设备设施标准化未能实现　基础设施规格、型号等缺乏统一标准，这也是影响智慧物流供应链建设的核心因素之一。国外物流供应链基础设备设施建设利用规范化标准与强制执行政策，从而保证了物流供应链设备与设施之间的兼容性，提高了物流供应链效率。

3) 适应性人才不足

智能制造背景下的智慧物流供应链建设在技术上与其他技术领域有着广泛交叉，如计算机、自动控制、机器视觉、图像识别、传感器、大数据、金融、能源等相关领域，因此，智慧物流供应链建设需要大量复合型人才。但是，现阶段人才培养机制的响应速度较慢，无法提供满足智慧物流供应链建设的人才队伍。

除此之外，传统人才培养机制存在明显的"重理论，轻实践"现象，智慧物流供应链建设中的人才培养成本成为一项不可忽视的支出，这对追求低成本、高效率的智慧物流供应链建设产生了一定的影响。

(4) 智能制造背景下智慧物流供应链建设趋势

智能制造背景下智慧物流供应链建设是对传统物流供应链的完善，根据科学技术的发展趋势以及市场需求的变化，智慧物流供应链建设存在以下方面的发展趋势。

1）全面化、网格化

目前，智慧物流供应链建设已经下沉到社区、乡镇，这与传统物流供应链的中心化形成鲜明对比，在物联网技术快速发展的背景下，智慧物流供应链建设将呈现全面化、网格化的趋势。其中，智能制造背景下云技术在物流供应链领域得到广泛应用，将物流、仓储、金融等环境进行整合，实现了智慧供应链的线上管理，提高了物流供应链智能化水平。

如图 7.22 所示，云技术、物联网技术等在智慧物流供应链不同环节中的作用得到充分发挥，智能制造背景下智慧物流供应链建设的全面化、网络化应从以下两个层面进行解释。

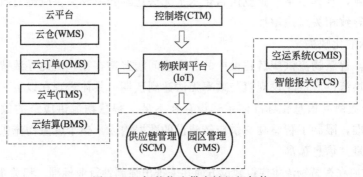

图 7.22　智慧物流供应链组织架构

① 智慧物流供应链的全面化　是指结合大数据技术的应用，通过链接每一台数据终端，可以实现最及时的"端到端"服务，在物流供应链数据分享方面，除相关节点企业外，将电子商务背景下的消费者纳入智慧物流供应链体系中，消费者可以通过终端查看、修改配送信息，由智慧物流供应链系统进行适时调整。

② 智慧物流供应链的网格化　是智能制造背景下智慧物流供应链建设的必然选择，利用 GIS 技术对服务区域进行分割、编号，实现智慧物流供应链与服务区域的精准对接。同时，配合无人值守快递柜的普及，能够有效减少物流供应链配送成本，提高配送效率，并通过实时配送情况对网格规划进行实时调整，实现区域网格动态优化配置。

2）精准化

智能制造背景下制造企业的存在感将更加明显，在过去较长一段时间里，智能制造企业多作为"幕后"工作者，为物流供应链提供配套"产品"，随着智慧物流供应链建设规模的不断扩大，技术成为影响智慧物流供应链建设中客户服务满意度的决定性因素。在此情况下，智能制造企业需要了解客户对物流供应链的反馈信息，由此进行智慧物流供应链优化。所以，智能制造企业的主动性被调动起来，使智慧物流供应链服务更加精准、有效。

例如，针对智慧物流供应链建设中的客户满意度问题，智能制造企业需要邀请客户进行体验式开发，根据客户需求对物流供应链各环节进行调整，突出智慧物流供应链的主动分析、主动服务优势，以提高服务有效性为目标，以客户需求为导向，形成客户对智慧物流供应链服务的较高依附力，并通过客户的持续反馈进行物流供应链优化升级。

3）数字化

在传统物流供应链建设中，大多数企业并未意识到智慧物流供应链的作用，智能制造背景下的智慧物流供应链建设依托信息化管理平台，能够有效发挥组织管理作用，并利用大数据技术对供应链管理的实际效能进行分析，提出可行性建议。智慧物流供应链的数字化主要表现在数字协同、数字平台与数字终端三个方面。

所谓数字协同，是指在电子商务快速发展过程中，智慧物流供应链应积极融入"电商生态圈"，在开放物流供应链数据的同时，也能够获取多元化隐性数据，并实现跨行业的订单接入、服务协同分拨等。例如，某两大智慧物流供应链平台通过数字协同可以进行运力资源的科学配置，降低成本，提高效率。

智能制造背景下可视化技术得到广泛应用，在智慧物流供应链建设中，融入可视化技术能够使物流供应链智慧化程度更高，使智慧物流供应链过程"透明化"，将传统 B 端物流供应链数据以更加直观的形式进行展示。即客户在下达订单之后，智慧物流供应链将根据订单生成可视化物流场景，且整个物流供应链过程对客户公开，由此不仅强化了客户的体验效果，也提高了物流效率。

4）业态融合

智能制造背景下的智慧物流供应链建设对数据的依赖性较强，通过获取不同类型的数据，能够为智慧物流供应链建设提供更加科学的方向。为此，需要在传统物流供应链的基础上，实现更加广阔的业态融合。所谓业态融合，是指根据企业发展需要，与相关企业之间在对应产品领域进行结合，寻求新的发展。各企业在数据共享方面达成的一致意见，有助于推动智慧供应链业态融合的实现。

例如，在机械加工行业，对应物流供应链的上下游包括矿石开采、钢铁冶炼、机械加工、机械设备研发、电子设备研发、设备集成、物流运输等企业，在传统物流供应链中，以上企业之间的独立性较强，而智慧物流供应链的发展强化了产业领域内企业的关联度，构建了更加稳定的产业生态环境，利用数据共享，使各企业能够更加精准了解产业发展动态以及相关企业的实际需求，从而为企业战略决策提供支撑。

5）企业个性化智能战略平台

对于不同企业来说，智能制造背景下的智慧物流供应链建设应充分考虑相关企业之间的差异性，制订具有广泛适用性的智慧物流供应链系统。同时，根据企业的特殊要求，提供个性化物流供应链服务，如跨行业数据搜集、物流流转效率分析、供应链成本优化等，构建以智慧物流供应链为支撑的企业个性化智能战略平台。所以，不可能让所有企业都盲目追求一样的智慧物流供应链，这也就意味着未来智慧供应链只有趋势，没有定式，个性化智能战略平台将成为企业获取市场竞争力的核心优势。

针对智慧物流供应链的发展，包括智能制造企业在内的企业个性化智能战略平台设计应提出科学的组织策略、采购策略、库存策略、制造策略、交付策略、成本策略、营销策略、售后策略等，并在技术层面上对智慧物流供应链建设进行精准判断，以保证企业物流供应链战略目标得以实现。

6）智慧物流供应链人才培养体系化

智能制造背景下的智慧物流供应链建设对人才的需求不仅在"量"上体现，同时也包括"质"的要求，所以，智慧物流供应链建设中的"软建设"就是加快落实人才培养体系化。

所谓人才培养体系化，是指将智能制造背景下智慧物流供应链建设涉及的相关知识点纳入传统人才培养课程中，以专业为导向，设计与之相适应的实践岗位与内容。除此之外，构建跨学科、跨行业、跨岗位的人才培养模式，以满足智慧物流供应链对复合型人才的需求。

7）智慧物流供应链优化

智能制造背景下的智慧物流供应链发展更多考虑成本与风险的最优控制，即智慧物流供应链优化。在此过程中，需要综合考虑全局动态调度、车辆装载、运力资源、仓储管理、运输成本与信息管理六个主要方面，基于不同优化目标的差异性，其具体优化内容如图 7.23 所示。

智慧物流供应链优化的关键在于数据的合理利用，利用大数据技术搭建物流供应链数学模型，从而对物流供应链中特定优化条件下的成本、风险、效率等进

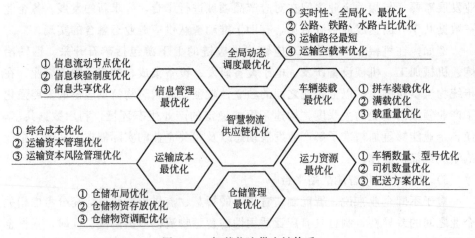

图 7.23　智慧物流供应链体系

行评估，以实现智慧物流供应链全面优化。

7.4　智能模锻生产信息管控服务

7.4.1　智能管控平台服务技术

目前，围绕大型环锻件小批量、多品种的生产模式，针对工艺设计周期长、工艺路线复杂的问题，以及在成形过程中高温合金与钛合金等材料的成形工艺窗口窄、成形性能难以控制的现状，国内外先进的航空航天环锻件锻造生产线普遍集成了工艺设计 CAPP 系统、生产线调度控制系统、质量检测系统和实时反馈调控系统，相对独立地解决从上层到底层系统包括工艺设计、生产组织、质量检测和过程控制所面临的问题，但是缺乏一个完善的生产管理体系来集中管控，能够使生产过程中产生的人、机、料、法、环数据在管理体系里面流动，并通过产生的物料、工艺、质量、能源、设备数据不断优化和推动各个子系统功能趋于完善。

以一种智能管控系统间集成架构为例进行分析，根据 ANSI/ISA-95.00.01—2000 标准定义的企业系统和控制系统间集成模型，智能管控平台是以制造执行系统（MES）为基础的围绕生产过程几个关键问题提出的扩展功能模块，在制造执行系统（MES）对设备、能源、质量、计划、人员等方面进行管理的同时，实现对生产过程更精细化的管控。如图 7.24 所示，智能管控平台

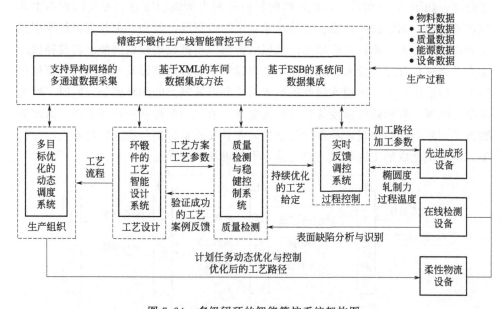

图 7.24　多级闭环的智能管控系统架构图

支持异构网络的多通道数据采集，通过 XML 技术将采集的多源数据高效集成，并将生产过程中产生的海量数据存储于数据库中。利用企业服务总线（ESB）实现智能管控平台与各个子系统间的数据交互与集成，为各个系统的持续优化奠定数据基础。

智能管控系统间集成以锻件生产线智能管控平台为核心，实现实时调控系统和成形设备的闭环，通过设备反馈的椭圆度、轧制力和过程温度等数据，动态调节成形加工路径和加工参数；实现高温状态在线检测设备和实时反馈调控系统的闭环，通过成形后工件的尺寸精度和缺陷分析，结合质量检测与稳健控制技术，持续优化实时调控系统的工艺给定；实现工艺设计系统和稳健控制系统的闭环，验证成功后的工艺案例反馈给 CAPP，形成不断积累的知识库，CAPP 将持续迭代优化后的工艺方案输出给稳健控制系统；实现多目标动态调度系统与柔性物流设备的闭环，可实现计划任务动态优化与控制以及优化工艺路径的下达，实现最优的生产组织协同。各级系统对工艺设计、生产组织、过程控制和质量检测 4 个方面以不同的时间粒度建立多闭环控制模式，持续对工艺参数、生产线能耗、生产效率、产品质量进行优化。

（1）技术一：先进成形设备的实时反馈控制技术

通过实时调控系统与先进成形设备的集成，利用设备集成的激光测距仪、非接触式红外测温仪等智能传感器对成形过程中工件的椭圆度、轧制力、过程温度等数据感知和反馈，系统在给定的加工路径和加工工艺参数的前提下，以毫秒级的时间粒度动态调节成形设备的轧制力和轧制速度等参数。为实现打击能量的精准控制，如图 7.25 所示，以轧环机的径向轧制力为输出变量，影响因素为主轧辊进给速度、副辊进给速度、主轴转速、主缸行程等，其中，主轧辊进给速度又受到液压泵排量、流体指数和其他阻尼的影响。根据机理模型判断出当前径向轧制力是否符合设定值要求，如出现轧制力异常，通过调整影响参数来使轧环机达到工艺的输出要求，实现实时调控系统对轧环机轧制力的闭环控制。同时，轧辊润滑、摩擦系数和锻件温度等作为影响变量，通过实时检测的环件壁厚、高度等数据，判断当前各个设定参数的精准性，并且在质量检测与稳健控制系统的分析下，持续优化成形工艺参数的给定值，不断提高产品质量。

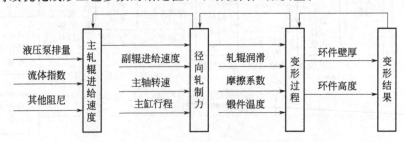

图 7.25　先进成形设备的实时反馈控制技术

（2）技术二：质量检测与稳健控制技术研究

针对航空航天难变形材料（如高温合金、钛合金等）变形抗力大、成形工艺窗口窄且难以控制、生产过程中影响因素多、工艺参数离差大、成形质量不稳定、能耗高、效率低等问题，构筑考虑产线随机热力参数耦合影响下的多品种、变批量、复杂环锻件的成形过程信息反馈与稳健控制智能系统，并利用产线实时数据反馈与上下游数据传送，对标工艺基准搭建网络协同制造环境下的反馈溯源体系。首先，开展成形过程仿真与确定性成形规律的形成研究，以此为基础，开展工艺参数离散化与概率化质量控制模型研究；在前述研究工作的基础上，接着开展热力参数耦合控制模式与智能控制技术研究；最后，形成环锻件智能生产线质量检测与稳健控制系统。实现航空航天大型复杂环锻件的实时检测与反馈控制技术，保证成形件既能按照数值模拟和物理模拟所给出的确定性规律进行变形，又能根据实际成形条件的综合作用效果（力、能、运动等参量的变化），适时地运算、优选并调整成形工艺参数，实现智能管控下相对粗放生产中的产品性能一致性与稳定性，系统架构如图 7.26 所示。

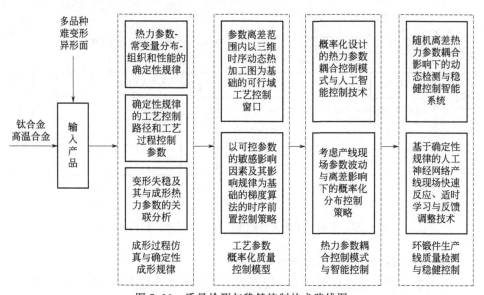

图 7.26　质量检测与稳健控制技术路线图

（3）技术三：多目标优化动态调度技术研究

航空航天大型环锻件生产线除了具有典型小批量、多品种的生产特征，同时还具备了热成形生产线的温度、能耗的约束条件，形成了更为复杂的多重约束生产环境。在构建生产线排产调度的多重约束表述模型时，应考虑工艺顺序、物料、温度需求以及工装资源等复杂约束的表述方法。以约束传播方法构建满足符合约束的锻造作业安排方案，以作业排序和资源选择作为决策变量，以能源消耗最低以及交货期最短等航空航天环锻件生产线迫切需要解决的指标为优化目标。如图 7.27 所示，在加工前，应考虑不同工单 A1、B1 的产前准备工作，包括物料、模具、加热炉预热温度等；在生产过程中，A1 与 B1 的加工顺序不仅要考虑订单的交付时间，同时要考虑每种产品工艺要求的保温温度，以电加热为例，温度控制具有升温单向性，即加热炉的降温依靠环境自然冷却，因此，在排产计划时要考虑不同工单的保温温度，可以抽象为顺序依赖问题，环锻件生产线还需考虑不同工况下，多个订单的分工段式生产，以及单个工单需要进行多火次加热成形等问题；另外，影响锻造行业排产计划变动大的关键问题是在塑性成形过程中，受到工件材质、模具表面状态、模具润滑效果等多元因素的耦合作用，常常面临加工被迫中断的问题，将导致排产计划有很大程度的变化，因此，需要多目标优化的动态调度系统与生产现场的柔性物流装备的集成和持续的作业任务优化，获取多个目标质检的权衡关系（Pareto 解集）。通过多属性决策的方法与决策偏好的结合，对 Pareto 解集进行权衡分析，实现最优的生产组织协同，以提高生产效率。

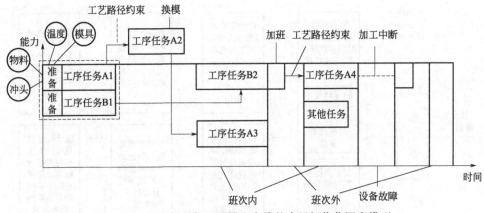

图 7.27　面向航空航天环锻生产线的多目标优化调度模型

(4) 技术四：工艺智能设计技术研究

针对航空航天复杂环锻件设计周期长、工艺参数离差大等问题，在汇集环锻件的工艺知识的基础上，更为重要的是开发基于材料数据库、设备数据库、工艺规则库和产品模型库的环锻件 CAPP 系统。材料数据库存储环锻件的材料信息，如钛合金、高温合金等，包含材料的物理性能参数，如屈服强度、泊松比与弹性模量等数据。设备数据库存储设备的工作性能参数信息，包含设备类别、轧制力、力矩、进给速度与转速等数据。工艺规则库存储设计锻造工艺路线遵循的规则、推理方法、成形工艺规则等信息，制坯工艺包含保温时间、加热时间、加热度与预热时间等数据，模锻工艺包含锻造类型、始锻温度与终锻温度等数据。产品模型库存储产品模型，包含内径、外径与壁厚等数据。

如图 7.28 所示，在锻造工艺知识提取的基础上，突破基于解析模型的工艺案例推演；通过变形材料的热分析、变形分析和工艺路径优选，模拟仿真并优选环锻件的成形工艺路径；结合产线反馈的数据，开发基于产线稳健控制反馈与仿真迭代优化的 CAPP 系统，实现环锻件工艺的快速设计。

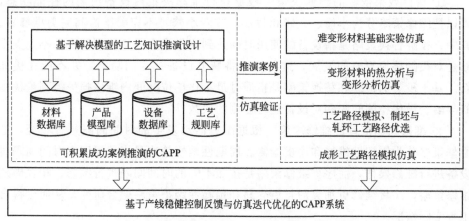

图 7.28　基于产线稳健控制反馈与仿真迭代优化的 CAPP 系统架构

7.4.2　智能模锻过程预测性维护

锻造设备在长期运行中，其性能和健康状态会不可避免地下降。同时，随着大型设备的组成部件增多、运行环境更加复杂多样，设备发生退化的概率逐渐增大。不能及时发现其退化或异常，轻则造成设备失效或故障，重则造成财产损失和人员伤亡甚至环境破坏。根据设备运行的监测数据和退化机理模型的先验知识，利用人工智能技术，及时检测异常并预测设备剩余使用寿命（RUL），接着设计合理的最优维修方案，将有效地保障设备运行的安全性和可靠性。基于寿命预测和维修决策的预测性维护（predictive maintenance，PdM）技术是实现以上功能的一项关键技术，它不仅能够保障设备的可靠性和安全性，而且能够有效降低维修成本、减少停机时间以及提高任务的完成率。因此，PdM 技术广泛应用在航空航天装备、石油化工装备、船舶、高铁、电力设备、数控机床以及道路桥梁隧道等领域。

(1) 工业设备维修决策的研究现状

工业设备的维修活动包括检查、测试、修理以及替换等，目的是使设备处于健康的状态，提高其可用性和可靠性，延长其使用寿命。由于所有的维修活动都会产生成本，如何选择合理的维修策略使运维成本最小是维修策略设计的目标。维修决策研究的思路为：首先确定目标函数（主要包括维护费用最小、维护费用率最小或者平均可用度最大等），采用适当的优化算法确定最优的维修策略，即确定按照某种维修间隔或维修时间进行维修活动（小修、大修、替换等）。目前，维修决策已获得了丰富的成果，按照不同的标准，可以分为以下几个方面。

① 维修效果依赖的维修决策　根据执行维修决策后设备预期的性能状态，可以把维修策略分为小修、大修和替换，或者小修、不完美维修和完美维修等。其中，役龄替换策略是指设备的使用时间达到事先设定的阈值则替换；不完美维修是对役龄替换策略的发展，这种策略将恢复设备一定的功能，并不能完美如新。基于役龄的检测和替换策略是指通过最小化单位时间内维修损失得到最优维修年龄、最优检测间隔和对设备进行检测的次数。

② 维修间隔依赖的维修决策　根据维修活动发生的时间间隔是否相等，把维修策略分为周期性维修和序贯维修。周期性维修策略是指每隔固定时间间隔对设备进行维修操作，而序贯维修策略是按照不等的时间间隔进行维修。相较周期维修策略，序贯维修更加灵活且更容易和预测性维护策略融合研究，从而更符合工程实际情况。

③ 状态依赖的维修决策　此类维修决策分为预防性维修（preventive maintenance，PM）、基于状态的维修（condition-based maintenance，CBM）以及预测性维修（predictive maintenance，PdM）等。其中，PM 是一种基于时间的计划维修方案，CBM 是基于设备当前健康状态的维修方案，而 PdM 是基于设备未来的退化趋势制订的维修方案。优化状态依赖的维修决策考虑备件、库存供应链和维修策略等因素对运维成本的影响，以维修成本、可靠度/可用度等为目标函数，运用优化理论获得最优维修方案是维修决策研究的主要目标。按照目标函数的类型，主要分为维修成本最小化、可靠度/可用度最大化、多目标优化三个研究方向。此外，基于备件库存的维修决策和复杂设备维修决策也是维修决策研究的热点。备件库存占用了企业的大量现金，故研究设备维修和备件库存的联合优化可以有效地增加企业利润。

(2) 预测性维护技术与方法

PdM 技术主要由数据采集与处理、状态监测、健康评估与 RUL 预测及维修决策等模块组成，它是故障诊断思想和内涵的进一步发展，其核心功能是根据监测数据预测设备的 RUL，然后利用获得的预测信息和可用的维修资源，设计合理的维修方案，实现降低保障费用、增加使用时间、提高设备安全性和可靠性等功能。RUL 预测对维修决策具有指导性价值，是 PdM 技术的基础；维修决策是设备 RUL 预测的目的，是实现 PdM 功能、节约维修成本和保证设备安全性的主要途径，图 7.29 所示为锻造智能产线的整体研究框架。

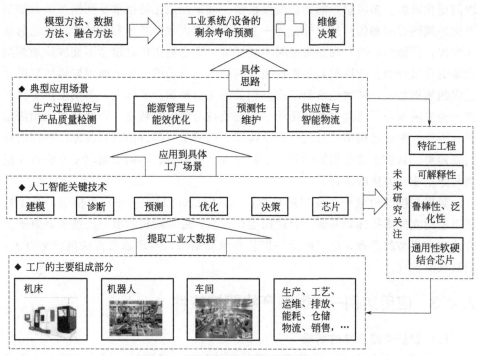

图 7.29　锻造智能产线的整体研究框架

1）方法一：基于退化模型的预测方法

退化模型采用微分方程或差分方程表征设备退化过程和影响退化的诸多因素之间的映射关系，常见的影响因素包括设计缺陷、制造及工艺中的差异、内部的化学反应、外部的力学过程、使用环境、运行模式动态变化和不确定性等。根据退化指标是否采用实际意义的物理量，可以把退化模型分为物理退化模型和经验退化模型（包括随机退化模型和非随机退化模型）。

2）方法二：数据驱动的预测方法

随着传感器、存储、网络传输等新技术的快速发展，对关键设备运行过程进行监测，产生了大量的数据。利用设备的监测数据，挖掘隐藏在数据中的退化信息，提出有效的寿命预测算法，最终实现精确的 RUL 预测。数据驱动的故障诊断与预测研究已经获得了一些优秀的成果，RUL 预测方法主要分为两类：统计方法，这种方法基于数理统计理论，常用主成分分析或偏最小二乘法处理设备退化数据，建立统计量并进行设备健康状态评估，此类方法受到数据量和统计理论的约束，适用性不强；机器学习方法，这类方法可以利用机器学习理论最新的优秀成果，且方法多样实用，促进了设备 RUL 预测研究的快速发展。

3）方法三：融合思想的工业设备剩余寿命预测

一方面，设备的退化建模已经积累了大量的经验和丰富的成果，比如物理原理的退化模型、多因素影响的协变量模型、确定性退化的指数系列模型以及随机退化的维纳过程和伽马过程等。另一方面，随着大数据技术和机器学习理论的快速发展，数据驱动的寿命预测成果不断涌现，完全利用机理模型不能准确地刻画设备退化过程的复杂性和随机性；完全利用数据驱动的方法不能很好地解释退化过程的物理意义，同时也浪费了模型相关的先验知识。实际上，剩余使用寿命预测理论发展至今，已经很难利用单一方法或技巧获得高精度、可解释性的预测结果，因此，融合运用信号处理、退化模型、机器学习等方法是当前寿命预测研究的新趋势。目前，寿命预测的融合主要分为不同模型、不同数据驱动方法以及模型与数据驱动方法的融合。

数据与模型的融合主要以随机滤波（KF/EKF/UKF/PF）为桥梁，基于特征工程建立健康指标，并选择合适的退化模型，融合随机滤波方法或者参数辨识方法确定模型的参数，通过模型外推获得预测结果，实现数模方法的优势互补，提高预测精度。

7.4.3 应用实例——模锻产线管控软件

（1）智慧物流系统的组成

① 示范线总体布局 示范线内部包含加热炉、锻压机、切边机等主机设备以及物料输送系统、温度检测系统、质量检测系统、物料存放区、托盘存放区、机械臂、质量检测台、成品库以及管控平台等。示范线的总体布局如图 7.30 所示。

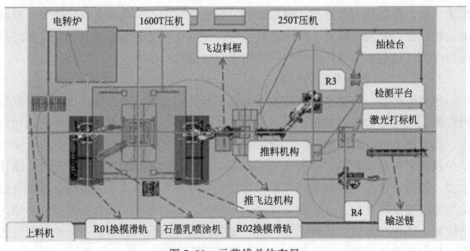

图 7.30 示范线总体布局

② 智慧物流系统的组成 模锻成形智慧物流系统包括输送机构、控制系

统、驱动装置和传动系统。其中输送机构是工件运输的载体；控制系统用来完成整个智慧物流系统的控制功能；驱动装置用来给整个物流系统提供动力；传动系统用于物流系统动力的传递。模锻成形智慧物流系统结构组成如图 7.31 所示。

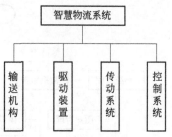

图 7.31　模锻成形智慧物流系统结构组成

物流系统的组成如表 7.5 所示，其中输送机构包括滚筒、机架、托板和支腿等；驱动装置包括电动机、联轴器和减速器等；传动系统由链条及其他辅助元件组成；控制系统由 PLC、传感器、空气开关及其他元器件组成。

表 7.5　物流系统的组成

序号	名称		数量
1	输送机构	滚筒	若干
		机架	若干
		托板	若干
		支腿	若干
2	驱动装置	电动机	若干
		联轴器	若干
		减速器	若干
3	传动系统	链条	若干
4	控制系统	PLC	若干
		传感器	若干
		空气开关	若干
		其他元件	若干

（2）模具库管理软件

模具库管理软件能够实现模具的登记、查找、盘点等功能，同时可实现模具出入库管理与自动化操作。本软件通过对锻压生产线模具库系统的设计，提高企业的管理质量和效率，减少人工成本。

本软件的主要功能是对锻压生产线模具进行管理，将整个系统划分为五个模块：系统管理模块、数据维护模块、入库管理模块、出库管理模块、库存管理模块。细化各个模块得到系统整体功能框架树形结构，如图 7.32 所示。

图 7.33 所示为系统管理中的用户管理，列表显示为用户信息，可对用户信息进行添加、查询、编辑、删除等操作。

用户管理支持通过姓名或者工号进行查询，将查询信息展示在列表中，如

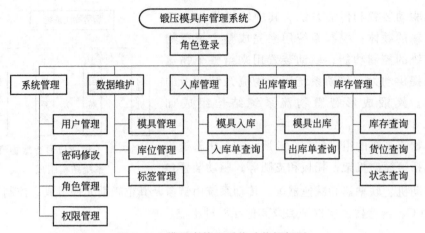

图 7.32　模具库管理系统功能框架图

图 7.33　用户管理界面

图 7.34 所示。

　　数据维护主要提供对模具信息的管理,将模具的编号、尺寸、重量、产品类型、供应商等主要信息展示在列表中,可以实现对模具信息的查询、添加、删除、修改等功能,如图 7.35 所示。

　　模具入库界面主要提供二维码扫描功能,扫描模具二维码后生成入库单,选择需要入库的模具后确认入库,将模具信息和操作人、入库时间等显示在入库单

图 7.34　用户查询

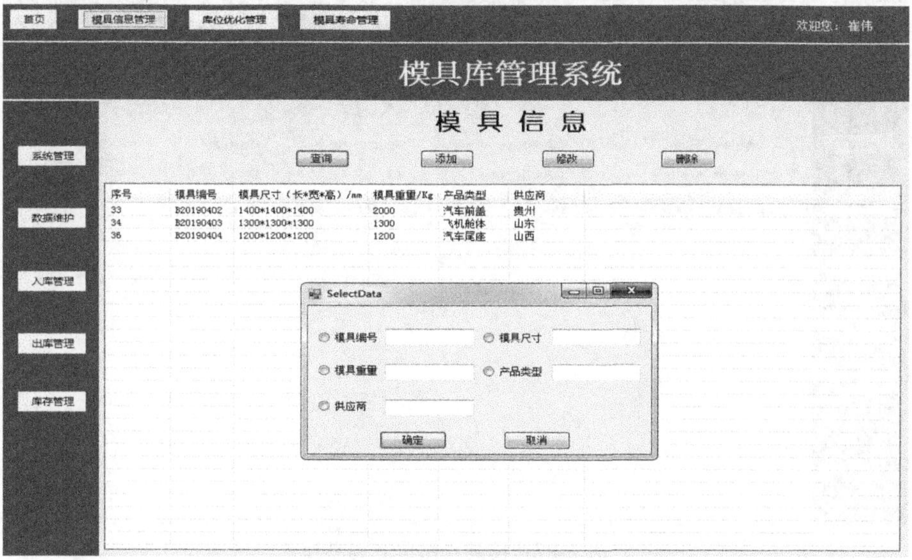

图 7.35　模具信息维护界面

列表中，同时提供入库单查询功能，如图 7.36 和图 7.37 所示。

模具出库提供与入库相同的扫描记录功能，如图 7.38 所示。

库存管理界面提供库存查询功能和库存单导出功能，可以导出库存单 Excel 表格，进行库存清点，如图 7.39 所示。

图 7.36　模具入库界面

图 7.37　模具入库单查询界面

(3) 质量趋势智能预测软件

　　质量趋势智能预测软件，可实现锻件质量数据的查询，对锻件的工艺过程数据进行存储以及增删查改；还可以实现数据的统计分析，对锻件工艺过程和质量数据进行统计和分析；还可以实现质量趋势的预测，将训练好的神经网络根据当前锻件的工艺和质量数据进行模式的识别、预测。软件对工艺数据和质量数据进

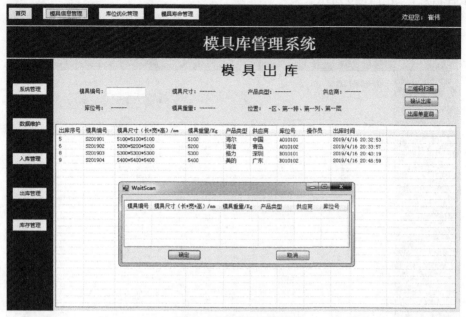

图 7.38 模具出库界面

图 7.39 库存管理界面

行存储及对信息进行删改。

① 可查询质量信息库中锻件信息，根据需要管控平台可继续添加其他类型

197

锻件信息，如图 7.40 所示。

图 7.40　工艺数据库

② 数据统计分析功能对锻件的样本数据进行统计分析，可以查看控制图、频数直方图和分布图，判断加工过程是否符合正态分布，如图 7.41 所示。

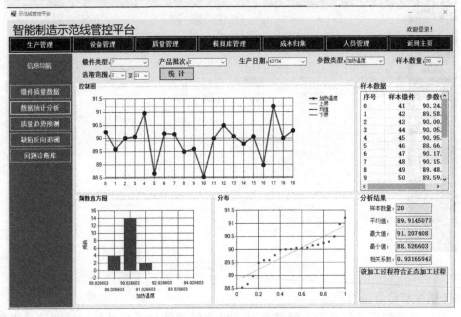

图 7.41　数据统计界面

③ 质量趋势的预测功能选取样本数据，通过训练好的神经网络进行预测，同时实现模式的识别，进行加工过程能力分析，如图 7.42 所示。

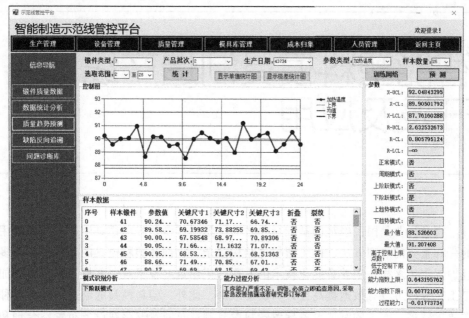

图 7.42　质量趋势预测界面

参 考 文 献

[1]　任运来，聂绍珉，苗雅丽. 多向模锻技术的发展及应用 [J]. 重型机械，2014.

[2]　刘松良. 大型航空锻件材料及成形技术应用现状 [J]. 大型铸锻件，2021.

[3]　于镇玮，申刚，朱元胜. 国内常用模锻设备应用现状及发展趋势 [J]. 锻造与冲压，2022.

[4]　于绍政，陈靖. FlexSim 仿真建模与分析 [M]. 沈阳：东北大学出版社，2018.

[5]　赵会君. 基于 FlexSim 的冷鲜肉物流优化与仿真研究 [D]. 郑州：河南农业大学，2017.

[6]　沈洪超. 基于 FlexSim 的模锻生产线物流系统建模与优化研究 [D]. 北京：北京工业大学，2020.

[7]　袁崇义. Petri 网原理与应用 [M]. 北京：电子工业出版社，2005.

[8]　彭宇升，孙勇，凌云汉. 航空锻造单元数字孪生系统构建及应用 [J]. 锻压技术，2022.

[9]　陈亮. 智能制造背景下智慧物流供应链建设研究 [J]. 商业经济研究，2021.

[10]　孙勇，李付国，梁岱春，等. 航空航天大型环锻件智能产线管控与集成技术 [J]. 锻压技术，2020.

[11]　袁烨，张永，丁汉. 工业人工智能的关键技术及其在预测性维护中的应用现状 [J]. 自动化学报，2020.

第 **8** 章

智能塑料模具制造产线开发及应用

模具行业是国民经济的基础行业之一，塑料成型是目前模具生产中普遍采用的一种重要的成型方法。由于塑料件结构复杂，大部分塑料模具的零件特征繁多且加工工艺多样。随着智能化技术的发展，应用这些技术对塑料模具进行智能加工工艺分析可以有效地提高设计和制造效率。此外，塑料模具的制造对设备的种类要求较多，繁杂的制造设备导致塑料模具制造车间普遍存在设备布置不合理和管理不畅等问题，这些布局问题已影响了塑料模具的制造效率，通过智能化技术规划塑料模具制造产线，快速确定合理的模具制造车间设施布局方案，满足更高的市场需求。

8.1 塑料模具加工工艺分析

模具生产的重要特点是生产效率高、材料利用率高、生产互换性好，非常适用于现代化大规模生产的企业。模具生产技术水平的高低，已成为衡量一个国家或地区产品制造水平高低的重要标志，并决定着产品的质量、效益和新产品的开发能力。塑料模具是目前模具行业的一个重要分支，占整个模具行业的30％左右，广泛应用于机械、汽车、家电、建筑、航空航天等各个领域。塑料制品应用范围的扩展，使质量要求也在不断提高，塑料模具的加工也在不断向高效化、大型化、精细化发展。

塑料成型可以对形状复杂的塑料产品实现一次成型，是一种高效率、大批量的生产方式，而塑料模具的优劣则直接影响塑料成型的质量。在模具行业，欲加工出高精度、高质量、复杂型面的塑料模具，必须借助先进的计算机辅助设计和制造软件，编制合理的加工工艺规程，选择合适的加工设备和刀具，设定最佳的切削用量，这是保证加工质量、提高生产效率、减轻劳动强度的有效途径。

目前，塑料模具零件的加工涉及的品种和规格多、工件轮廓线型复杂、加工要求高、切削工作量巨大。传统的塑料模具生产加工车间设备主要以普通机床为主，没有形成柔性化生产线。传统塑料模具制造方式存在如下问题：

① 耗费人工多，材料浪费量大；

② 多工位离散作业，占用生产场地大，生产效率低；

③ 加工精度不稳定、质量差、差错率高；

④ 加工质量过程不便于追溯。

随着我国制造业转型发展的需要，落后的传统塑料模具制造方式已不能满足塑料模具行业智能制造的现实需求，亟须开展数字化、自动化、智能化的塑料模具加工生产线研制，为塑料模具的智能化发展提供示范应用模板。

型腔件加工材料常用的主要是特种模具钢，并且加工工艺需求需综合考虑以下因素：

① 型腔件材料去除量大；

② 型腔件精度要求高；

③ 型腔件结构复杂，一般都包含复杂曲面；

④ 型腔件加工特征繁多，加工工序复杂。

如图 8.1 所示，型腔零件作为塑料模具的核心零件，其内部曲面结构直接参与塑料件主体结构的成型，要求进行抛光处理。其外形与型芯、模架相互配合，起到整副模具在制造塑料件设备中安装定位的作用。该型腔零件属于典型的多工位、多特征加工零件。顶部与成型辅助件配合，并包含冷却管路的接口；底部包括与瓶底成型件配合的安装面、安装销孔、螺孔及各种冷却孔；正面包括模具分型面、成型型腔曲面、定位销孔、排气槽等特征；背面包括外圆外形及装配隔热垫槽、模架安装螺孔等。该塑料模具型腔加工工艺过程如表 8.1 所示。

实际加工制造时，对型腔零件的加工工艺主要考虑以下几个问题。

① 型腔零件的加工质量要求较高，不可能在一道工序内完成一个或几个表面的全部加工，所以将该零件的整个工艺路线分成粗加工阶段、精加工阶段和光整加工阶段。其目的主要在于：

a. 保证加工质量。粗加工阶段切削用量大，产生的切削力和切削热较大，所需夹紧力也较大，故工艺系统的受力变形、热变形都较大，所产生的加工误差大，可通过精加工和光整加工逐步提高加工精度和表面质量。

b. 合理地使用加工设备。粗加工的大切削量要求机床功率大、刚性好，但精度不必太高，而精加工则选择高、精、尖设备，着重保证零件加工精度和表面质量，有利于充分发挥各精度级别机床的使用效率。

c. 精加工和光整加工的表面安排在最后加工，以保护其尽量减少磕碰损坏。

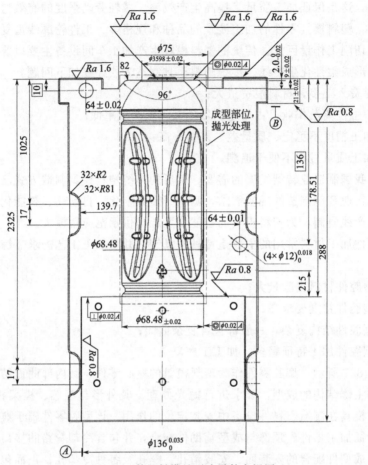

图 8.1　某塑料模具型腔零件主视图

表 8.1　某塑料模具型腔加工工艺过程

加工阶段	工序号	设备名称	加工内容
备料	1		按照外形尺寸准备毛坯材料
外形粗加工	2	数控车床	①四爪装夹，找正外圆及端面，光两端面留余量； ②粗车底部孔，直径及深度留 0.5mm 余量
正面粗加工	3	加工中心	①平口钳夹两侧面，粗铣两端面各放余量； ②粗铣型腔单边放 0.4mm 余量； ③分型面光出，分型面上四缺口四周到位，底面放余量； ④钻出工艺螺孔底孔
	4	钳工	工艺螺孔攻螺纹到位
顶部粗加工	5	加工中心	顶部轮廓粗加工，举边留余量

加工阶段	工序号	设备名称	加工内容
左右配对	6	数控磨床	以分型面为基准,磨两半背面等高,光出,并作标记;翻身磨分型面
	7	加工中心	吸盘吸牢背面定位,钻导柱孔到位;铣缺口
	8	模具钳工	装导柱,配成对
顶部与底部配对精加工	9	加工中心	①铣外形到位;②钻出各孔;③用 T 型刀铣上端轴向尺寸到位
底部深孔加工	10	电火花	电火花加工深孔
型腔曲面精加工	11	五轴加工中心	①背面定位,半精铣型腔曲面,留余量;②精铣型腔曲面并转角度修筋到位;③铣左瓶身排气槽到位
背面加工	12	加工中心	分型面定位,粗精铣背面半圆柱尺寸到位
	13	五轴加工中心	①粗精铣安装槽尺寸到位;②钻安装槽内螺纹底孔
攻丝与倒角	14	钳工	①所有螺孔攻螺纹;②锐边倒钝,去除毛刺,分型面外形棱边倒角、去毛刺
打排气孔	15	电火花	打排气小孔成形
型腔曲面抛光	16	模具抛光	抛光型腔曲面

② 型腔零件的型腔曲面、左右分型面等属于塑料模具的工作表面或装配基面,相对于其他表面而言,这些工作表面和装配基面的加工面积大,切削工作量也大,且与其他表面间有位置精度要求,因此,在生产现场的工艺规划中,先安排这些主要表面的加工,而后安排其他次要表面的加工。

③ 型腔零件上分布着冷却水孔、排气孔、导柱孔等各类大小、深浅不一的孔。先面后孔的工艺原则使型腔零件众多的孔系特征加工具有稳定可靠的工艺定位基面,而且在加工过的平面上进行孔加工,刀具的工作条件较好,有利于保证孔的位置精度。

由上述示例可知,在现代模具制造业中,型腔面设计日趋复杂,自由曲面及特征所占比例增加,塑件内部结构设计也越来越复杂,同时对塑件的美观度及功能要求也越来越高,相应的模具结构也设计得越来越复杂,对曲面的加工技术和制造精度也提出了更高的要求,不仅应保证高的制造精度和表面质量,而且要追求加工表面的美观。传统的设计与制造方法已经很难适应当前的复杂需求,随着智能化技术研究的不断深入,将设计与制造过程与这些先进技术进行结合可以极大地提高生产效率。如图 8.2 所示,利用各种各样的生产过程数据,采用智能化技术对设计与制造过程进行优化,并强化不同职能之间的联系。

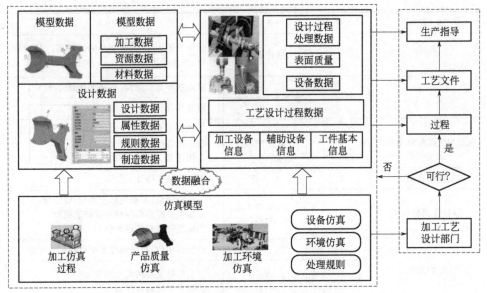

图 8.2 塑料模具智能化工艺设计与制造

8.2 智能塑料模具制造产线

8.2.1 塑料模具智能加工设备

塑料模具零件的制造过程复杂，尤其是成型零件的精度要求极高，对车间加工设备种类有着较高的要求，需要满足多样的加工类型，如开粗、车铣刨磨、曲面精加、表面处理以及特种加工。

（1）大扭矩高效率加工中心（图8.3）
大扭矩高效率模具加工中心主要针对模具制造行业高效率、重切削的开坯需求，该类机床具有高刚性、高精度、高速、大扭矩、高承载、重切削、多功能、优异的操作接近性等特点，广泛应用于各种模具及机械制造业的高效率重切削加工，不仅能铣削加工，还能钻孔、镗孔、攻螺纹，降低了加工制造成本，大大提高了工作效率。

（2）高速高精加工中心（图8.4）
高速高精模具加工中心主要针对模具加工精度要求高、模具开发周期短等需求，其具备铣、钻、镗、攻等复合加工能力，可实现精密模具及复杂五金件加工，采用全闭环结构设计，在保证较高的几何精度和运动精度的同时，极大地减少加工周期，从而实现模具行业加工精度和加工效率的大幅提升。

图 8.3　大扭矩加工中心

图 8.4　三轴高速高精加工中心

(3) 五轴联动加工中心 (图 8.5)

由于目前市场对于精密模具加工的需求与日俱增，对大规格复杂模具型腔的加工需求也越来越大，因此五轴模具加工中心成为模具生产车间中必不可少的一种设备。五轴联动加工中心有高效率、高精度的特点，工件一次装夹就可完成复杂的加工，能够适应像汽车零部件、飞机结构件等现代模具的加工，五轴加工中心有 X、Y、Z、A、C 五个轴，形成五轴联动加工，可进行空间曲面加工、异型加工、镂空加工、打孔、斜孔、斜切等。

图 8.5　五轴联动加工中心

(4) 智能化激光淬火设备（图 8.6）

激光淬火工艺可以对切削加工好的构件进行淬火处理，淬硬时产生的局部淬火变形很小，由此可使后续加工减少到最低程度或者完全免去这种加工，使模具在淬硬后可立即投入生产应用。随着机器人技术的发展和广泛应用，采用机械臂的激光淬火设备可实现智能化、自动化的激光淬火，有效地提高了淬火处理的精度和效率。目前激光表面淬火技术由于具有独特的优越性，正日益受到人们的重视，已经在机械制造、交通运输、石油、矿山、纺织、冶金、航空航天等许多领域得到应用。

图 8.6　智能化激光淬火设备

(5) 电火花加工机床 (图 8.7)

电火花加工机床是利用电火花加工原理加工导电材料的特种加工机床，又称电蚀加工机床。电火花加工机床主要用于加工各种高硬度的材料（如硬质合金和淬火钢等）和复杂形状的模具、零件，以及切割、开槽和去除折断在工件孔内的工具（如钻头和丝锥）等。目前电火花机加工的核心主要体现在对尺寸精度、仿形精度、表面质量的要求，通过采用一些先进加工技术，可达到镜面加工效果且能够成功地完成微型接插件、IC 塑封、手机、CD 盒等高精密模具部位的电火花加工。因此，电火花加工机床全面推动已有数控加工技术的进一步发展，不断提高模具加工精度。

图 8.7　电火花线切割机床

8.2.2　塑料模具制造车间布局

在一个制造系统中，设施规划不是一个孤立的问题，而是与整个系统的产品设计、生产计划和工艺规划紧密关联、相互影响的。制造业面临着越来越大的挑战，已有的车间布局已不能满足企业的需求，在新建与扩建企业、产品需求发生变化、产品更新与新产品开发、引进新技术、新工艺及生产系统出现薄弱环节、物流系统严重不合理时，要对生产系统进行设计和调整平面布置。合理的平面布置能够充分发挥生产系统的能力，可以提高生产率、减少生产线上在制品的数量、提高生产设备的利用率、减少搬运作业量、减少停留时间及搬运交叉现象、提高生产的柔性。

模具生产是典型的单件小批量生产，一般按客户订单组织生产，并且模具结构复杂，各部件之间的时序约束关系复杂，成套性要求十分严格，加工工序量较大，订单到达比较随机，对交货期要求较高，较难进行有效的车间管理。模具车间设备在布局时不仅要考虑工艺和物流问题，还要对模具车间的作业流程和工艺布局、加工工艺过程和作业时间、订单趋势、调度安排、设备选型和数量进行安排，进行产品产量分析、订单趋势分析、瓶颈分析、暂存区大小设定分析等，设计过程如图 8.8 所示。

塑料模具车间主要包括机加工设备、电火花设备和表面处理设备。由于塑料模具零件结构复杂且特征繁多，一般的数控机床很难加工，因此必须配备高精度

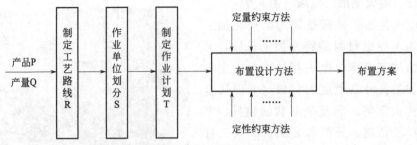

图 8.8　车间布局设计过程

五轴加工中心。图 8.9 所示是某塑料模具制造车间的设备布局情况，该布局将整个车间划分成四个设备区域，通过主通道和辅通道进行一定设备区域的隔离，提高零件在不同设备之间的流转效率。每个设备区域都包含不同加工功能的设备，这样可以提高每个设备区域的制造能力。将普通数控车床、数控铣床与高效高精的复合型加工中心进行混合排布，减少零件加工工序在某一区域的重叠，提高整体设备区域之间的使用平衡度，有效地提高了车间的空间利用率。同时该车间采用混合出入口，增强模具制造车间与其他功能车间的制造协同。图 8.10 所示为某一模具制造企业的机加车间，不同类型的设备混合分布，并且钳工台对称分布在运输通道另一侧，可以在很大程度上提高转运效率。

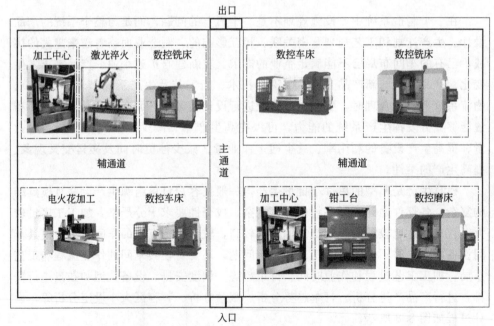

图 8.9　某塑料模具制造离散车间布局示意图

图 8.10　某塑料模具制造离散车间布局

8.2.3　塑料模具零件生产自动识别与追踪

塑料模具零件自动识别与追踪以 RFID 监控客户端和管控系统的 RFID 监控服务为载体，主要是利用 RFID 射频识别技术进行开发的。具体实施过程为：首先，在待加工的零件上通过粘贴或悬挂的形式进行标签的固定，车间员工通过程序终端获取等待加工零件的信息，并通过 RFID 读写器将零件的编号写入零件的标签中；其次，加工过程中零件每到达或离开一个工位均需要通过 RFID 读写器进行扫描，以实现零件的全路径追踪以及实时监控，其技术架构如图 8.11 所示。

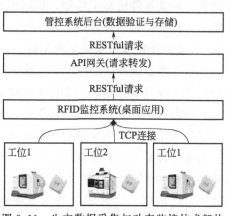

图 8.11　生产数据采集与动态监控技术架构

塑料模具零件自动识别与追踪主要可分解为待加工零件信息获取与写入、RFID 实时监控、RFID 在线设置三部分。

(1) 待加工零件信息获取与写入技术

基于管控系统的 RFID 服务提供的 HTTP 协议的 RESTful 风格的 API 接口，获取 JSON 格式的待加工零件信息，将 JSON 字符串形式的零件信息进行反序列化形成系统对象列表，再将该对象列表通过对象映射的形式进行用户操作页面的显示，然后等待用户操作。用户选择指定对象后可将该零件的信息存入系统暂存区，再用绑定该部分功能且成功连接的 RFID 读写器将零件信息中的零件编号写入其读写范围内的对应标签中，完成零件的标记过程。

（2） RFID 实时监控技术

采用轮询形式对被动应答模式的读写器进行监控，基于监控客户端的多连接对象控制模式实现单客户端节点对读写器的多终端连接与管理。客户端启动后需要进行手动连接 RFID 读写器与开启监控两个操作，两者不限制先后顺序，在开启过程中引入人工干预，避免无关异常。

RFID 监控客户端采用两套独立控制的轮询机制对 RFID 读写器进行终端监控与可视化显示，每一套机制采用一组独立的时钟控制组件进行轮询操作。

零件到达某工位绑定的 RFID 读写器扫描范围内后应等待 RFID 监控客户端轮询触发 RFID 读写器的扫描行为，扫描成功后由读写器输出声光提示，若在多个连续的扫描波次中均扫描到该标签，则合并扫描结果并判定为单次扫描，触发单次后续操作，在提高扫描容错率的情况下避免重复请求问题。扫描完成后，RFID 监控客户端将扫描后的零件编号、读写器 MAC 地址通过管控系统的 RFID 服务提供的 API 接口传输到管控系统，读写器 MAC 地址结合读写器绑定的机床信息检索出工位的机床，将零件的编号与工位机床的编号结合调度表进行数据综合判断，验证零件的加工顺序、机床的加工顺序是否正确，全部验证通过则对该信息进行持久化记录并返回信息进行反馈。

（3） RFID 在线设置及系统配置

读写器基于 RFID 监控部分的连接对象进行连接，避免连接对象冲突，连接成功后基于读写器设置的命令代码自动读取 RFID 读写器的参数及配置信息，并进行程序内部解码，然后执行可视化，用户设置完成后再进行配置信息的整体编码，将配置信息通过连接对象发送到 RFID 读写器，完成在线设置。

系统配置则通过局域网广播的形式获取车间内的全部 RFID 读写器，再结合从管控系统的 RFID 服务获取到的车间内加工设备信息，供员工将 RFID 读写器与设备进行绑定，将绑定后的对象序列化后通过 API 请求传输到管控系统的 RFID 服务，并由 RFID 服务进行持久化存储，供 RFID 监控记录等其他功能调用。

8.3 智能塑料模具制造产线管控系统应用

8.3.1 塑料模具设计与制造辅助功能模块

由于塑料工业在最近二十多年的发展趋于成熟，工程塑料在机械性、耐久性、耐腐性、耐热性等方面有灵活应变的高标准，开始逐渐替代金属材料，现在，以工程塑料制作的模具已经广泛应用在建筑、机械、通信、交通等行业。由于塑料模具对尺寸和形位的准确度要求很高，采用手工操作并且凭借加大劳动时间进行模具零件的制造，已不可能满足当今工业社会的需求。随着科学技术的不断发展，现代塑料模具行业的发展必须依靠设计制造过程的数字化来实现，用以提高技术、改良时序、缩短时长。

根据计算机技术在塑料模具设计制作不同工序上的应用，分为计算机辅助设计（CAD），即通过计算机软件对模具进行平面图形设计、3D 立体建模；计算机辅助工艺规划（CAPP），即借助计算机软硬件及支撑环境，利用计算机进行数值计算、逻辑判断和推理等来制订零件机械加工工艺过程；计算机辅助制造（CAM），即将计算机数控技术应用于生产制造过程；计算机辅助工程（CAE），即通过计算机解析复杂模型并进行力学结构等性能测试，用以优化设计方案。

（1）CAD

利用计算机及其图形设备帮助设计人员进行设计工作，简称 CAD（computer aided design）。在工程和产品设计中，计算机可以帮助设计人员担负计算、信息存储和制图等工作。在模具设计工作中，塑料模具的工作部分是以产品零件的形状为基础设计的。无论何种类型的塑料模具，在最初的设计阶段都必须参照产品零件最为精细的几何形状，否则无法将有关产品零件的几何信息输入到对应的软件系统中，整个设计程序也就无法正常稳定运行。出于有效编制 NC 加工程序以及计算刀具轨迹的考虑，也需要建立模具零件的精准几何模型，故 CAD 技术中的一个重要问题便是几何造型设计。设计人员通过使用塑料模具 CAD 软件，能够将塑料模具设计过程中的造型计算分析、工程图绘制等工作以最快的速度完成，如图 8.12 所示。

(a) 塑料件造型　　　(b) 模具型芯

图 8.12　塑料件造型与对应的模具型芯

CAD 对模具的设计与分析，包括根据产品模型进行模具分型面的设计、确定型腔和型芯、模具结构的详细设计、塑料充填过程分析等。利用先进的特征造型软件，如，Pro/E 和 UG 等很容易确定分型面，生成上下模腔和模芯，再进行流道、浇口以及冷却水管的布置等。

（2）CAPP

CAPP（computer aided process planning）是指借助于计算机软硬件技术和支撑环境，利用计算机的数值计算、逻辑判断和推理等功能来制订零件机械加工工艺的过程。借助于 CAPP 系统，可以解决手工工艺设计效率低、一致性差、质量不稳定、不易达到优化等问题。

根据目前模具设计现行的管理体系、工艺水平情况，CAPP系统在模具加工工艺中的应用主要体现在以下方面。

① 根据生产实际，对工艺设计和工艺管理所需的表格规程进行自定义、自扩充，按照尺寸画出工艺表格后存入表格库中，并通过定义工具对表格进行规划，实现工艺文件的灵活填写。

② 工艺技术人员可通过系统的可视化操作界面，随时扩充工艺资源库，例如专用的机床设备和加工内容等。

③ CAPP系统支持尺寸偏差以及加工面符号等特殊工艺符号的标注，且具备文字编辑功能，可为模具设计制造提供定额计算以及工时定额计算等辅助功能。

④ 确定模具制造工艺设计所需要的工艺表格形式后，可运行表格定义模块的填写内容、格式以及对应的库文件等，为模具制造工艺规程进行工艺过程卡和工序卡配置。

⑤ 打开需要编制工艺的零件图后，填写表头区，进入过程卡的表中区后填写工艺路线，若有工艺附图可申请附页，并完成工艺过程卡绘制，例如，要求编制工序卡时，先在过程卡表中区内对带有工序号的行申请工序卡，从表中区的某一行直接进入到该行对应的工序卡，若有设计需要，可先对工序卡格式更改后再填写内容，再绘制出工序简图，并在工艺过程卡中对工序进行调整，包括增删、插入、交换工序等。

由于工艺设计内容繁杂，目前CAPP软件大多针对的是部分工艺过程，因此CAPP软件之间大多侧重点不同，体现形式也有较大差异。但随着智能化技术的发展，CAPP软件逐渐地完善智能化程度。图8.13所示为当前CAPP软件系统中较为理想的工艺设计方法，充分运用智能化技术，极大地提高了工艺设计效率。

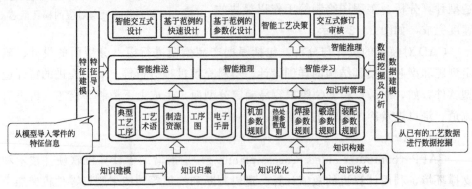

图8.13　智能工艺设计方法

(3) CAM

CAM（computer aided manufacturing）主要是指利用计算机辅助完成从生产准备到产品制造整个过程的活动，即通过直接或间接地把计算机与制造过程和生产设备相联系，用计算机系统进行制造过程的计划、管理以及对生产设备的控制与操作，处理产品制造过程中所需的数据，控制和处理物料（毛坯和零件等）的流动，对产品进行测试和检验等。

现代 CAM 系统通常是一个计算机分级结构的体系，并由两级以上的计算机系统组成。通常，CAM 系统的组成可以分为包括数控机床、制造部分、传送与装载部分、监测部分等在内的硬件系统和包括数据资料仓库以及与硬件各部分功能对应的数控编程软件的软件系统。为满足现代工业生产需要，对模具型腔、型芯的数控加工，都需要使用 CAM 技术。通过选择加工工具，确定加工路径以及最终的仿真加工和在这之后的零件质量评估，使 CAM 技术的制作精度高、加工一致性好。在零件质量评估方面，CAM 技术允许对仿真形成的最终模型进行任意剖切，从而能够直接测量其制造而成的实际尺寸数据以及精确程度，弥补了数控编程设计时的错误，提高了制造的质量和效率，降低了出错率与返工修补率。

CAM 技术在塑料模具设计制造中的应用策略主要有三个：

① 在并行工程基础上的 CAM 技术　并行工程是一种在集成化、并行思想下的生产管理模式，在该思想下实现产品的生产制造，是与串行生产管理模式完全不同的新型生产管理模。

② 基于逆行工程的 CAM 技术　逆行工程是指在现有产品基础上，实现对产品生产流程、产品组织结构等设计要素的逆向推导，进而实现对现有产品的改进式设计。整个仿形加工步骤为：对产品实体仿形建模，实现仿形加工，最后进行后续的修改。而原本仿形加工是由人工操作来达成的，在原本加工模式下加入CAM 技术，可以对仿形加工的生产模式加以优化，通过 CAM 技术提升设计制造效率。

③ 知识工程下的 CAM 技术　近年来，工业生产中逐渐融入了人工智能技术。应用 CAM 技术时，应先建立塑料模具专业知识的数据存储服务器，通过数据库提供信息资源，再利用人工智能技术模拟行业专家，对塑料模具的设计进行智能分析，判断设计成果是否完美，最终提出相应的决策性建议。

目前常用的 CAM 软件有 UG、Edgecam 和 Mastercam。零件三维模型绘制好以后，运用 CAM 软件设计模具加工程序，设计顺序为：设置机床→设置刀具→设置工艺参数→加工仿真→生成刀具路径→后处理→输出 NC 程序。图 8.14 所示为一个塑料模具的型芯三维模型，经过上述步骤后输出的部分 NC 程序如图 8.15 所示。

图 8.14　型芯三维模型

```
G00 X−59.Y−51.398
Z.749
G01 Z−.251
G03 X−55.Y−46.665 I−.8 J4.733
G01 Y−38.521
X−44.081
G02 X−38.521 Y−44.071 I−.016 J−5.576
G01 Y−55.
X−55.
Y−46.665
X−49.8
Y−43.721
X−44.093
G02 X−43.721 Y−44.09 I−.004 J−.376
```

图 8.15　NC 程序

(4) CAE

CAE（computer aided execution），指的是一种集数值运算技术、信息数据库、应用工程分析、仿真工具以及多媒体构图学等多种功能于一体的软件系统，将其应用到塑料模具设计中，可以借助高分子流变学理论、函数计算理论以及构图形式理论，对制造工艺进行数据化模拟，将塑料模具的成型过程形象逼真地展现。这样一来，就可以及时发现塑料模具设计中存在的问题，并及时进行修改和纠正。

在传统的塑料模具设计过程中，主要凭借设计人员的个人经验进行操作。当模具设计出来之后，只有进行试模，才能够发现设计过程中存在的问题。之后再根据用户需求对塑料模具设计中的细节问题进行修改，整个设计与修改过程需要花费大量的时间和精力。而 CAE 技术的应用，则可以有效改善这一现状。

在塑料模具设计过程中，模流分析是必不可少的一个步骤，目前主要利用 CAE 技术实现。模流分析提供了多种分析序列，每种分析序列的关注点不同，结果也不同。所以，要首先确定此次分析的目标和重点，然后有针对性地选择分析序列。常见的分析序列如下：

① 填充　主要用于浇注系统的模拟分析，以获得最佳浇注系统。例如，检查流动是否平衡、有无短射、有无熔接痕和困气等缺陷。其分析结果主要包括填充压力、时间、熔体前沿温度、芯部和表面分子（纤维）取向、剪切速率、困气、熔接痕等。该序列应用在浇口位置、数量与排布的优化和整个浇注系统的布局上等。

② 填充+保压　主要用于后填充阶段的模拟分析，以获得最佳保压设置。其分析结果主要包括填充时间、压力、熔体前沿温度、表面和芯部分子（纤维）取向、剪切速率、困气、收缩（包括体收缩和 X、Y、Z 三个方向的分收缩量）、熔接痕等。该序列可用于优化由保压设置引起的收缩、翘曲等缺陷。

③ 冷却 用于模拟制品冷却效果优劣，从而对冷却时间、冷却管道参数进行优化，达到整个成型周期的优化效果。其分析结果主要包括模面温度、产品表面温度和产品各部位温度差异等。

④ 冷却＋填充＋保压＋翘曲 除可以同时获得②和③两项的分析结果外，还可获得翘曲结果（包括由受热不均、分子及纤维取向和收缩引起的翘曲），主要用于收缩和翘曲的优化。

图 8.16 所示的模流分析采用的是填充分析序列，对 0.7009s、0.8010s、0.9011s、1.201s 四个不同时间点塑件填充状态进行确认，可以发现塑件四个角是最后被充满的，直至 1.201s 熔体才充填结束。在四个角位置，会出现注塑速度向压力的转换，容易出现短射问题。

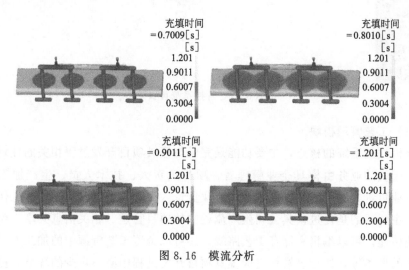

图 8.16 模流分析

8.3.2 智能塑料模具生产管控系统

塑料模具制造车间生产是一个复杂的过程，企业的工程和项目管理以及企业间的动态合作的主要问题是信息沟通问题，这对企业来说是比较困难的。因此，降低运营成本、提高生产效率、加速信息流通是模具生产企业必须解决的问题。提供合理的人事组织结构，提供适合模具企业的生产管理模式，研究出使企业工作人员容易适应的系统，更能促进企业的实际生产管理。塑料模具车间生产信息管控系统，以现在的新技术和高级的经营理论为基础，目的是有效地促进模具企业生产的信息整合，加强企业的生产能力。

塑料模具企业车间生产管控系统的功能模块主要包括工艺管理、生产管理、采购管理、仓库管理、生产调度、系统管理模块等，包含上述部分模块的管控系统首页界面如图 8.17 所示。其系统模块主要功能如下所述。

塑料模具制造创新服务平台

图 8.17　管控系统首页

(1) 工艺管理模块

该模块是系统的核心，主要功能是完成与模具项目开发过程相关的计划和管理。该模块的业务由模具企业管理者、项目负责人、技术人员、生产加工负责人、营业负责人、采购负责人、合作企业负责人等特定模具订货项目的工作人员完成，主要目的是促进模具公司生产流程中的项目管理、相关信息共享、生产信息快速传递。可以编辑和储存工艺路线，还可以浏览工艺资源中的加工人员及选择加工的设备等，通过该模块完成模具项目开发过程中必不可少的环节，提供信息共享和快捷安全的信息传递。

(2) 生产管理模块

主要功能是根据项目生产计划，将生产计划的数据包（数控加工程序、图纸等数据信息）下发到模具车间进行车间安全生产排程，并实时地对模具车间的生产进展情况和生产能力进行反馈。

(3) 采购管理模块

这个模块对应于供应商管理模块。主要功能是通过模块实现企业采购负责人与企业和供应商之间的沟通和信息共享，实现与供应商的相互联系，通过网络协商采购意向。这个模块主要用于企业采购负责人收集供应商信息，协商采购意向，管理采购合同和采购计划。

(4) 仓库管理模块

库存管理模块的主要功能是进行库房进出库管理、库存管理等一般仓储业务，项目物资预先备料，项目物资进出库管理，项目物资成本统计。

（5）生产调度模块

主要为车间生产作业安排合适的生产计划，对车间生产任务进行调度排产，但如果车间出现设备停产、故障、物料不足等不可预见的因素时，车间生产调度需重新计算。

（6）系统管理模块

这个模块的主要功能是进行系统的初始设置，以及系统账户和权限的设置和管理。这个模块是安全运用信息管理系统的前提条件。对于这个系统来说，系统管理员拥有通过这个管理模块进行系统用户注册、账户设置、权限管理和使用的权限变更、权限获取的唯一权利，可进行取消账户等管理工作，以确保账户的唯一性和信息与数据的安全性。

智能塑料模具生产管控系统针对塑料模具生产企业，对塑料模具企业的车间生产做到细化管控，以提高企业的生产管控效率，降低企业成本，其系统总体工作流程设计如图 8.18 所示。

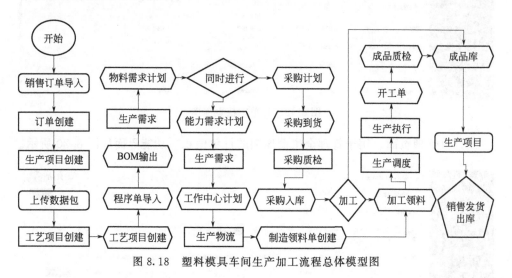

图 8.18　塑料模具车间生产加工流程总体模型图

模具制造企业接到销售部门的销售订单后，销售负责人将订单导入系统中，并进行销售订单的创建。销售订单创建之后，生产部门进行生产项目的创建，将制作好的图纸、程序等数据上传系统。数据到达系统数据库中后，工艺部门会根据数据包进行工艺路线的编辑，将程序单导入，输出产品 BOM。之后进行生产需求的编辑，填写物料需求计划，此时可以同时进行生产需求计划编辑和物料的采购，一方面生产需求编辑成功后进行制造领料单创建；另一个方面采购部门进行采购，采购到货后进行质检入库，若需要加工，则生产领料进行车间加工，编辑开工单，进行生产调度，下发项目生产任务。若不需要进行加工可将其入成品库与加工成型的零件进行装配。项目整体完成后，在系统上进行完工设置，销售发货，成品出库，以保证系统与模具车间的进度一致。

生产管控系统的效率取决于所使用的软件系统的操作流畅性，接下来以一款基于某塑料模具制造车间开发的生产管控系统软件为例进行介绍，开发塑料模具制造生产管控系统的功能性页面如下。

订单审核页面，用于审核线上下单的订单信息，保证管控系统的数据入口安全，功能界面如图 8.19 所示。

图 8.19　订单审核页面图

订单管理页面，用于管理全生命周期的订单信息，功能界面如图 8.20 所示。

图 8.20　订单管理页面图

订单统计界面，用于统计该车间某个时间段的订单状况，功能界面如图 8.21 所示。

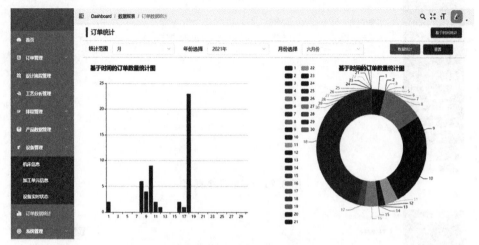

图 8.21　订单统计页面图

订单进度跟踪界面，用于实时查询各个订单的加工进度，功能界面如图 8.22 所示。

图 8.22　订单进度跟踪页面图

订单排序页面，用于根据订单的预估加工时间等参数进行订单的排序，以生成相对较长时间的生产计划，功能界面如图 8.23 所示。

工序排程页面，选择指定的订单进行工序排序，功能界面如图 8.24 所示。

工序排程结果页面，选择指定时间范围内的工序进行列表及甘特图显示，功能界面如图 8.25 所示。

图 8.23　订单排序页面

图 8.24　工序排程页面

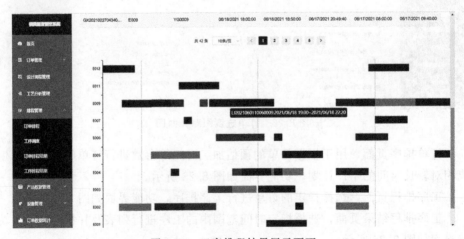

图 8.25　工序排程结果展示页面

参 考 文 献

［1］张冬芹 . 注塑模具厂虚拟布局设计与仿真［D］. 乌鲁木齐：新疆大学，2011.

［2］塑料模具加工工艺的发展趋势［J］. 工程塑料应用，2014，42（04）：103.

［3］刘锦武 . 基于 UG 的塑料模具设计和数控加工分析［J］. 塑料工业，2017，45（09）：68-71.

［4］冯刚，张朝阁，江平 . 我国注塑模关键技术的研究与应用进展［J］. 塑料工业，2014，42（04）：16-19.

［5］杨勇辉，崔一 . CAE/CAD 技术在塑料模具设计中的应用［J］. 工程塑料应用，2017，45（02）：124-127.

［6］郑卫 . 塑料模具成型辅助设计系统的设计与实现［D］. 大连：大连理工大学，2013.

第**9**章

智能切削加工产线开发及应用

在智能切削加工生产线布局中，会出现加工生产线布局参数无序化问题、装夹工作台与人员资源分配问题、生产物流问题、组织方式问题等，在生产过程中可能会导致生产周期加大，在制品物流单元堵塞、工序瓶颈等，故需要仿真技术提前预测，减小经济成本。针对人员分配、生产物流等问题，采用车间布局四要素分析法，分析车间车床的生产排产状况、工艺关键技术、生产物流状况等来搜集车间重要数据，针对车间布局无序化问题，采用过程分析法将过程分为数据收集、数据分析、抽象数据三个阶段，应用主成分分析法等抽象出重要的数据，针对生产周期大、物流单元堵塞等问题采用 Plant Simulation 及 VR 技术进行仿真，较为可靠地反映车间布局方案的可使用程度。仿真流程如图 9.1 所示。

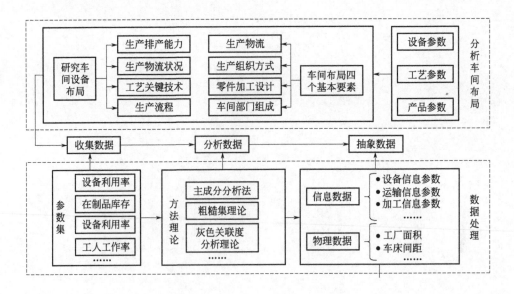

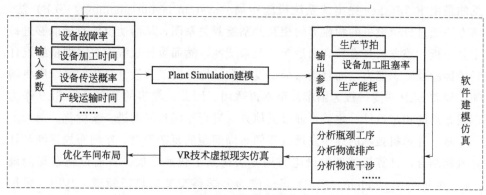

图 9.1　仿真流程图

基于生产线布局分析和数据处理，应用 Plant Simulation 建立复杂切削加工生产线的生产系统仿真模型，如图 9.2 所示，通过对模型运行数据分析，了解生产系统的瓶颈工序、物流干涉、排产能力。

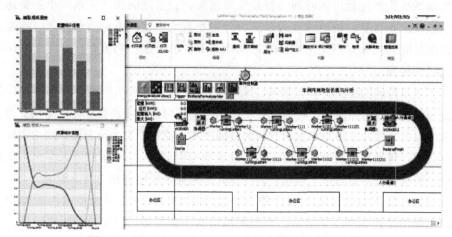

图 9.2　基于 Plant Simulation 的生产线仿真分析示意图

具体的智能切削加工产线的开发与应用通过布局仿真、排产调度以及设备健康状态监控与管理三个方面详细阐述。

9.1　智能切削加工产线布局仿真

9.1.1　产线布局分析

针对生产线布局的研究从 20 世纪 60 年代就已经开始，主要针对的是车间设施的位置、生产过程中的物流距离、生产效率等因素。传统的布局设计方法最常见的是由 R. Muther 提出的系统设施布局（system layout planning，SLP）法，该方法通过分析设备的物流等的相互关系绘制关系图，从而使设施布局能够进行定量分析。该方法具有较高的逻辑性及系统性，然而设计过程中更多地依靠设计者的经验及知识能力，而且当布局中设施数量增加时，其设计过程的复杂度将增加，导致 SLP 法变得极为困难甚至不再适用。因此，较多的研究仅将 SLP 作为车间布局的初步设计，之后再通过其他方法进行车间布局的进一步优化。

基于计算机技术的逐步发展及车间布局问题的复杂程度，车间布局逐渐与计算机相结合，计算机辅助的设施布局方法得到了快速发展。目前设施布局问题（facility layout problem，FLP）已经成为多学科交叉的热门领域，其中，采用数学模型及智能算法曾为其中的主流研究方向，而研究的主要问题为生产线布局规划中的机床利用率等。

实际生产过程中，设备之间根据相互关系的大小进行距离远近的布置对生产成本及效率具有不可忽视的影响。在生产线布局过程中对设备位置进行优化能够有效地减少生产过程中的时间浪费及资源浪费。设备之间相互关系大小主要通过物流强度进行计算，物流强度的计算可分为物流大小及物流距离两方面。物流大小为单位时间内相应两个工作区域之间运送工件的总量；物流距离为两个工作区域之间的距离。

作业单位间的距离计算主要有三种形式，分别为曼哈顿距离、欧几里得距离及流程距离。曼哈顿距离是将两作业单位间水平坐标距离及垂直坐标距离相加作为设备间距离。欧几里得距离为两点间的直线距离。流程距离为沿着两点间的实际行走路线进行测量得到的距离。由于物流过程中采用的 AGV 小车或者天车大多仅能在规划的水平或垂直轨道上运动，因此在此采用曼哈顿距离作为物流距离。

设施布局模型可简化为 m 个作业单位分区在一个既定尺寸范围内的排列组合，其模型描述如图 9.3 所示。物流距离可基于该模型以及曼哈顿距离计算方法进行计算。

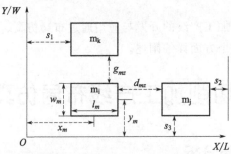

图 9.3　设施布局模型示意图

m_i, m_j, m_k—不同的作业区；x_m, y_m—第 m 个作业单位的坐标位置；l_m, w_m—第 m 个作业单位的长度及宽度；d_{mz}, g_{mz}—作业区域间横向及纵向的安全距离；s_1, s_2, s_3—设备与左右墙体及下墙体之间的最小距离

在布局规划中，常用的评价指标有：总物流强度最小化、面积利用率最大化、相邻值最大。相邻值最大指基于相近程度的目标，保证物流最大的相邻设施之间的运输费用最小。以上三个指标中，总物流成本最小化能够最为有效地作为优化资源利用的评价指标。因此，在此采用物流强度为优化目标。

考虑物流距离及物流量的情况，构建设施布局模型 F_1 的评价指标物流强度模型为：

$$F_1 = \min\Big\{ \sum_{i=1}^{m} \sum_{j=1}^{m} q_{ij} D_{ij} \Big\} \tag{9-1}$$

$$D_{ij} = |x_i - x_j| + |y_i - y_j| \tag{9-2}$$

$$q_{ij} = \begin{bmatrix} q_{11} & q_{12} & \cdots & q_{1m} \\ q_{21} & q_{22} & \cdots & q_{2m} \\ \cdots & \cdots & \cdots & \cdots \\ q_{m1} & q_{m2} & \cdots & q_{mm} \end{bmatrix} \tag{9-3}$$

式中，q_{ij}、D_{ij} 分别为设备 m_i、m_j 之间的物流量及曼哈顿距离。

模型建立后，需考虑相应的约束条件，其约束条件有以下几个方面。

① 应计算给定各个缓冲区容量下的缓冲区尺寸参数。

对于输入的工件或托盘的尺寸，根据设定的各个缓冲区的容量，计算相应的缓冲区面积，计算方法为：

$$\begin{cases} L_B = n_l l \\ W_B = n_w w \end{cases} \tag{9-4}$$

式中，n_l、n_w 分别为缓冲区内托盘或工件放置的列数、行数；l、w 分别为托盘或工件的长度及宽度；L_B、W_B 为缓冲区的长度及宽度。

② 缓冲区作业单位的宽度小于加工单位的最大宽度。

$$W_{Bk} \leqslant \max W_{mk} \tag{9-5}$$

式中，W_{Bk} 及 W_{mk} 分别为第 k 行的缓冲区及作业区的宽度。

③ 不同的作业单位间不能存在干涉或者重叠，因此存在以下约束。

$$Z_{mk} = \begin{cases} 1 & \text{作业单位 } m \text{ 在第 } k \text{ 行} \\ 0 & \text{其他} \end{cases} \tag{9-6}$$

$$|x_m - x_z| \geqslant \Big(\frac{1}{2} l_m + \frac{1}{2} l_z + d_{mz} \Big) Z_{mk} Z_{zk} \tag{9-7}$$

$$|y_m - y_z| \geqslant \Big(\frac{1}{2} w_m + \frac{1}{2} w_z + g_{mz} \Big) (1 - Z_{mk} Z_{zk}) \tag{9-8}$$

④ 每个作业单位仅能够被布局一次，且不能超出车间的布置范围。

$$\sum_{k=1}^{NK} Z_{mk} = 1 \tag{9-9}$$

$$x_m + \frac{1}{2}l_m + s_1 \leqslant L \tag{9-10}$$

$$y_m + \frac{1}{2}w_m + s_3 \leqslant W \tag{9-11}$$

式中，Z_{mk} 用于限制作业区所在的行；NK 为布局的总行数。

9.1.2　产线数据处理

通过对生产线布局的分析，将此过程分为分析结构、搜集数据、抽象数据三个阶段，对设备参数、产品参数、工艺参数进行统计分析，应用主成分分析法、粗糙集理论、模糊分析法等，将车间设备参数、布局面积参数、运输参数等抽象并简化出生产系统模型的输入数据、输出数据。

(1) 考虑机床可用度研究

生产效率是所有生产线设计及运行过程中都要考虑的内容，生产效率的提高很大一部分取决于机床的利用率，因此，对于机床可用度进行研究能够有效地减少机床闲置造成的资源浪费问题。

系统处于稳定状态时，机床的可用度仅与机床的生产率、故障率及修复率等参数及缓冲区容量配置有关。若机床的故障率及修复率分别为 ρ_i、σ_i，则机床独立使用时机床的可用度为：

$$e_i = \frac{\sigma_i}{\sigma_i + \rho_i} \tag{9-12}$$

而在生产线中的实际可用度为：

$$e_i' = e_i \left[1 - \frac{1-\xi_{i-1}}{1-\xi_{i-1}^{b_i-1}} - \frac{\xi_i^{b_i}(1-\xi_i)}{1-\xi_i^{b_i+1}} \right] \tag{9-13}$$

$$\xi_i = \frac{\mu_i}{\mu_{i+1}} \tag{9-14}$$

式中，b_i 为第 i 个作业单位前缓冲区的容量；μ_i 为作业单位 i 的生产率。

然而，对于混流生产线，其加工设备的生产率与其加工的工件类型有关。因此，对混流生产的设备生产率计算时，生产率计算存在两种情况：同一台设备需加工多种产品以及设备的后续工序根据产品的不同采用不同的设备。

针对这两种情况，其加工节拍并不是一个常数，无法直接采用上述公式计算。因此，需要对以上两种情况的加工节拍及加工速率进行讨论，确定相应的求解方法。

对于一台设备同时需要加工多类产品的情况，在生产排序尽量使生产节拍靠近平均加工时间时，生产率为平均生产节拍的倒数 $1/C_i$。

对于后续并联 D 台设备的机床，若该机床为 j，为后续每台设备生产的工件数为 n_d，对应的每个产品的加工时间 t_d，则该设备相对于后续 D 台设备单独计算生产节拍，每台设备生产产品的节拍分别为 C_{j1}'，C_{j2}'，…，C_{jD}'，计算方法为总加工时间与对应加工产品数的比值，即：

$$C'_{jD} = \frac{\sum\limits_{d=1}^{D} n_d t_d}{n_d} \tag{9-15}$$

对于混流生产线，其生产节拍即其生产率的计算如表 9.1 所示。

表 9.1　机床生产速率计算公式

	正常设备	并联设备
生产节拍	$C_i = \dfrac{\sum\limits_{p=1}^{p} C_p}{n}$	$C'_{jD} = \dfrac{\sum\limits_{d=1}^{D} n_d t_d}{n_d}$
生产率	$\mu = \dfrac{1}{C_i}$	$\mu' = \dfrac{1}{C'_{jD}}$

采用以上分离方法，可将产线由于订单随机导致的混流生产及并行生产等进行统一考虑并进行机床可用度的计算。

将生产速率的计算公式与机床可用度的计算公式结合。对仅同时加工多种产品的机床以 M1 表示，后续存在并联设备的机床以 M2 表示。则针对实际情况，存在 3 种情况：两台 M1 的加工工艺相连，M1 后的加工设备为 M2 类型，M2 后并联的加工设备为 M1 类型。则考虑混流并联生产线的机床可用度模型为：

$$F_2 = \max\left\{ \sum_{i=1}^{m} e'_i \right\} \tag{9-16}$$

$$e'_i = e_i \left[1 - \frac{1-\xi_{i-1}}{1-\xi_{i-1}^{b_i-1}} - \frac{\xi_i^{b_i}(1-\xi_i)}{1-\xi_i^{b_i+1}} \right] \tag{9-17}$$

$$\xi_i = \begin{cases} \dfrac{n_i \sum\limits_{p=1}^{n_{i+1}} C_{i+1,p}}{n_{i+1} \sum\limits_{p=1}^{n_i} C_{i,p}} & M1\text{-}M1 \\[3em] \dfrac{n_i \sum\limits_{d=1}^{D_{i+1}} n_d t_d}{\sum\limits_{d=1}^{D_{i+1}} n_d \sum\limits_{p=1}^{n_i} C_{i,p}} & M1\text{-}M2 \\[3em] \dfrac{n_d \sum\limits_{p=1}^{n_{i+1}} C_{i+1,p}}{n_{i+1} \sum\limits_{d=1}^{D_i} n_d t_d} & M2\text{-}M1 \end{cases} \tag{9-18}$$

(2) 基于优化缓冲区配置的机床能耗模型

对生产过程中设备能耗优化的研究大多集中在排产调度等方面。对于生产线布局设计，由于无法直接对生产过程进行调控，则不能直接对机床的能耗进行优化，因此需要通过生产线布局与调度相结合对机床能耗进行优化。下面采用缓冲区配置与开关机策略结合的方式进行机床能耗的优化。

根据开关机策略，机床能耗可分为加工能耗和空闲等待能耗，机床的状态又可分为停机、启动、加工、待机、关机 5 种状态。在此主要将机床的能耗状态分为加工能耗、待机能耗及开关机能耗进行考虑。

工件 i 在机床 j 上的加工能耗 P_{ij} 为其加工时间 t_{ij} 与加工机床的功率 W_j 的乘积。

$$P_{ij} = W_j t_{ij} \qquad (9\text{-}19)$$

当机床由于工件未到达而出现闲置时消耗的功率为空闲等待能耗 I_{jt}，可分为待机能耗 WI_{jt} 或开关机能耗 SE_{jt} 两种情况。

待机能耗的计算方法为机床 j 在第 i 个工件加工结束时间 E_{ij} 与第 $i+1$ 个工件加工开始时间 $S_{i+1,j}$ 之间的时间差值与待机功率 WL_j 的乘积。则考虑前面对工件排序的分析，此差值可以看作第 i 个工件的加工结束时间与该机床的前序设备生产节拍的差值。

$$WI_{jt} = \begin{cases} WL_j(C_{j-1} - E_{ij}) & E_{ij} \leqslant C_{j-1} \\ 0 & 其他 \end{cases} \qquad (9\text{-}20)$$

当待机时间较长时，开关机能够更有效地降低机床能耗，对于开关机策略的最短空闲时间（即空载平衡时间）TI_j 为：

$$TI_j = \max\left\{ T_j, \frac{P_{SE}}{WL_j} \right\} \qquad (9\text{-}21)$$

式中，T_j 为机床 j 开关机一次的时间；P_{SE} 为机床开关机一次的能耗。

则引入开关机策略时的空闲等待能耗为：

$$I_{jt} = \begin{cases} WI_{jt} & C_{j-1} - E_{ij} \leqslant TI_j \\ P_{SE} & 其他 \end{cases} \qquad (9\text{-}22)$$

结合以上分析可以发现，当机床处于待机时，机床的能耗将随时间的增加而增加，而机床的开关机能耗与时间无关，但又与机床开关机的次数成正比。因此，当机床在同一个工况下既有最少的开关机次数又有最大的停机时间时，机床的能耗将最少。由于存在闲置情况的机床的加工节拍普遍小于前序机床，因此缓冲区基本不在加工节拍较小的机床前配置较大容量。

故当后续机床加工时间小于前序机床的加工时间时，可在两个机床间增加缓冲区，使加工节拍较短的机床能够以一定批次进行加工，使闲置机床能够把待机时间合并，从而减少机床开关机的次数而且增大机床的停机时间，具体时间调整如图 9.4 所示。

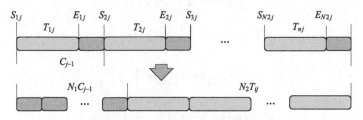

图 9.4　考虑缓冲区及开关机策略的机床能耗时间调整示意图

N_1 为机床 j 开始加工前缓冲区内需达到的工件数，N_2 为机床 j 前缓冲区内工件再次达到 0 时所加工的工件数量，n 为机床在一个周期内所需加工的工件数，则此时的机床空闲等待能耗为：

$$I_{jt}=\begin{cases}\dfrac{1}{N_2}\times P_{SE} & N_1C_{j-1}\geqslant TI_j \\[3mm] WL_j\times\dfrac{N_1}{N_2}\times C_{j-1} & 其他\end{cases} \tag{9-23}$$

假设机床 j 前缓冲区容量为 B_j，缓冲区预留安全容量为 n_b。则对于 N_1、N_2 的计算方法为：

$$N_1=B_j-n_b \tag{9-24}$$

$$N_2=\frac{N_1C_{j-1}}{C_{j-1}-C_j} \tag{9-25}$$

则基于优化缓冲区配置的机床能耗模型为：

$$F_3=\min\Big\{\sum_{j=1}^{m}\sum_{i=1}^{n}(P_{ij}+I_{jt})\Big\} \tag{9-26}$$

$$P_{ij}=W_jt_{ij} \tag{9-27}$$

$$I_{jt}=\begin{cases}\dfrac{1}{N_2}\times P_{SE} & N_1\times C_{j-1}\geqslant TI_j \\[3mm] WL_j\times\dfrac{N_1}{N_2}\times C_{j-1} & 其他\end{cases} \tag{9-28}$$

(3) 所建立模型的求解方法

为便于后续可能的布局优化设计提升，在建立相应的生产线布局优化模型的基础上，还应对相应的求解算法进行设计研究。在此对所述模型进行遗传算法（GA）设计及求解分析，结合生产线中存在的机床利用率低、待机时间长、工件尺寸大等问题，对所优化的目标函数进行解释。在此基础上，进一步对算法结构进行详细设计及介绍。

根据上述的设施布局模型、机床可用度模型及机床能耗模型，考虑机床能耗的缓冲区配置模型优化目标函数定义为：

$$\min F = \{F_1, F_2, F_3\} \tag{9-29}$$

$$F_1 = \min\Big\{\sum_{i=1}^{m}\sum_{j=1}^{m} Q_{ij} D_{ij}\Big\} \tag{9-30}$$

$$F_2 = \max\Big\{\sum_{i=1}^{m} e_i'\Big\} \tag{9-31}$$

$$F_3 = \min\Big\{\sum_{j=1}^{m}\sum_{i=1}^{n} (P_{ij} + I_{jt})\Big\} \tag{9-32}$$

考虑到三个子目标函数均与缓冲区配置有关，且为便于优化算法的设计及求解，在此采用加权求和的方式，将其综合为一个优化目标函数，其定义如下：

$$\min F = \omega_1 F_1 + \omega_2 \frac{1}{F_2} + (1 - \omega_1 - \omega_2) F_3 \tag{9-33}$$

式中，ω_1、ω_2 为权重因子，取值范围为 $[0,1]$，可根据实际情况对其取值进行调整，若其中一个条件较重要，则可提高其相应的权重。

考虑到不同的优化目标具有不同的数量级，需对各要素进行归一化处理，因此，需对目标函数进行改进：

$$\min F = \omega_1 F_1 + \omega_2 \frac{1}{F_2} \gamma_1 + (1 - \omega_1 - \omega_2) F_3 \gamma_2 \tag{9-34}$$

$$\gamma_1 = \frac{\min F_1}{\min \dfrac{1}{F_2}}, \quad \gamma_2 = \frac{\min F_1}{\min F_3} \tag{9-35}$$

式中，γ_1、γ_2 为机床可用度及机床能耗值的归一化参数。

对于所属考虑机床能耗的缓冲区配置问题的 GA 设计可分为编码、生成初始种群、计算适应度值、交叉、变异、选择。编码操作将染色体分为三部分，第一部分为按照各个机床及缓冲区的功能将其分为不同的作业区编号排序，第二部分为对应于前半部分的缓冲区排序的缓冲区容量，第三部分为各个作业区间的安全距离，如图 9.5 所示。

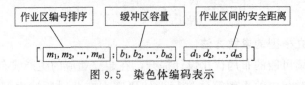

图 9.5　染色体编码表示

对于交叉操作，根据预设的交叉概率，对相邻的两条染色体采用交叉操作。交叉过程为：

① 随机决定相邻两条染色体是否需要交叉；

② 随机决定两条染色体的交叉位置；

③ 将两条染色体交叉位置后的部分进行交换，由于机床及缓冲区的作业区序号不能重复，所以如果交叉位置在第一部分时，还需要进行步骤④；

④ 对第一部分机床及缓冲区的排序进行修正。

其步骤③与④过程如图 9.6 所示。

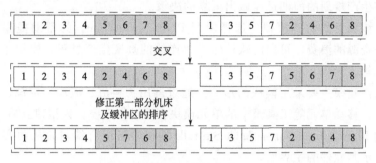

图 9.6　交叉方式

对于变异操作，针对每条染色体随机判定是否进行变异操作，对于需要变异操作的染色体，随机选择变异位置，将位置处的数值进行重新随机分配，并对机床及缓冲区的编码进行修正。当判断出某条染色体不能满足布局约束时，对安全距离进行变异操作使其满足约束。

对进行交叉变异前的种群 1 与交叉变异操作后的种群 2 进行拼接，组成新的种群 3，分别计算种群 3 的每个个体的适应度值，之后按照轮盘赌的方式进行选择，具体过程为：

① 计算每条染色体代表的车间布局方案的适应度值；

② 计算适应度值的和，并计算每个个体的适应度值所占的比例，将该比例作为选择操作过程中被选中的概率。

对于大小为 S 的种群，若每个个体的适应度为 F_i，则个体被选中的概率 P_i 为：

$$P_i = \frac{F_i}{\sum\limits_{i=1}^{s} F_i} \tag{9-36}$$

根据每个个体被选择的概率进行重新排序，并对每个个体根据其概率进行随机选择到下一代，当选择的个体大于种群规模时，将适应度较小的个体剔除，当选择的个体小于种群规模时，按照缺少的数量将适应度值较大的前几个个体进行选择填补。

9.1.3　软件建模仿真

Plant Simulation 是西门子公司的一款车间布局仿真软件，具有车间布局仿真及数字孪生等多种功能及用途。允许用户建立物流系统计算机模型（如生产），以发掘系统特征及优化性能。此计算机模型允许用户运行实验和仿真预设情况与对策（What-if）情景，且不会扰乱现有生产系统或在实际系统安装前，即在规划阶段进行实验。全面的分析工具、统计及图表资料可帮助用户评估不同制造情况，并在生产规划的前期迅速做出可靠的决策。

针对该项目的仿真模拟，选择使用 Plant Simulation。为帮助提高生产率、减少设备资源的浪费，可用此软件仿真生产线的真实生产过程，模拟生产时间、阻塞概率等。

该软件建模主要采用模块的形式，通过调用物料流、流动、资源、信息流、用户界面、移动单元等工具箱中的单元模块直接进行建模。模型建立后，设备的规则等由 Plant Simulation 自带的 Simtalk 编程语言进行编写，从而实现仿真。图 9.7 所示是软件的主界面。

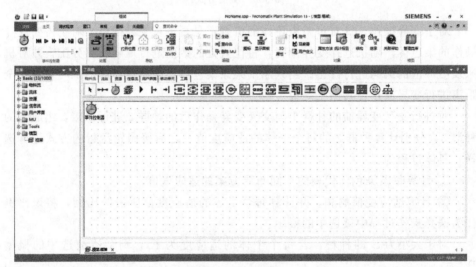

图 9.7　主界面

软件的主要功能实现均被制作为单一的模块，通过将每个单一的模块拖入并设定相关属性，实现场景及仿真流程。其中较为常用的功能组件如表 9.2 所示。

表 9.2　Plant Simulation 主要组件

Station	机床或者其他加工设备
Source2	工件源，可作为原材料区

 **Drain2**	工件回收源,可作为成品库
 **Buffer4**	缓冲区
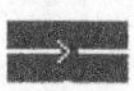 **Track**	物流通道
 **EventController**	时间控制器
 **Chart**	图表工具
 **DataTable**	数据表工具
 **M**	程序编写策略模块

　　仿真模型的建立,主要通过新建文件后,在基础设定完成后,拖入相应的模块工具,并在策略模块中进行程序的编写,完成相应的参数设定,从而完成整个仿真模型的搭建。具体可分为以下步骤。

　　① 进入主界面(图 9.8)后创建 2D 模型。

　　② 根据图纸选定框架(图 9.9),根据图纸中的设备特点选定工具箱的元素,建立生产轨道,放置设备。

　　③ 按照布局设定设备的位置,并可将图标替换为所需的图形,如图 9.10所示。

　　④ 收集各个设备的数据并将各个设备的名称输入进去,点击各个设备出现选项卡,输入设备的工作时间,故障率等设备信息,如图 9.11 所示。

　　⑤ 对设备及物流通道等进行程序编写,如图 9.12 所示,控制整个生产过程,使生产过程符合实际生产。

图 9.8　创建界面

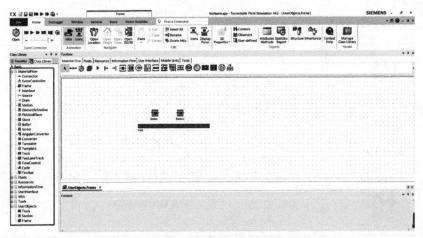

图 9.9　框架构建

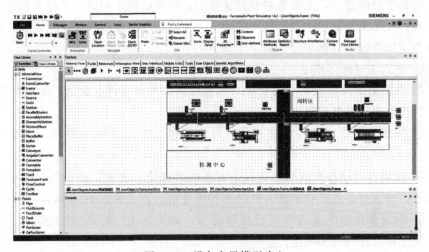

图 9.10　设备布局模型建立

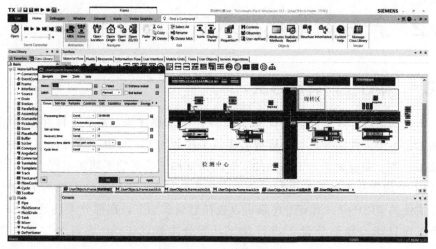

图 9.11　生产参数输入

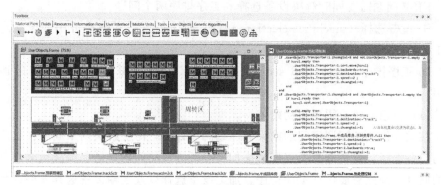

图 9.12　程序编写

⑥ 放置时间控制器，设置仿真时间，也可以对其进行调整，如图 9.13 所示。

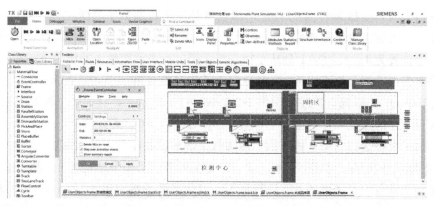

图 9.13　时间控制

9.2 产线智能化技术研究与应用

9.2.1 柔性生产调度方法

常规的柔性作业车间调度问题（FJSP）可以描述为：n 个工件在 m 台设备上加工，每个工件需要进行一道或者多道工序的加工，每道工序可以在多种不同的加工设备上完成加工，工序的加工时间根据加工设备的不同而不同。

FJSP 根据资源选择的限制可分为完全柔性的 FJSP 和部分柔性的 FJSP，在完全柔性的 FJSP 中，所有工序都可以被任意设备加工，在部分柔性的 FJSP 中，一个工序只能选择部分设备进行加工，部分柔性的 FJSP 更符合实际加工的特点。

FJSP 问题需要同时解决设备选择和工序排序两个问题：

① 设备选择（machine selection，MS）即为每道工序选择可用的设备进行加工；

② 工序排序（operation sequencing，OS）即处理每台设备上工序的加工顺序。

(1) 染色体编码解码与初始化

在柔性作业车间调度问题的染色体编码设计中，需要解决两个问题：工序排序与设备选择。设备选择不仅要解决加工设备选择的问题，还要解决运输设备选择的问题，因此需要设计工序排序、加工设备选择以及运输设备选择三层染色体编码，分别为：工序排序的基因串；加工设备选择的基因串；运输设备选择的基因串。

设所有工件的工序总数为 l，则工序排序的染色体基因串和设备选择的染色体基因串的长度都为 l，工序排序的染色体基因串内部数字表示工件序号，同一个数字出现的次数表示该数字代表工件的工序号。如图 9.14 所示，工序基因串第一个位置为 1，且数字 1 是从左往右第一个，则表示工件 1 的第 1 道工序 O_{11}；工序基因串第五个位置也为 1，且数字 1 是从左往右第二个，则表示工件 1 的第 2 道工序 O_{12}。因此，工序基因串 1-2-3-3-1-3-1-1 表示一共有 3 个工件 8 道工序，这 8 道工序的加工顺序为 O_{11}-O_{21}-O_{31}-O_{32}-O_{12}-O_{33}-O_{13}-O_{14}。

加工设备选择的染色体基因串内部数字表示设备序号，基因串顺序是按照工序排序之后的顺序。如图 9.14 所示，设备基因串的第一个位置为 2，表示在 O_{11} 的可加工设备中选择设备 M_2 进行加工。因此，设备基因串 2-1-3-4-2-3-1-2 表示的是 8 道工序按照 O_{11}-O_{12}-O_{31}-O_{32}-O_{12}-O_{33}-O_{13}-O_{14} 顺序依次选择的加工设备。

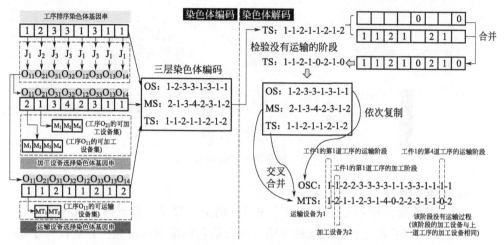

图 9.14 工序排序与设备选择的双层染色体编码与解码

运输设备选择的染色体基因串设计方式与加工设备选择染色体编码方式相似，根据工序排序编码序列生成每道工序可选设备序号的编码。如图 9.14 中，运输设备基因串 1-1-2-1-1-2-1-2 表示的是 8 道工序按照 O_{11}-O_{21}-O_{31}-O_{32}-O_{12}-O_{33}-O_{13}-O_{14} 顺序依次选择的运输设备。

运输选择的编码与加工选择的编码的区别在于当同一个工件前后两道工序的加工设备是同一台设备时，将不存在运输阶段，该阶段的运输设备选择设定为 0，因此在解码过程中，首先校验运输编码序列 TS，根据加工编码序列，计算出不需要运输的阶段并设定为 0。为了降低编码复杂度，便于程序的编写，在解码过程中将修正完的三种编码方式转换成由工序排序（OSC）与设备选择（MTS）组成的双层染色体编码，工序排序由原来的编码 OS 依次复制生成 OSC 编码，其中 OSC 的奇数位表示运输阶段，偶数位为加工阶段。设备选择由原来的加工设备选择（MS）与运输设备选择（TS）交叉合并生成 MTS，其中 MTS 的奇数位表示运输阶段的设备选择，偶数位表示加工阶段的设备选择。

解码时根据工序排序基因串（OSC）确定加工顺序，然后按照加工顺序依次在设备选择染色体基因串 MTS 中查询所选择的设备并进行处理，其中编码的奇数位表示运输阶段，偶数位表示加工阶段，依次将所有的工序都安排在适当的设备上进行处理，生成可行的调度方案。为了提高编码表达的有效信息，在编码可调整范围内，提高完工时间，当出现同一台设备的后续工序可前移至前序间隙时，在解码过程中进行调整，调整过程如图 9.15 所示。当待处理工序的工艺允许时间段大于等于设备允许时间段时，待处理工序不可前移；反之，可寻找前序间隙大于待处理工序时间段的位置，将待处理工序时间段前移至该间隙。

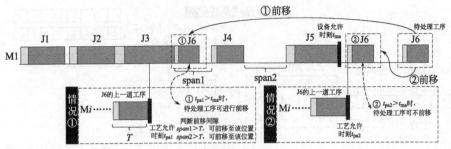

图 9.15　染色体解码的前移操作

（2）交叉操作

交叉操作采用模拟二进制交叉（SBX）的交叉算子，假设两个父代个体为 P_1 和 P_2，基于模拟二进制交叉的思路，结合染色体编码的组成，分别设计了基于工序序列的交叉方法和基于设备序列的交叉方法，产生的两个后代个体为 C_1 和 C_2，具体的交叉操作过程如图 9.16 所示。由于在编码设计中，运输设备选择染色体是由工序排序染色体与加工设备选择染色体决定的。

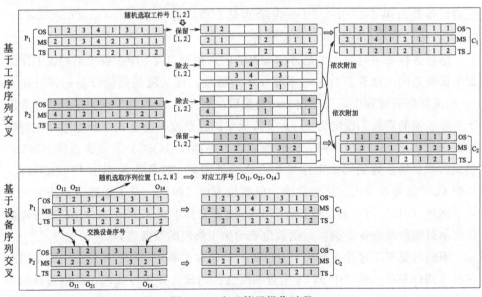

图 9.16　交叉算子操作过程

（3）变异操作

结合染色体的组成，设计基于机器序列的变异过程，具体操作如图 9.17 所示。

（4）单目标优化算法整体流程

算法整体流程如图 9.18 所示。

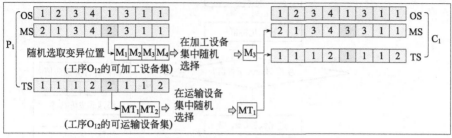

图 9.17　变异算子操作过程

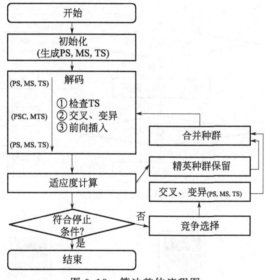

图 9.18　算法整体流程图

遗传算法主要的进化操作算子有交叉、变异、选择。算法的选择操作采用竞争选择法。另外，为了使每一次迭代中的精英群体能够在下一代中得以保留，采用外部存储的方法来保留精英群体。

（5）多目标优化算法整体流程

算法整体流程如图 9.19 所示。

选择操作采用基于带精英策略的非支配排序的遗传算法（NSGA-Ⅱ），具体流程如图 9.20 所示。

9.2.2　针对扰动的不确定性动态调度方法

车间生产调度问题大多集中在静态排产优化算法研究上，目前很多算法都能够求出较好的可行解。在实际生产车间中，工件的安装、定位、搬运、检查、加

239

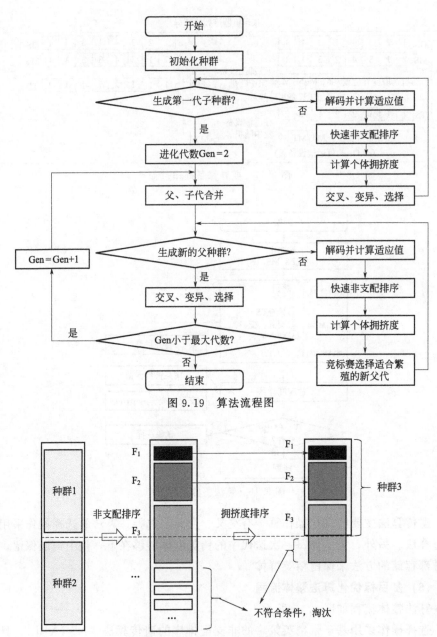

图 9.19　算法流程图

图 9.20　基于 NSGA-Ⅱ 的精英选择过程

工故障和人工操作、设备故障、订单变更等诸多因素都会造成实际加工过程的波动和不确定性，高响应、快反馈、高质量的动态调度更加符合实际生产的需求。对于动态变化的生产需求，基于重调度的动态调度方法是最有效的解决方法之一，但目前重调度的方法都是基于静态排产优化算法进行调度决策的，这类算法虽然能够获得好的解决方案，但是通常需要花费大量的时间成本，不适用于加工过程中的调度决策，对动态调度问题在时效性上具有明显的局限性。

强化学习（reinforcement learning，RL）是指一类从（与环境）交互中不断学习的问题以及解决这类问题的方法，是和监督学习、无监督学习并列的第三种机器学习方法。在强化学习中有两个交互对象：智能体（agent）和环境（environment）。智能体根据环境的状态（state），通过执行行为（action）来与环境交互，并获得环境的反馈，环境的反馈是以奖励（reward）形式体现的，同时环境受到行为的影响也将改变自己的状态。强化学习的目的是通过智能体与环境交互，学习如何在与环境交互中尽可能获得更大的奖励，最终提升智能体决策的能力。图 9.21 所示为智能体与环境的交互过程。

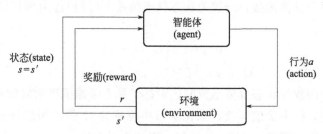

图 9.21　智能体与环境的交互过程

强化学习中的"环境"需要遵守一定的规则，这个规则就是：下一个状态由当前状态与行为决定，奖励由前后状态决定。环境的状态变化过程可以看作一个马尔可夫决策过程（markov decision process，MDP）。

马尔可夫过程（markov process，MP）是指在一组具有马尔可夫性质的随机变量序列 $s_0, s_1, \cdots, s_n \in S$ 中，下一个时刻的状态 s' 只取决于当前状态 s，可表示为 $p(s'|s)$，称为状态转移概率。马尔可夫决策过程是在马尔可夫过程中加入一个额外的变量——行为 a，则下一时刻的状态 s' 与当前时刻的状态 s 和行为 a 相关。具体而言，一个马尔可夫决策过程由一个四元组构成，即 MDP＝（S，A，P_{sa}，R）。S 为状态空间集合，s_i 表示时间步 i 的状态，$S＝\{s_1, s_2, \cdots, s_n\}$。$A$ 为行为空间集合，a_i 表示时间步 i 的行为，其中 $A＝\{a_1, a_2, \cdots, a_n\}$。$P_{sa}$ 为状态转移概率集合，在当前状态 s 下执行动作 a 之后，转移到另一个状态 s' 的概率分布，记作 $p(s'|s,a)$，如果有获得的奖励 r，则为 $p(s',r|s,a)$。R 为奖励函数；在状态 s 下执行动作 a 之后移到状态 s' 获得的奖励为 r，其中 $r＝R(s,a)$。从时间步 t 开始到最终状态的累积奖励可以表示如下：

$$R_t＝r_t＋r_{t+1}＋\cdots＋r_n \tag{9-37}$$

由于所处的环境是随机的，所以无法确定下一次是否执行相同的行为，以及是否能够获得相同的奖励。而对未来探索越多，不确定性就越多。因此，通常使

用折扣未来奖励 G_t 来替代未来累积奖励，表示如下：

$$G_t = R_t + \gamma R_{t+1} + \gamma^2 R_{t+1} \cdots + \gamma^{n-1} R_n \tag{9-38}$$

式中，γ 表示折扣率，是介于 0 到 1 之间的常数。可以看出，对于距离时间步越远的奖励，其重要性越低。当前时间步 t 的折扣未来奖励与下一时间步 $t+1$ 的折扣未来奖励的关系为：

$$G_t = R_t + \gamma G_{t+1} \tag{9-39}$$

当折扣率为零时，表示只考虑即时奖励，当折扣率较大时，表示未来奖励对当前决策影响较大。

在强化学习中，评估智能体在当前时间步状态的好坏程度通过价值函数来完成，价值函数是对未来奖励的预测。由于价值函数的输入可以为状态和状态行为对，因此有两个价值函数，分别为状态价值函数 $V(s)$ 和行为价值函数 $Q(s,a)$，分别表示如下：

$$V(s) = E[G_t | s_t = s] \tag{9-40}$$

$$Q(s,a) = E[G_t | s_t = s, a_t = a] \tag{9-41}$$

行为价值函数与状态价值函数的区别在于是否考虑了当前时间步选择行为 a 所带来的影响，行为价值函数在强化学习中也称为 Q 值，用来评价在状态 s 下选择行为 a 的好坏程度。

强化学习是通过交互的一种目标导向学习方法，旨在找到连续时间序列中的最优策略。在强化学习中，智能体通过与环境的交互，学习并能够决策出获得较好奖励的行为。在排产调度中，固定的生产车间下，生产的产品种类也相对明确。因此，构建由设备、产品、工艺等组成的生产相关的强化学习环境，并设计环境的状态、奖励、行为等来训练智能体，实现调度过程的自主决策。

9.3 数字化产线设备健康状态监控与管理

基于数字孪生技术，围绕车间设备虚拟模型的构建、数据的处理与融合、设备健康状态评估等相关问题，重点攻克车间设备数字孪生模型构建、数字孪生数据驱动的设备健康状态监控、孪生数据驱动的设备健康管理与决策，以提升车间设备效率，降低生产成本，保证生产连续性与稳定性。图 9.22 所示为基于数据驱动的设备健康管控示意图。

9.3.1 产线设备建模与场景搭建

针对车间设施的建模及虚拟场景的搭建，首先需要在实际场景中对车间外貌、场景中设施进行实际尺寸、外貌、位置等数据的采集，产生能够进行查看、

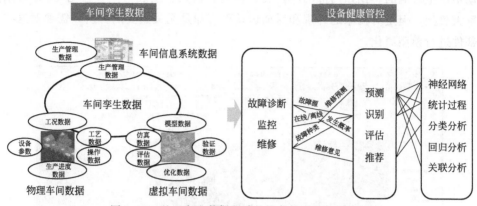

图 9.22　基于孪生数据驱动的设备健康管控示意图

测量及编辑的点云图文件，便于后续对车间的复现。基于采集得到的数据，依托 Solidworks 三维建模软件构建离散车间生产要素的几何模型；其次通过 Unreal engine 4（虚幻引擎，可简称 UE4）软件的 Datasmith 功能模块，将生产要素模型的数据文件导入软件中，并赋予模型相应的物理性质，从而实现虚拟场景的真实化改进，进而基于关卡蓝图的可视化编译模块，为各孤立的生产要素模型添加相应的运行约束与动作。

（1）车间实际设施建模

系统建立的第一步是进行生产要素的离散化，将系统包括的关键生产要素离散成一个个独立的个体，利用 Solidworks 三维建模软件完成各个关键生产要素独立个体的三维几何模型构建。构建过程中，为使构建的孪生模型与物理实体保持较高的保真度，孪生模型的三维细节尺寸必须确保与物理实体一致。

基于所需，对车间的实际外貌及设施位置、尺寸等信息进行获取，针对实际场景中所有设施建模，首先通过 Autodesk Recap 软件以三维扫描的形式，在实际车间对车间的外貌、机床摆放位置、物流通道路线、立柱等设施的位置、天车数量等车间元素及对应尺寸进行扫描，并生成相应的点云图。

完成实际场景获取后，需要对场景中的设施的位置、设施的尺寸、设施的间距等信息进行获取，为获取相关的信息，可利用尺寸测量功能，通过选定想要测量的两个点，对相关尺寸进行获取。

考虑模型最终要导入到 Unreal engine 4 中，每个物体在软件中都会产生光照阴影，模型越复杂，需要构建的光照越多，对 CPU 造成的负担就越大，因此，在模型导入之前，需要对模型进行简化。首先将需要简化的模型用 Inventor 软件打开，如图 9.23 所示。此时的模型如果直接导入到 Unreal engine 4 中，势必需要构建很多光照，机床的有些部分是不暴露在视野中而且对于机床后期的运动不产生影响的，比如内部的一些孔、圆角、倒角、空腔，这些会给 CPU 带来巨大负担，但是对机床的外观和后期运动而言却是无关紧要的，所以需要对这些部件进行模型简化。

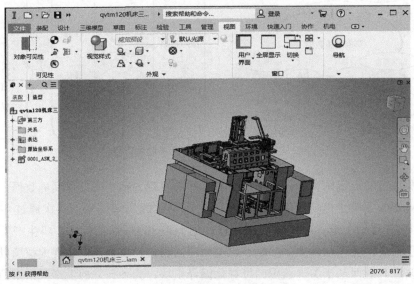

图 9.23　简化前的几何模型

简化主要采用 Inventor 三维建模软件，该软件能够有效地将模型中的空腔、圆角、螺纹孔等简化，并不影响模型的整体外貌。另外由于软件本身的特性，基于 Inventor 处理后的模型能够更好地在 Unreal engine 4 中进行光照渲染，能够很好地使模型达到所需的要求。

在图 9.23 的左侧列表中，找出需要简化的零部件，此零件可以是不易显现，对后期机床在 Unreal engine 4 软件中运动不产生影响的零部件。如图 9.24 所示，此部件有很多空腔，需要对模型进行简化，进入上方简化栏目"包覆面提取"，在特征部分可以根据需要简化的程度设定简化条件，例如简化全部的空腔。检测特征功能可以帮助检测即将要简化的部分，保留特征可以帮助保留虽然检测到但是用户认为不需要简化的部分，设置完成后即可进行简化。最终会得到一个空腔被简化掉的部件，此零件简化完成。

最后按照上述步骤对几何模型各个部分进行简化，并在简化后对原有部分进行替换。

(2) 车间虚拟场景搭建

完成车间相应的设施建模后，将所建立的模型导入 Unreal engine 4 软件中后，按照车间设施的实际颜色、材质等赋予模型相应的颜色、材质等，并根据实际中的设置位置，对模型进行摆放。此外根据车间中灯源的位置，考虑 Unreal

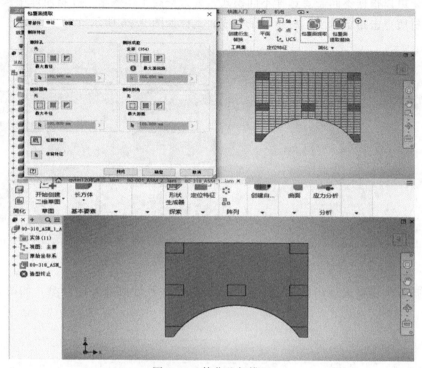

图 9.24　简化几何模型

engine 4 灯光构建的特点，按一定间隔对光源进行设置，并进行灯光构建。

Unreal engine 4 是一个以"所见即所得"为设计理念的操作工具，利用该软件具有的一系列功能与特性构建车间的数字孪生模型。对以上所建立的一个个独立关键生产要素的三维几何模型进行简化，并将其导入到 Unreal engine 4 软件中，然后利用软件的材质功能模块为各生产要素的几何模型赋予相应的材质（例如铜、铁、铝等）。赋予材质的目的是让几何模型具有一定的物理特性，可以让所设计的对象和关卡拥有更逼真的外观，反映出物理实体的虚拟化镜像，进而在模型的运行过程中表现出与物理实体相应的功能。

材质的赋予并非通过代码，而是通过材质编辑器中的可视化脚本节点（称为材质表达式）所组成的网络进行。材质设置的关键点是纹理，纹理是用于提供某种基于像素数据的图像。这些数据可能是对象的颜色、光泽度、透明度等。纹理一旦创建并导入虚幻引擎，就会通过特殊的材质表达式节点［例如，纹理取样（texture sample）节点］引入到材质中。

打开需要赋予材质的网格体，进入编辑模式，此时的网格体由一定数量的三角形组成，平滑分组是用一种多边形选择模式，可以帮助选中想要赋予材质的部分，单个模式即为选中一个三角形并对其赋予材质，材质模式是选中同一材质的部分，可以根据不同需要选择不同模式，大大提高工作效率。在材质库中选择需要的材质点击指定材质，材质赋予完成，具体如图 9.25 所示。

图 9.25 赋予模型材质

按以上步骤进行，最后会得到与现实模型有着近似外观的模型，如图 9.26 所示。

图 9.26 赋予材质后的几何模型

针对所给的机床模型，首先在三维软件中进行了模型的简化，去除了模型中的连接件等与机床外形及运动无关的构件，使模型轻量化。在模型导入 Unreal engine 4 软件后，根据布局图中的相应位置，将机床进行摆放，并对机床所缺失的材质进行补充。完成机床细节后，还应在 Unreal engine 4 内对机床的不同部件进行功能绑定，如每个主轴的从属关系，各个主轴均应跟随横梁移动，而转动轴也应跟随立柱移动。需要根据相应的动作关系，在模型树中将不同的模型进行从属关系绑定。

对于机床中的运动部件，如导轨、主轴等，考虑到在机床运动中各个运动部件的差异，需给各个运动部件设定相应的从属关系，例如主轴属于导轨的次级，能够实现主轴随导轨运动的同时也可单独运动。Blueprints（蓝图）是特殊类型的资源，提供一种直观的、基于节点的界面，以用于创建新类型的 Actor 及关卡脚本事件。使用连线把节点、事件、函数及变量连接到一起。蓝图通过各种用途的节点构成图表来进行工作，利用蓝图功能为模型或对象添加动作路径和运动约束，使其能够按照与物理实体一样的运行方式工作。

此外，还应对天车的模型进行如同机床模型一样的关系处理，将天车主体作为模型的第一级，并将天车的电机作为二级模型绑定至主体。另外，还需要将吊钩及绳索绑定至电机，从而实现吊钩及绳索能够随电机横向移动，同时也能够自身进行上下移动。天车的主体移动时，能够带动天车的所有零部件同时移动，从而能够有效地实现在后续车间动作中天车的全部动作。为便于对天车蓝图的编写，也应将天车作为一个 Actor 进行生成及放入车间，从而便于在不同阶段对天车的蓝图进行调用，配合完成每个阶段的功能动作，天车细节如图 9.27 所示。

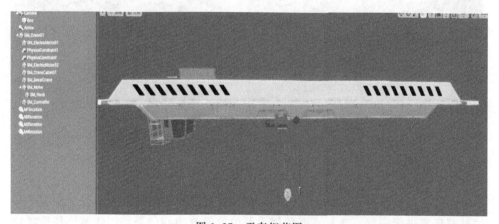

图 9.27　天车细节图

搭建过程中还需对车间中的物流通道进行制作，物流通道不属于模型，因此无法通过建模的方式实现物流通道的铺设，可使用喷漆等方式，在地面上铺设对应的物流通道。物流通道的尺寸及位置等均通过在点云图中测量得到，如 9.28 图所示。

图 9.28　物流通道铺设

　　此外，还通过插入一些额外的机床、对车间中的机械臂移动通道进行建立等，如图 9.29～图 9.32 所示，对车间中与本次搭建生产线无关的元素进行完善，从而能够在提高车间美观程度的同时，还能够预留出对车间其他生产线进一步扩展的余地。

图 9.29　补充设备模型

图 9.30　机械臂通道

图 9.31　毛坯源

图 9.32　机械臂

　　车间内部场景搭建完成后，为提高虚拟场景的真实程度，需要进一步对车间的外部环境进行完善，进行道路的铺设及植物等修饰物的添加，使整个场景搭建更为真实立体，元素更加丰富。

　　此外，对所有模型进行磨损等细节化处理，从而提高场景的真实度，如图 9.33 所示的磨损贴图。

　　完成整个虚拟场景的搭建后，后续可进一步通过统一接口规范将物理车间生产要素中多种类型的基本数据和状态数据转换成统一格式，并将其统一封装在云端数据库等服务器中。然后利用 Unreal engine 4 自带的集成模块端口与服务器实现互联通信。通过打通"物理车间—服务器""虚拟车间—服务器"之间的循环通信，实现了物理车间到虚拟车间的数据传输与信息交互，从而实现数字孪生

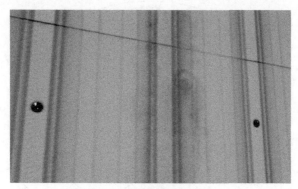

图 9.33　材质细节化处理

的实时仿真模拟功能。

9.3.2　人机交互界面与数据库搭建

结合实际情况，将由总控系统采集的产线中的特定数据存储到数据库中，通过使用数据库统一接口规范将物理设备生产要素中的多种类型的基本数据和状态数据转换成统一格式，并将其统一封装在服务器中。然后利用 Unreal engine 4 的集成模块端口与服务器实现互联通信。通过打通"物理设备—服务器""虚拟设备—服务器"之间的循环通信，实现物理设备到虚拟设备的数据传输与信息交互。

(1) 车间数据采集方式

由于车间设备分别由不同厂家提供，难以针对所有设备确定统一的数据采集方式，所以采用数据库的方式，由各个设备厂商提供在生产过程对应的设备数据，并在数据库中进行汇总，监测软件通过对数据库中的数据进行读取及解析，实现后续的相关操作。

针对各个厂商的检测方法较多，如机床设备可以通过自身数控系统，将主轴的位置坐标等数据上传，而物流设备则可通过射频识别技术进行物流设备的位置识别及状态判定。数据采集后，可通过 HTTP、TCP 等协议将数据传送至数据库中，其传输过程如图 9.34 所示。

利用上述数据采集及传输方式，在设备层对数据进行采集后，在服务层部署相应的数据库，将数据进行存储，从而便于后续对数据的处理、分析、计算等操作。

(2) 数据库部署

将项目部署在以应用为中心的多租户容器管理平台上，该平台支持部署和运行在任何基础设施之上，提供简单易用的操作界面以及向导式操作方式，在降低

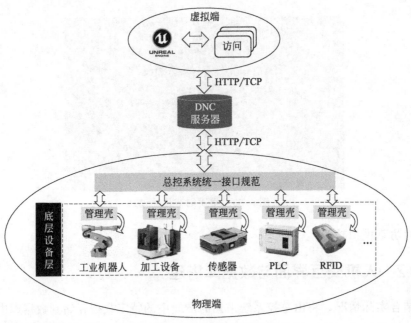

图 9.34　数据采集及传输架构

用户使用容器调度平台学习成本的同时，极大减轻开发、测试、运维等日常工作的复杂度，旨在解决存储、网络、安全和易用性等问题。

将项目部署在云端，不仅兼容 MySQL 协议高性能、高可靠、易用、便捷的 MySQL 集群服务，还兼具备份、扩容、迁移等功能，使用户可以方便地进行数据库管理，且具有更加智能化、自动化、便捷化、规模化和标准化的特点。云端数据库还具有自我修复的功能，可以解决本地数据库不能及时修复的问题。

当前云端数据库主要部署在阿里云数据库中，打开容器管理网站，点击企业空间，选择对应的项目即可进行访问。具体的部署方式如下。

① 选择存储卷，点击创建，存储类型选择 nfs-client，访问模式选择 Read-WriteMany，按需设置存储卷容量，点击创建，如图 9.35 所示。

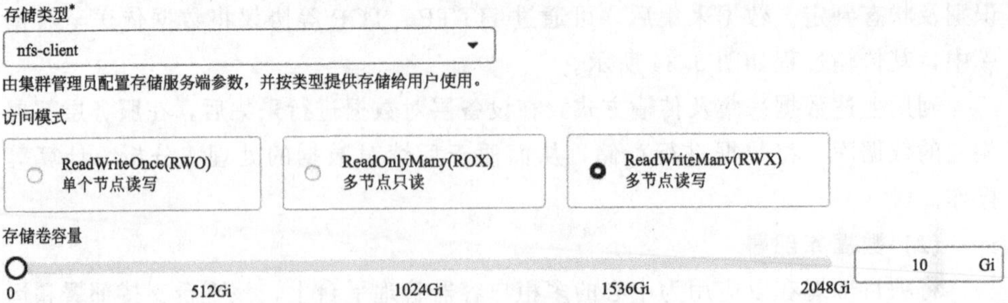

存储类型*

nfs-client ▾

由集群管理员配置存储服务端参数，并按类型提供存储给用户使用。

访问模式

○ ReadWriteOnce(RWO) 单个节点读写	○ ReadOnlyMany(ROX) 多节点只读	● ReadWriteMany(RWX) 多节点读写

存储卷容量

○━━━ | 10 | Gi |

0　　　　　512Gi　　　　　1024Gi　　　　　1536Gi　　　　　2048Gi

图 9.35　设置存储卷

② 点击应用负载，选择工作负载，创建工作负载。在容器设置中，镜像填写 mysql：8.0.20，如图 9.36 所示。

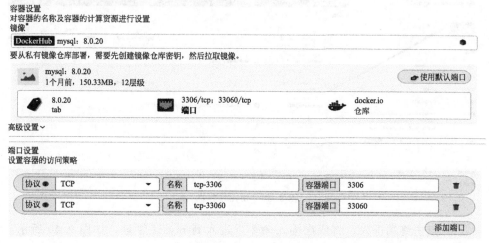

图 9.36　创建工作负载和端口

③ 端口按图 9.37 设置，在环境变量中添加变量：MYSQL_ROOT_PASSWORD 123456。

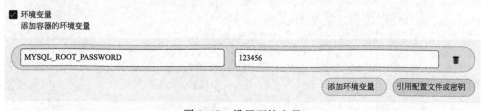

图 9.37　设置环境变量

④ 在挂在存储中设置存储卷，点击已有存储卷，选择刚刚建立的存储卷，将模式设置为读写，挂在目录如图 9.38 所示。

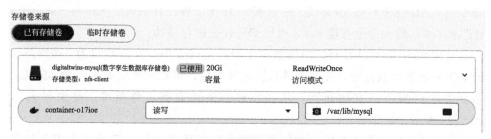

图 9.38　设置存储卷模式

⑤ 由于 mysql8 更改了安全连接模式，因此这里将进入到 mysql 中，将连接

设置为全部可以连接，找到 mysql 容器页面，如图 9.39 所示。

图 9.39　mysql 容器

⑥ 点击终端进入，将依次输入命令，进入到 mysql 管理，如图 9.40 所示，需要输入 mysql 的密码"mysql -u root -p"。

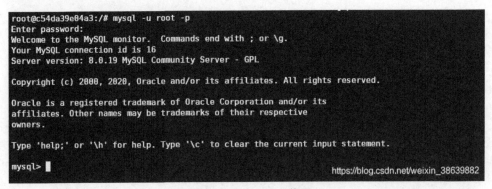

图 9.40　进入 mysql 管理

出现以上画面证明已经进入到 mysql 中了，重置密码和设置可以远程链接。命令为：ALTER USER'root'@'%' IDENTIFIED WITH mysql_native_password BY'123456'；输入命令直接 run，返回 OK 代表运行成功。

从图 9.41 中可以看到，当前服务部署在 node3 中，开放端口为 31937。打开 SQLyog 连接数据库，完成云端数据库部署后，可在阿里云数据库的 MySQL 数据库客户端进行直接访问，从而能够有效地提高工作效率，登录界面如图 9.42 所示。

所给界面中的数据库密码为部署数据库时的环境变量，IP 地址为服务部署的 node3 节点 IP，端口为 node3 开放的服务端口。所部署的数据库中，每个设备的数据库的存储数据类型及形式需根据各自的设备类型及制造厂商进行区分。

图 9.41　查看服务具体部署位置

图 9.42　SQLyog 设置

(3) 数据读取实现

为实现车间数字化智能监控及管理的目标，在完成前面部分后，需要对实际场景到虚拟场景的映射进行功能编写，此部分采用蓝图及 C++ 程序混合的方式编写。首先需要实现数据库数据的读取功能，完成数字孪生的信息交互连接。

253

数据写入到数据库中后，需要针对给定的数据库，实现数据的实时读取及解析。MySQL 是一个较为成熟的数据库系统，当前针对其开发的数据库写入及读取插件也较多，因此可以直接采用当前现有的 Unreal engine 4 相关插件进行数据读取工作。

1）数据库连接程序编写

读取数据的第一步应当是登录数据库，需要在连接数据库之前输入对应的地址、用户名、密码、端口号等文本，才能够通过数据库的验证，对数据库中的数据进行读取操作，如图 9.43 所示。

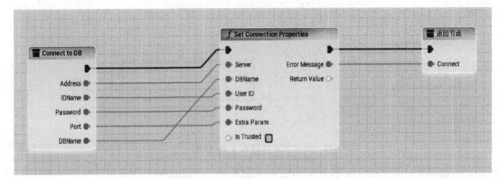

图 9.43　数据读取账号文本输入

为实现数据库的登录功能，需要在蓝图中调用 ConnectTo DB 函数，根据已绑定的 MySQL 数据库地址、用户名、密码、端口和名称，实现数据库的连接，并对连接的结果进行反馈。

对于连接过程中连接是否保持稳定，需要编写相应的程序，对连接过程中的连接状态进行实时监控。通过调用 Check Connect Status 函数，检测数据库连接状态，若连接成功会显示"连接成功"，连接失败会显示失败原因，如图 9.44 所示。

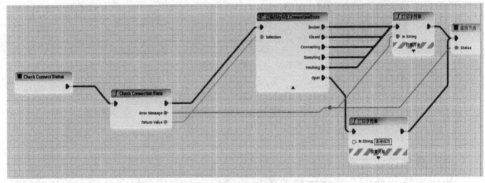

图 9.44　数据库连接状态检测

对于车间中设备数据，主要根据设备的名称在数据库中进行对应设备数据的检索及读取。主要过程为通过蓝图调用 Select Data from Query Async 函数，根据输入的设备名（MacName）以及不同的查询语句查询数据，通过不同的主轴读取该设备的轴坐标，查询到的结果建立 SMacMoveInfo 结构体，用于设备蓝图信息的读取，如图 9.45 所示。

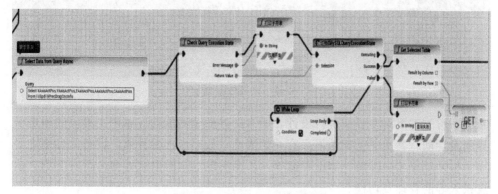

图 9.45　数据库设备数据读取

调用 Query Mac Status Info 函数对设备当前状态进行读取，只有设备处于工作状态时，才对设备主轴所处位置的数据进行读取及解析，而在设备处于待机或故障状态时，则停止读取，从而有效地降低因设备数据读取造成的系统性能损耗，如图 9.46 所示。

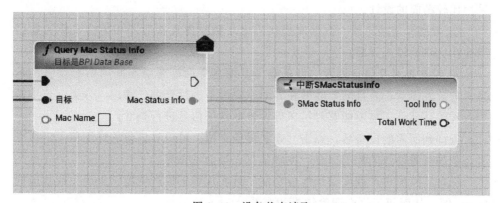

图 9.46　设备状态读取

2）数据更新程序编写

对于设备数据的更新，采用蓝图调用 Update Info To DB 函数，根据输入的设备名，用不同更新语句对数据库中数据进行更新，如图 9.47 所示。

（4）人机交互界面设计

完成数据的读取后，进一步在所搭建的虚拟场景的基础上对人机交互界面进行设计，从而能够通过界面按钮及开关、弹窗等操作为后续相关功能提供接口及

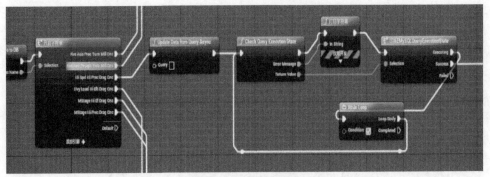

图 9.47　设备数据更新

基础。首先需要对主界面进行设计，所有的界面及功能均应属于主界面的附属子界面及功能；其次还需要的界面有开始界面、数据库连接界面、设备信息查询界面、排产结果 Gantt 图、信息弹窗等，从而实现对车间信息查询、图表查看、信息录入等的管理及切换。

① 开始界面　开始界面是作为软件登录界面使用的，能够根据不同的账户切换登录后的用户所能够使用的权限，从而区分工程师、用户、管理员等不同人员，实现功能的可调。

② 主界面　主界面作为登录系统后可直接查看的初始界面，需要包含所有子界面及大多数功能的调出按钮，而且还要尺寸较小，不影响场景的展示，因此采用比较精简的设计。

③ 数据库连接界面　数据库连接界面与数据库连接蓝图相配合，作为数据库连接文本的输入界面。

④ 设备查询及信息界面　设备查询及信息界面需要对车间内所有设备的信息进行统计显示，并且需要能够在界面中对设备进行查询、筛选、分类、三维模型查看等，此外还需要能够对机床等设备的详细信息进行查看。

查询到所需的设备后，点击"查看设备详情"可以对设备的详细信息进行查看，例如查看设备的加工信息、主轴信息、当前状态等。

针对后续的排产调度动画生成功能，可实现解析排产调度结果后生成相应的 Gantt 图，从而便于排产调度结果的查看。

9.3.3　虚拟产线设备实时交互驱动

Blueprints（蓝图）是一种特殊类型的可视化动作编译工具，通过使用连线把模型个体和模型之间反映联系的要素节点、动态事件、变量函数连接到一起。利用蓝图功能为模型或对象添加动作路径和运动约束，使其能够按照与物理实体一样的运行方式进行工作。具体的实现方式如下所述。

(1) 工业机器人的孪生动作封装模型

工业机器人的三维几何模型导入软件后,会根据其所处的物理位置进行坐标定位。因为机器人的运动结构基本由连杆协作组成,通过提取机器人各自动关节在旋转过程中的位置变化信息和机器人操作手册中对于其本身运动连杆机构的约束和定位信息,利用关卡蓝图编译出机器人的夹取行为、放下行为、旋转行为。

(2) 加工设备的孪生动作封装模型

本服务系统中的加工设备是数控加工中心,其运行机构以平移和旋转机构为主。通过关卡蓝图对数控加工中心的主传动机构动作、进给机构动作、旋转机构动作等进行编译,基于本研究中不同设备的需求,分别对机床主传动机构动作、开关门动作、旋转机构动作进行模拟。

(3) 物流设备的孪生动作封装模型 (图 9.48)

物流设备指物流 AGV 小车与航车。AGV 的运动主要是平面上的平移和旋转等,航车的运动主要是平面平移及线缆的上下伸缩等,通过车间数据的读取可

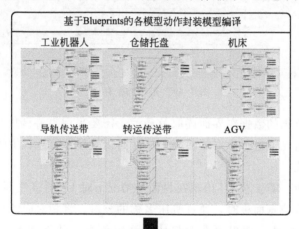

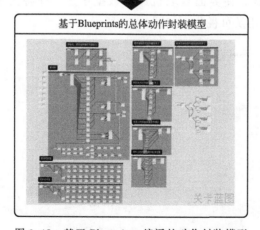

图 9.48　基于 Blueprints 编译的动作封装模型

以实现 AGV 与航车的运动状态获取。本服务系统是 AGV 与航车配合使用，通过关卡蓝图编译出 AGV 的平移机构动作、旋转机构动作以及航车的平移动作、线缆伸缩动作。

完成上述分析后，对于机床的驱动，可采用"将组件移至"节点，执行该操作，由于机床坐标的不确定性，此过程需结合实际执行过程对目标位置坐标进行校准。因此，需要在虚拟场景中机床动作的开始，将机床的原点位置进行存储，从而便于机床在数据读取后能够有参考地进行位移驱动，如图 9.49 所示。

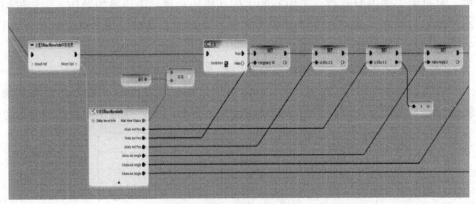

图 9.49　初始数据存储

为能够使机床的数据在界面读取及显示，需要采用事件调度器响应 UI 的调用，并在合适情况下进行数据的输出，从而简化软件运行过程中的性能消耗，提高软件的可用性。

针对此逻辑，需要在 UI 出现在界面的情况下对 UI 的事件调度器进行绑定，之后在打开机床信息面板时，通过机床名称的核对，将相对应的机床信息结构体赋值给 UI 的结构体，使界面获取机床的数据信息，并将文本赋给不同的文本框，完成数据的调用及可视化，如图 9.50 所示。

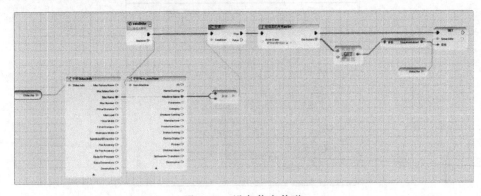

图 9.50　设备信息传递

机床驱动程序的编写主要采用"将组件移至"节点，根据从数据库读取得到的机床数据，将机床主轴在数据读取更新间隔内移动到相应的位置，从而实现物理机床实体与虚拟模型的实时映射。

"将组件移至"能够按照给定时间将对应的模型移动到相应的位置，其具体输入细节如图 9.51 所示。其中调节 Over Time 的值便可调整整个动作的时间。

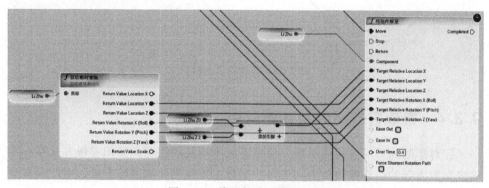

图 9.51　将组件移至编程细节

由于系统的性能要求，对于多台机床的实时性驱动问题，将主线程用于机床数据的查询将耗费大量的性能，因此采用多线程方式对数据库读取任务进行执行，从而能够有效地同时对多个设备进行数据库的查询及读取，便于虚拟场景的后续设备增添。多线程任务执行分别有 Task Graph、Thread、Thread Pool 三种方式，分别用于执行一个临时的线程、一个长期的线程及线程切换，如图 9.52 所示。

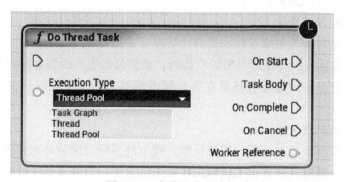

图 9.52　多线程节点选择

根据当前的任务执行方式，选择 Task Graph 对设备的数据查询后就应该立即关闭线程，从而减少系统的性能消耗，如图 9.53 所示。

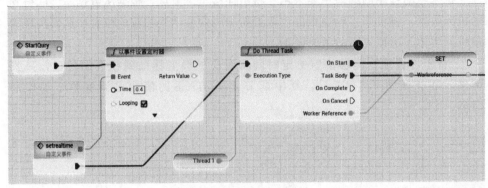

图 9.53　多线程任务执行

9.3.4　看板管理研究与实施应用

针对车间内部信息流通缓慢、信息透明度不足的问题，采用看板方式可有效促进车间内部的信息流通和协同工作。看板主要包括计划跟踪看板、生产异常看板、物料跟踪看板和车间产线看板。

(1) 计划跟踪看板

其主要功能是在计调室通过 LED 看板的形式向管理人员提供生产任务额批次计划完成情况，使管理者不去现场也能看到车间生产的过程和计划完成情况。

(2) 生产异常看板

其主要功能是在计调室通过 LED 看板的形式实时反映车间现场操作过程中出现的技术异常问题，使技术组能够第一时间获得现场的异常信息，从而减少沟通时间，帮助统计分析。

(3) 物料跟踪看板

其分为备料任务跟踪看板和配料计划跟踪看板，计调组根据生产任务中的产品 BOM 和数量得到当月所有的生产物料，根据总的生产所需物料向临时库下达备料任务，任务跟踪过程会显示在备料任务跟踪看板上，及时反映当前的备料情况。

(4) 车间产线看板

在车间现场放置的看板，实时反映产线上的实际情况和计划完成情况。通过产线看板可以及时反映各个工位的工作状态信息等，管理人员可以在第一时间解决装配问题，从而减少处理问题的时间，使装配效率得到最大化。针对柔性生产线建设情况，拟建设的看板系统结构如图 9.54 所示。

看板分为两个层次，包括监控中心看板和车间看板，其中产线工序及设备效能比看板示意图如图 9.55 所示。

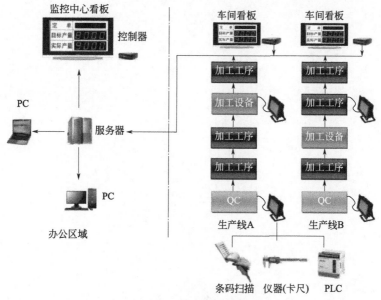

图 9.54　看板结构示意图

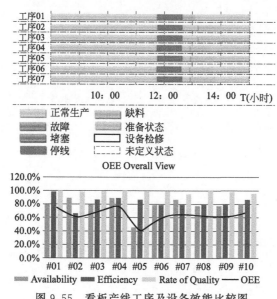

图 9.55　看板产线工序及设备效能比较图

参 考 文 献

[1]　徐兵，陶丽华，白俊峰．柔性作业车间生产调度与控制系统 ［M］．北京：化学工业出版社，2015．

[2]　李方方，李维勇，徐志恒．智能车间数据采集与大屏展示系统的设计与实现 ［M］．信息技术与信息
　　　化，2022 (1)：96-99．